최신

한방미용학개론

김남연 · 김선희 · 김홍구 · 노희영 · 원윤경 · 이성내
이은숙 · 이 혁 · 조성태 · 최영희 · 표영희 · 홍양희

부록 CD포함

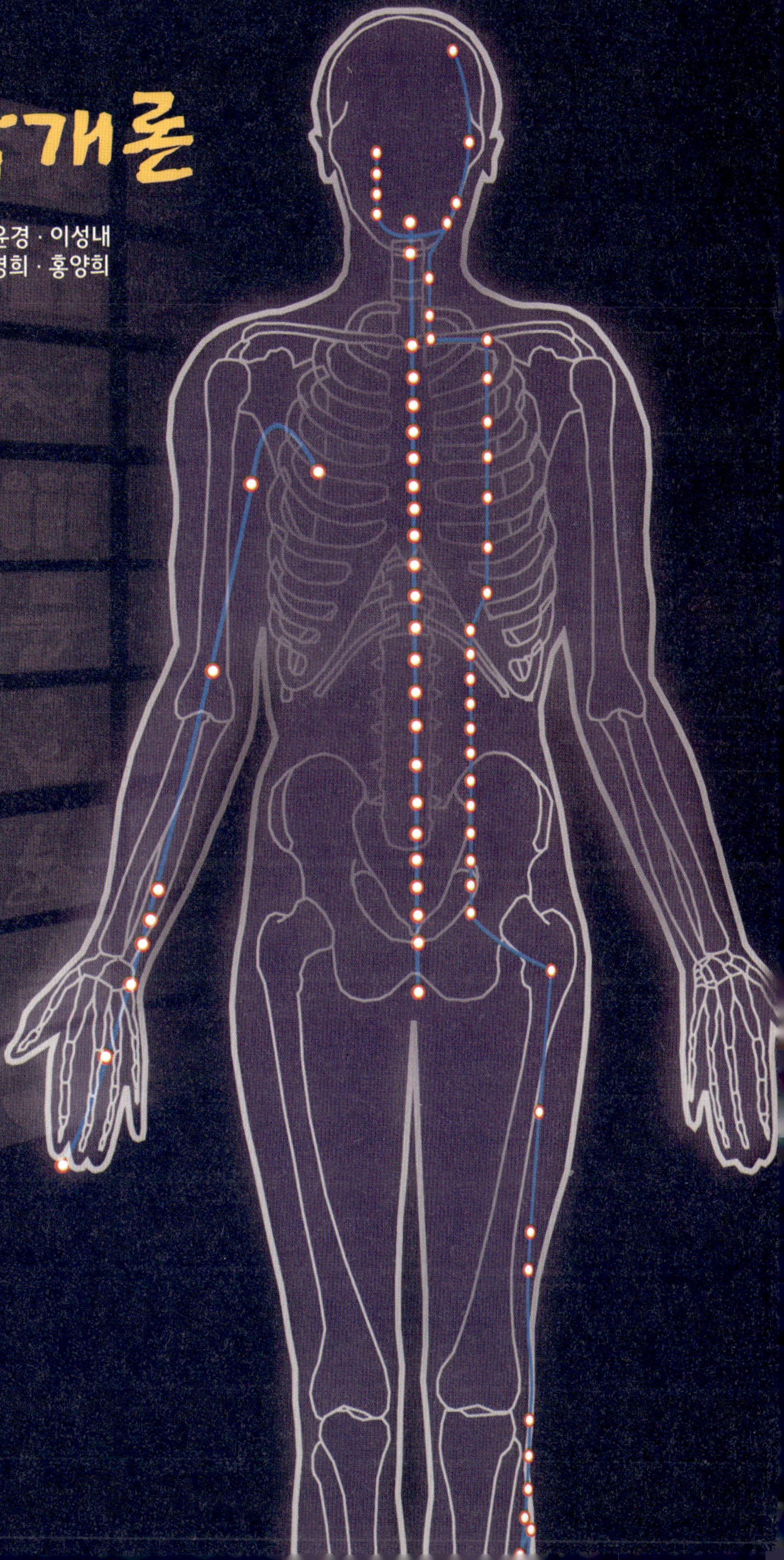

청구문화사

머리말

건강한 아름다움을 추구하는 미용산업의 눈부신 발전에 부응하여 대학에 피부미용 관련학과가 개설되어 미용과 관련된 학문을 강의하기 시작한 지도 어느 사이에 15년이라는 세월이 훌쩍 지났다.

이제는 단순히 아름다움만을 추구하던 시대를 지나 건강에서 비롯되는 진정한 아름다움을 추구하는 시대에 이르고 있으며, 장차 미용은 일상에서 건강과 함께 삶의 질을 높이는 가장 중요한 부분을 차지하게 될 것은 자명한 사실로 인식되고 있다.

아울러 인체에 직접적으로 여러 분야의 미용관련 시술을 하기 위해서는 인체에 관한 기본 지식은 물론 각종 시술과 사용되는 기기나 제품들이 인체에 미치는 영향에 관한 지식도 절대적으로 갖추어야할 기본 지식이 되었다.

이러한 경향에 따라 최근에는 건강은 물론 미용에 관해 점차 그 원리와 효과가 증명되고 있는 한의학적 이론들도 점차 폭과 깊이를 더해 가는 추세에 있다. 이 책은 미용에 응용되는 한의학적인 이론들을 분야별로 간결히 정리하여 장차 세분화된 분야를 공부할 때 기본적인 지침서가 되도록 구성하였다. 따라서 각 전공분야를 공부하기 전에 입문서로 활용한다면 더욱 높은 효과를 얻을 수 있을 것이다.

한의학에 기초를 둔 한방미용은 오랜 시간을 두고 터득해 나가야할 심오한 깊이가 있는 학문이다. 부디 이 작은 책자가 한방미용에 관한 지침서가 되어 미용인 스스로가 기본적이고 자연적인 생체원리를 터득하여 미용과 연계시킴으로써 한 차원 더 높은 미용시술을 제공할 수 있는 능력을 배양하기 바라는 마음으로 원고를 정리하여 보았다.

내용의 오류나 치우침이 없도록 최선을 다하여 정리를 하였으나 아직도 부족한 점이 많음을 절감하게 된다. 이러한 점들은 앞으로 여러분들의 지도편달을 받아 수정, 보완해 나갈 것을 약속드리며 여러분들의 각별하신 관심과 성원을 바라는 바이다.

끝으로 오랫동안 원고정리에 힘써주신 공동저자들에게 감사를 드리며, 출판을 맡아 수고하신 청구문화사 이상태 사장님과 임직원 여러분들께 깊이 감사를 드린다.

2007년 신춘
저자 일동

목 차

<이론편>

4. 피부본초의 피부종류별 분류 / 203

5. 피부본초 각론 / 204

<실기편>

이론편

제1장

한의학의 기초이론

제1장.. 한의학의 기초이론

음양오행설(陰陽五行說)은 한방 기초이론의 가장 중요한 부분을 이루고 있다. 한방의 자연관과 인체의 생리(生理)와 병리(病理)에 대한 인식과 함께 진단(診斷), 치료(治療), 약물(藥物) 등에 대한 이해는 모두가 음양오행을 기초로 한 이론에 바탕을 두고 있기 때문이다.

음양오행설은 고대의 소박한 유물관(有物觀)으로서 일정한 자연의 변화를 학문적으로 정립하였고, 자연계의 일절의 사물에 대해서 완벽한 해석이나 또 생체내부의 세밀한 구조의 연구에 대해서도 완전하게 증명할 수 없다. 그러나 이 학설은 인류의 자연계 전체에 대한 관찰 후에 전체적 사상을 가지고 개괄된 것이기 때문에 이에 의해 자연현상 전체의 일반규율은 명확하게 이해할 수가 있다.

의학적으로 그것은 수천년에 걸쳐 누적된 풍부한 의료실천과 결부시켜 점차 생리, 병리 및 진단, 치료, 약물 등의 문제에 대해 체계적인 이론을 형성한 후에 한방에 독특한 이, 법, 방, 약(理, 法, 方, 藥)의 기초가 된 것이다. 자연발생적인 변증법(辨證法)적인 점에서 수천년 사이에 많은 객관적, 실제적 의료규율을 총괄할 수가 있었던 한방이론은 수천만의 인체실험을 통한 통제의 집합이므로 과학적이라고 말할 수 있는 것이다.

이러한 의료규율들은 현재도 아직 한방의 의료실천에 지표가 되어 있다. 따라서 한방의 음양오행설의 실용가치와 과학적 연구 가치는 각 나라의 특성에 맞게 계속 발전되고 있다.

미용에 있어서의 한방원론은 미용인 스스로가 인체의 근본적이고 자연적인 생체원리를 터득하여 미용과 연계시킴으로써 한차원 더 높은 미용시술을 제공하고, 노화를 방지하는 양생의 기본이론과 능력을 배양함에 있다.

1. 음양론(陰陽論)

음양이론은 동양의 고대철학 이론이고, 자연계에서 일어나는 사물의 성질과 그 발전 변화의 법칙에 대한 고인(古人)의 인식의 범주에 기초한다. 한방에 있어서의 음양학설은 고대의 소박한 유물관, 자연발생적 변증법의 사상방법과 의학의 실천이 결합하여 생긴 학설이다.

즉, 음양의 대립(對立)과 통일(統一), 소장(消長)과 전화(轉化)의 관점에서 인간과 자연계의 관계를 설명하고, 의학의 영역에 있어서 일련의 문제를 개괄하는 것이다.

음양은 표 1-1의 〈음양표〉와 같이 자연계 속성의 구분이다. 불은 양, 물은 음, 남자는 양, 여자는 음으로 분류할 수 있는데, 자연계의 모든 사물과 인체의 모든 기관도 이와 같은 방법으로 나눌 수 있다. 즉, 머리와 같은 윗부분을 양, 다리와 같은 아래 부분을 음, 얼굴과 배와 같은 앞을 양, 등과 뒷머리를 음, 피부를 양, 내부 장기를 음, 내부장기 중 오장을 음, 육부를 양으로 분류한다.

표피와 내부장기 같은 큰 거시적인 면과 기(氣)와 혈(血)을 음양으로 나누는 미시적인 면 등 음양은 외형에 의한 구분과 성질에 의한 구분, 위치에 의한 구분 등 다양하게 나누어 볼 수 있다. 그리고 하나의 물질 안에 음양 두 가지 모두를 가지고 있는 경우도 매우 많다. 예를 들어 기름은 불이 붙으면 불(火)이 되어 양이지만 불이 붙지 않으면 물(水)과 같은 음이 된다.

표 1-1. 음양표(陰陽表)

음(陰)	地, 月, 水, 凹, 女, 陰地, 靜肅, 六腑, 防禦
양(陽)	天, 日, 火, 凸, 男, 陽地, 活動, 五臟, 攻擊

1) 상호대립(相互對立)

음양학설에 의하면 모든 사물은 서로 대립되는 음/양의 양면으로 한 조(組)를 이룬다. 예를 들면 하늘은 양, 땅은 음이고, 낮은 양, 밤은 음이며, 인체의 체표(體表)와 기능은 양에 속하고, 내장(內臟)과 물질은 음에 속하며, 기(氣)는 양, 혈(血)은 음에 속하고, 동(動)은 양, 정(靜)은 음이 되는 것 등이다.

사물은 다시 하나가 둘로 나뉘어져서 자체 내에서 또 다른 음과 양을 가지게 된다. 즉, 낮은 양이지만 오전은 양 중의 양(陽中之陽)이 되고, 오후는 양 중의 음(陽中之陰)이 되는 것이다.

표 1-2. 음양의 상대성

신경(神經)	식물성 신경(음) ─ 억압 신경 / 조장 신경 동물성 신경(양)
장기(臟器)	장 ─ 아래쪽-비(脾), 간(肝), 신(腎); (발의 3음) 　　 위　쪽-폐(肺), 심(心), [심포(心包)]; (손의 3음) 부 ─ 아래쪽-위(胃), 담(膽), 방광(膀胱); (발의 3양) 　　 위　쪽-소장(小腸), 대장(大腸), [삼초(三焦)]; (손의 3양)
절후(節候)	겨울 여름 ─ 밤 　　　 낮 ─ 흐림 　　　　　 맑음 ─ 서늘함 　　　　　　　　 더움
체액(體液)	림프액 혈　액 ─ 혈장(血漿) 　　　　 혈구(血球) ─ 백혈구 　　　　　　　　　　 적혈구

2) 상호의존(相互依存)

음과 양은 서로 대립을 이루고 있는 동시에 서로 의존하기도 함으로써 그 어느 것도 다른 한면과 분리되어 단독으로 존재하는 일이 없게 된다. 예를 들어, 온열(溫熱)은 양에 속하고, 한랭(寒冷)은 음에 속하는데, 온열이 없다고 하면 한랭이라는 것도 없을 것이다.

또한, 인체의 기능은 양에 속하고 물질은 음에 속하는데, 물질이 없으면 기능이 있을 수 없고, 기능이 없다면 기혈(氣血), 진액(津液)등의 물질도 만들어지지 않을 것이다.

3) 상호소장(相互消長)

음양이 서로 대립하고 의존한다는 것은 이들이 정지, 불변의 상태에 있지 않고 끊임없는 소장(消長)과 운동 및 변화를 거듭하고 있다는 뜻이다. 사계절의 기후 변화를 보면 겨울에서부터 봄/여름까지는 기후가 점차로 한(寒)에서 열(熱)로 변해가는 이른바 음소양장(陰消陽長)의 과정을 이루고, 여름에서부터 가을/겨울까지는 열(熱)에서 한(寒)으로 변해가는 이른바 양소음장(陽消陰長)의 과정을 이루게 된다.

인체의 각종 기능은 양에 속하는데 이러한 기능 활동이 이루어지기 위해서는 음에 속하는 영양 물질이 반드시 소모되어야 하고, 각종 영양물질의 신진대사는 일정한 에너지를 필요로 하므로, 이러한 음양의 상호소장(消長)이 상대적인 평형 상태를 유지하지 못하면 질병이 발생하게 된다.

4) 상호전화(相互轉化)

사물은 그의 발전과정에서 일정한 단계에 이르면 각자 그와 상반되는 쪽으로 변하여 음은 양이 되고 양은 음이 되기도 한다. 예를 들면, 중독성폐렴(中毒性肺炎)환자의 경우에 처음에는 고열이 나고 얼굴이 붉어지며, 맥이 빠르고 힘있게 뛰다가 병이 발전하여 위중한 단계에 이르면 손/발이 얼음처럼 차가워지고 안색이 창백해지며 맥이 가늘고 약해지는 것을 볼 수 있다.

2. 오행론(五行論)

오행은 동양의 고대 철학 이론이며 고대인의 물질, 속성 및 상호관계에 대한 인식의 범주에 속한다. 한방에 있어 오행학설(五行學說)은 고대의 소박한 유물관, 자연발생적 변증법의 사상방법과 의학의 실천이 결합하여 생긴 산물이다.

"오(五)"는 목(木), 화(火), 토(土), 금(金), 수(水)의 다섯 종류의 사물을 가리키고 "행(行)"은 운동을 말한다. 이 학설은 다섯 가지 속성을 가지고 인체의 장부기관과 관련시켜 다시 오장을 중심으로 하여 "상생(相生)", "상극(相克)", "상승(相乘)", "상모(相侮)"의 이론을 운용시켜 생리현상과 병리변화를 설명하고 그것에 의하여 임상경험을 총괄하는 것이다.

목(木)의 성질은 물에 뜨며 나무가 휘는 것을 보고 바람을 알고 쉽게 불에 탄다. 화(火)는 뜨겁고 정열적이고 적극적이다. 그리고 불은 위로 올라가는 성질이 있고 물에 약하다. 토(土)는 어머니 처럼 자애롭고 모든 것을 잘 포용한다. 자연계의 모든 사물이 흙 위에 존재하고 흙의 에너지원에 의존한다. 금(金)은 강하나 불에 녹는다. 나무를 쓰러뜨리는 것은 쇠로 만든 도끼이다. 수(水)는 차고 생명이 탄생하는 기원이다. 즉 나무는 물을 공급받아야 자랄 수 있다.

표 1-3. 오장과 오행관계

오장(五臟)	심(心)	폐(肺)	비(脾)	간(肝)	신(腎)
오부(五腑)	소장(小腸)	대장(大腸)	위(胃)	담(膽)삼초	방광(膀胱)
오행(五行)	불(火)	쇠(金)	흙(土)	나무(木)	물(水)
오미(五味)	쓴맛(苦)	매운맛(辛)	단맛(甘)	신맛(酸)	짠맛(鹹)
오색(五色)	빨강(赤)	하양(白)	노랑(黃)	파랑(靑)	검정(黑)
오정(五情)	기쁨(喜)	슬픔(憂)	생각(思)	화남(怒)	두려움(恐)
오주(五主)	피(血)	살갗(皮)	살(肉)	힘살(筋)	뼈(骨)
오왕(五旺)	여름(夏)	가을(秋)	늦여름(長夏)	봄(春)	겨울(冬)
오기(五氣)	열(熱)	건조(燥)	습기(濕)	바람(風)	추위(寒)
오방(五方)	남(南)	서(西)	중앙(中)	동(東)	북(北)
오근(五根)	혀(舌)	코(鼻)	입(口)	눈(眼)	귀(耳)
오성(五聲)	말(言)	곡(哭)	노래(歌)	외침(乎)	신음(呻吟)
오취(五臭)	단내(焦)	비린내(腥)	화아한내(香)	지린내누린내(臊)	썩는내(腐)
오액(五液)	땀(汗)	콧물(涕)	침(涎)	눈물(泣)	가래(唾)

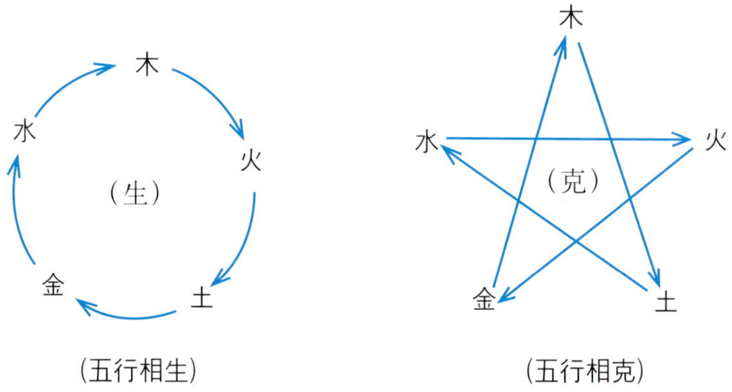

그림 1-1. 오행의 상생(相生), 상극표(相克表)

1) 상생(相生)

생(生)에는 자생(資生)/조장(助長)한다는 뜻이 들어있다. 상생의 순서는 목생화, 화생토, 토생금, 금생수, 수생목(木生火, 火生土, 土生金, 金生水, 水生木)으로 되어 있다.

한의학에서의 사례는 수생목(水生木)은 물에서 나무가 자라니, 수(水)는 신장이고 목(木)은 간이며, 신장은 간의 어미[母]로 신장과 간은 모자(母子)와 같다.

2) 상극(相克)

극(克)에는 억제/제약한다는 뜻이 들어있다. 상극의 순서는 목극토, 토극수, 화극금, 금극목(木克土, 土克水, 火克金, 金克木)으로 되어있다.

한의학에서 화극금(火克金)은 금(金)은 폐이며 화(火)는 심장인데, 심장의 화기(火氣)가 실한 것은 철(鐵)에 해당하는 폐장을 녹일 수 있음으로 폐에 큰 해를 준다.

3) 상승(相乘)

승(乘)이란 허한 틈을 타고 침입한다는 뜻으로서 지나친 억제를 가리킨다.

4) 상모(相侮)

모(侮)에는 자신의 강함을 믿고 약한 것을 깔보며 모욕한다는 뜻이 있다. 상생과 상극은 정상적인 상황하에서 매우 밀접히 관련되어 있다. 즉, 생(生)함이 없으면 성장이 되지 않고, 극(克)함이 없으면 정상적인 변화와 발전이 이루어지지 않는다. 또는 생(生)하는 가운데 극(克)함이 있고, 극(克)하는 가운데 생(生)함이 있어야 상호간의 협조가 유지되어 끊임없는 운행(運行)이 이루어지는 것이다. 상승과 상모는 사물이 발전/변화 하는 과정에서 나타나는 비정상적인 현상을 말한다.

3. 장상(臟象)

1) 장부(臟腑)의 정의

장(臟)이란 장(藏)을 뜻하며 평정(平定)하게 장축(藏蓄)한다는 의미이다. 즉 정(精), 신(神), 기(氣), 혈(血), 혼(魂), 백(魄) 등을 장축하여 정기(精氣)를 유통시키는 것을 말하는 것이다. 부(臟)는 부(府)를 뜻, 즉 부고(府庫 : 財貨를 저장하는 집을 府, 穀物을 저장하는 집을 庫라 함)와 유사하여 곡물 등 물질을 출납전수(出納轉輸)한다는 의미이다. 臟과 腑는 형제(兄弟)와 같아서 그 氣는 동류(同類)이며 형체만 상이(相異)한 것이다.

2) 장부(臟腑)와 음양(陰陽)

인체의 장부(臟腑)를 음양(陰陽)으로 구분하면 장(臟)은 陰이고 부(腑)는 陽이니, 즉 간(肝), 심(心), 비(脾), 폐(肺), 신(腎), 오장(五臟)은 陰에 속하고, 위(胃), 대장(大腸), 소장(小腸), 방광(膀胱), 담(膽), 삼초(三蕉) 등 육부(六腑)는 陽에 속하는 것이다.

3) 장부(臟腑)의 상합(相合)

폐(肺)의 合인 대장(大腸)은 전도지부(傳導之腑), 心의 合인 소장(小腸)은 수성지부(受盛之腑), 간(肝)의 合인 담(膽)은 중정지부(中正之腑), 비(脾)의 合인 위(胃)는 수곡지부(水穀之腑), 신(腎)의 合인 방광(膀胱)은 진액지부(津液之腑), 삼초(三蕉)는 결독지관(決瀆之官)으로 수도(水道)가 출언(出焉)하며 방광(膀胱)에 소속(所屬)하여 고립된 부(腑)이다.

이와같이 장·부(臟·腑)는 서로 생리적(生理的), 병리적(病理的)으로 도움을 주고 영향을 받는다. 예를들어 간(肝)에서 담즙(膽汁)을 만들어 담낭(膽囊)에 저장하고 위(胃)의 소화작용은 비(脾)의 도움을 받는다.

4) 오장(五臟)과 오관(五官)과의 관계

비(鼻)는 肺之官인 바 肺에 병이 있으면 식(息)하여 비장(鼻張)한다.

목(目)은 肝之官인 바 肝에 병이 있으면 목자(目眥)가 青色을 나타냄.

구순(口唇)은 脾之官인 바 脾에 병이 있으면 순색(唇色)이 변황(變黃)한다. 설(舌)은 心之官인 바 心에 병이 있으면 설권단축(舌卷短縮)한다.

이(耳)는 腎之官인 바 腎에 병이 있으면 이륜(耳輪)이 초고(焦枯)한다.

5) 오장(五臟)

오장(五臟)은 간(肝), 심(心), 비(脾), 폐(肺), 신(腎) 등 5가지의 내부조직이 충실한 장기를 말한다. 오장의 기능은 육부에서 생성된 정(精)과 기(氣), 혈(血), 진액(津液)을 저장하고 활성화하는 기능을 가지고 있으며, 정신기능의 근원인 동시에 감정 발현의 근본이 되는 장기이다.

(1) 간(肝)

肝의 생리로는 간장혈(肝藏血), 간주근(肝主筋), 개규어목(開竅於目), 기화재조(其華在爪) 등으로 요약할 수 있다.

① 간장혈(肝藏血), 간주근(肝主筋)

간은 혈액을 저장하고 조절하는 역할을 한다. 낮에는 간이 혈액을 전신에 보내어 몸을 움직이는데 쓰이도록 하고, 밤에는 혈이 다시 肝에 귀속하여 쉰다. 간주근(肝主筋)은 인체의 모든 근육은 肝으로부터 피를 공급받아야 움직일 수가 있다는 뜻이다. 근육에 피로가 쌓이면 肝이 피곤한 이치이다.

② 간개규어목(肝開竅於目), 기화재조(其華在爪)

오장육부(五臟六腑)의 모든 기운이 눈(目)에 연결되어 있으나 특히 간경맥(肝經脈)은 눈(目)과 이어져 있고 肝의 혈(血)이 눈(目)에 공급되어 외부사물을 볼 수 있다. 즉 肝의 질환이 있으면 눈(目)에 증상이 나타난다. 그리고 근(筋)의 나머지가 손톱이 된다. 즉 손톱의 영양상태로 肝의 상태를 살펴볼 수 있다. 눈이 피로하고 손톱의 영양상태가 불량하면 肝의 영양상태도 안 좋은 것으로 본다.

(2) 심(心)

심장의 생리는 심주혈맥(心主血脈), 기화재면(其華在面), 심주신지(心主神志), 심주한액(心主汗液), 심개규어설(心開竅於舌) 등으로 기술된다.

① 심주혈맥(心主血脈), 기화재면(其華在面)

전신의 혈맥이 모두 心에 귀속됨을 가리키는 것으로 心은 혈액을 운동시키는 원동력이 되고 맥(脈)은 그 통로가 되며 血은 전신에 영양분을 공급한다. 전신의 혈액공급이 원활하게 되면 얼굴의 색이 윤택하게 된다. 그러므로 심장에 의한 전신의 영양공급 상태를 얼굴에서 쉽게 찾을 수 있다.

또한 心은 신지(神志)를 주관한다. 신지(神志)란 정신을 지배하는 의미로 즐겁고 편안하고, 화나고, 기쁜 마음이 얼굴에 표현되는데 이는 모두 심장의 건강상태에 따라 변화를 일으킨다.

② 심주한액(心主汗液), 심개규어설(心開竅於舌)

한(汗)은 진액이 화생(化生)하여 이루어진 것으로 진액중에서 피부로 나온 것을 汗이라 하는데 진액 또한 혈액의 중요한 구성 성분이므로 혈액을 주관하는 것은 心이고, 汗 역시 진액이 化生한 것이므로 심주한액(心主汗液)이라 한다.

경혈학적으로 心의 별락(別絡)이 혀(舌)에 분포되어 있어 심주설(心主舌)이라고 하며 心主舌은 병리적으로 심장병(心臟病), 즉 중풍에 혀가 마비되는 경우가 많다. 그리고 舌의 색깔로서 혈(血)의 맑고 탁한 정도를 진단할 수 있다.

(3) 비(脾)

소화기계(消化器系)전체를 의미한다. 비(脾)는 운화(運化)를 主하고, 통혈(統血)하고, 사지기육(四肢肌肉)을 主하고, 입으로 개규(開竅)한다.

① 비주운화(脾主運化), 비주통혈(脾主統血)

운화(運化)란 전화(轉化)시켜 운송(運送)한다는 뜻이다. 즉 먹은 음식물을 몸에 필요한 물질로 바꾸어 필요로 한 곳에 전해준다는 뜻이다.
비주통혈(脾主統血)은 氣의 고섭작용(固攝作用) 기능은 대부분 비(脾)의 기(氣)가 그 근원이 되는 것이다.

② 비주사지기육(脾主四肢肌肉), 비개규어구(脾開竅於口)

脾에서 만들어낸 영양분이 사지(四肢)나 모든 기육(肌肉)에 공급되어야 손과 발을 움직일 수가 있다. 위장으로 들어가는 음식물은 입을 통하여 들어가며 음식물을 받아들이기 곤란할 때는 입이 맛을 잃는다.

(4) 폐(肺)

폐의 生理는 현대의학에서 말하는 것과는 다르다. 肺는 호흡기능 뿐만 아니라 수액(水液)의 조절, 기혈(氣血)의 운행, 피부표면의 방어기능 등이 있다.

① 폐주호흡(肺主呼吸), 폐주일신지기(肺主一身之氣)

肺는 흡청호탁(吸淸呼濁)하여 인체내부의 기(氣)와 외기(外氣)를 교환

해주는 역할을 담당한다. 즉 이산화탄소를 몸에서 내보내주고 산소를 공급해주는 기능을 말한다. 肺가 주관하는 氣는 두 가지로 분류할 수 있다. 첫째로 외부(外部)로부터 흡입된 천기(天氣)이고 둘째는 비위(脾胃)로부터 소화 흡수된 수곡(水穀)의 氣를 말한다.

② 통조수도(通調水道), 폐주피모(肺主皮毛), 폐개규어비(肺開竅於鼻)

肺가 수도(水道)를 통조(通調)한다는 것은 수액(水液) 대사를 촉진시킨다는 뜻으로 水道를 통하여 水液이 운행, 배설되는 통로(通路)이라는 의미이며, 통조(通調)란 소통되는 것을 조절한다는 뜻이다.

肺가 수액대사를 조절한다는 이론이 쉽게 이해가 되지 않는 말이나 수액의 흐름, 즉 혈액의 흐름과 방광의 소변의 흐름은 오직 氣의 작용에 의해 이루어지므로 氣를 주관하는 肺가 水道를 통조(通調)한다라고 할 수 있다.

피모(皮毛)는 인체의 표부(表部), 즉 피부(皮膚)와 한선(汗腺), 털(毛) 등을 포괄하는 것으로 외부 사기(邪氣)의 침입을 막아내는 가리개와 같다. 인체 표부에는 위기(衛氣)가 사기(邪氣)와 대응하고 邪氣가 성(盛)하여 피부(皮膚)를 거쳐 인체 내부에 들어오면 肺에 감기와 같은 증상이 나타난다.

비(鼻)와 후(喉)는 호흡의 통로이므로 肺의 이상유무는 鼻에서 찾아볼 수 있다. 즉, 코가 답답하고 콧물이 흐르면 이미 肺에 邪氣가 침입한 증후(證候)라 볼 수 있다.

(5) 신(腎)

腎의 生理로는 정(精)을 장(藏)하고, 수액(水液)과 진액(津液)을 主하며, 귀(耳)로 개규(開竅)하고 그 화(華)가 발(髮)에 있다.

① 신장정(腎藏精), 신주수(腎主水)

精이라함은 오장육부의 수곡(水穀)의 정기(精氣)와 신장 자체의 精을 가리킨다. 신장 자체의 精은 선천지정(先天之精)이고 수곡의 精은 후천지정(後天之精)을 말하는데 先天의 精은 부모로부터 물려받은 것이고, 後天의 精은 음식물을 섭취하여 생긴 것이다.

신주수(腎主水)란 인체의 수액대사를 주관하는 것으로 첫째로 음식물 중에 들어있는 진액을 전신에 보내는 것이고 다른 하나는 각 조직에서 이용되어진 후 수분을 체외로 배출하는 것으로 방광에 모아진 수분을 腎의 氣化작용에 의해 배출하는 것이다.

② 신개규어이(腎開竅於耳), 기화재발(其華在髮)

귀(耳)의 외형적 모양이 腎과 비슷하게 생겼고, 腎의 기능이 약해짐으로 인해 점차 정력(精力)이 저하된다. 두발(頭髮)의 영고(榮枯)는 신정(腎精)의 성쇠(盛衰)와 밀접한 관계를 갖고 있다.

"발위혈지여(髮爲血之餘)"은 "두발의 혈액은 나머지이다"라는 뜻인데 신정(腎精)이 풍부하면 두발(頭髮)의 색과 윤택의 정도가 좋아지며, 부족하거나 나이가 들어 늙어감에 따라 신정(腎精)이 부족해지면 흰머리가 나는 것도 같은 이유이다.

(6) 심포(心包)

심포는 심장의 겉면을 둘러싸고 있는 막과 거기에 분포되어 있는 낙맥(洛脈)을 말한다. 심장을 둘러싸서 심장을 보호하고 그 기능을 돕는 작용을 한다. 또한 심포는 심과 함께 정신사유활동에 관계한다. 즉 열성질병 때 사열(邪熱)이 심포에 침입하면 신명을 주관하는 심장의 기능에 장애가 발생하여 의식이 혼미해지고 헛소리를 하며 잠을 잘 자지 못하는 증상이 나타난다.

심포락은 삼초와 표리관계에 있으며 수궐음심포경과 수소양삼초경과 서로 연계되어 있다.

6) 육부(六腑)

육부(六腑)는 담(膽), 소장(小腸), 위(胃), 대장(大腸), 방광(膀胱), 삼초(三焦) 등 6가지의 내부가 비어있는 장기를 말한다. 육부의 기능은 외부로부터 받아들인 음식물을 소화, 흡수, 전도시켜 정(精)과 기(氣)를 만들어 전신에 공급하고 소화되고 난 찌꺼기와 체내에서 생성된 노폐물을 대변과 소변으로 배출시키는 역할을 담당한다.

오장육부는 불가분의 관계로 간-담, 심-소장, 비-위, 폐-대장, 신-방광이 각각 한 쌍을 이루며 표리(表裏)의 관계를 가지고 있다. 여기서는 이들 오장과 육부의 표리관계를 중심으로 설명하고자 한다.

(1) 담(膽)

간과 담은 오행(五行) 중 목(木)의 기운에 해당한다.

간의 가장 중요한 기능은 혈액을 저장하고 해독하는 것으로, 동맥에서 출발한 정(精)과 기(氣)를 함유한 신선한 혈액이 전신에 정(精)과 기(氣)

를 전달하고 노폐물을 회수하여 정맥으로 모여든 혈액은 가장 먼저 간에 모이게 된다. 이것은 오행의 수생목(水生木) 과정으로, 간에 모인 혈액은 해독되어 다시 심장으로 보내져 신선하고 영양을 함유한 동맥혈이 되어 다시금 전신으로 공급되어집니다. 또한 간은 근(筋)을 주관하며 목생화(木生化) 과정에서 근을 자양합니다.

간의 기능은 오관 중 눈에 가장 민감하게 반영되는데, 아침에 일어날 때 눈을 뜨는 것과 동시에 하루가 시작되는 것이 바로 목의 속성과 같은 이치이다.

담은 다른 육부와 달리 음식물이나 대소변과 같은 탁한 물질을 저장하거나 수송하는 기능을 담당하지 않고 담즙(膽汁)을 통해 소화를 돕는 작용을 하며 육부 중 가장 맑은 기관이다. 그 대신 담은 다른 육부와 달리 정신적인 요소에 관여하므로 "담은 중정지관(中正之官)이니 결단(決斷)이 나타난다" 고 말한다. 용기가 없는 사람을 "담이 작다"고 표현하는 이유가 여기에 있다.

(2) 소장(小腸)

심과 소장은 오행(五行) 중 화(火)의 기운에 해당한다.

심은 인체의 장기 중 가장 중요한 기능을 담당한다. 심은 인체의 모든 혈을 주관하여 전신으로 혈액을 보내 자양하는 역할을 담당하고 있다. 또한 심은 오장육부의 대주(大主)가 되어 각 장부가 서로 협조하고 전체적인 조화를 발휘하도록 지휘하는 위치에 있기도 하다. 이것은 오장육부의 기능 중에서도 가장 중요한 역할로서, 화(火)를 전체적으로 골고루 퍼뜨려 만물을 왕성하게 해주는 군주의 기상과도 같은 것이다.

심은 혀에 가장 많이 반영되며 영향을 주는데 이것은 혀가 혈맥이 가장 많이 분포되어 있고 미각을 가지고 있는 예민한 곳이며 활동적인 곳으로 심에 배속되어 심의 생리나 병리변화에 따라 나타나는 것이다.

소장은 '수성지관(受盛之官)이니 화물출언(化物出焉)' 이라 하여 위(胃)에서 내려온 부숙(소화)된 음식물을 받아 청탁(淸濁)을 분별하는 역할을 하는 것을 의미한다. 청(淸)한 것은 음식물의 정기이므로 비의 운화작용을 통해 전신에 공급하고, 탁(濁)한 것은 찌꺼기이므로 대·소변을 통해 외부로 배출한다. 이와 같은 소장의 작용은 심(心)이 군주의 위치에서 하는 활동과 흡사하므로 소장은 심에 배속되며 심과 표리의 관계를 이루는 것이다.

(3) 위(胃)

비위는 음식물을 소화, 흡수하여 온몸에 수곡(水穀)의 정기를 골고루 나누어주는 역할을 하여 사람이 생명을 유지하며 살아갈 수 있게 하는 가장 중요한 장기 중의 하나이다. 이러한 역할로 인해 비위를 '후천지본(後天之本)'이라고도 한다. 또한 비위는 몸의 중앙에 위치하여 그 작용이 미치지 않는 장부가 없으므로 오행 중 토(土)의 역할과 흡사하다. 소화작용에서도 위(胃)는 금(金)과 수(水)의 역할인 하강작용을 담당하며 비가 목(木)과 화(火)의 역할인 상승작용을 하는 것도 역시 토의 중간자적 입장에서 이해할 수 있다.

또한 비위는 인체의 혈액생성과 순환에 관여하며 인체에서 가장 활동적인 팔 다리에 영향을 미치고 있으며, 비는 구순과 기육과 밀접한 관계가 있어 비의 생리, 병리의 영향이 구순과 기육에 나타난다.

(4) 대장(大腸)

폐와 대장은 금(金)의 기운에 해당되며, 폐는 호흡을 통해 인체의 기(氣)를 주관하고, 인체의 장기 중 가장 위에 있어 경청한 기상을 가지므로 탁한 기운은 아래로 끌어내리는 작용을 하고 있다. 이것은 전형적인 가을의 기상으로 금(金)의 수렴(收斂)작용을 의미한다. 또한 인체 수분대사에서도 비, 신과 함께 관여하고 있다. 폐는 피부에 가장 많은 영향을 미치며, 호흡의 일차 관문인 코와 인후도 폐와 연결되어 밀접한 영향을 받고 있다.

대장은 '전도지관(傳導之官)이니 변화출언(變化出焉)'이라 하여 소장에서 내려온 찌꺼기를 대변을 통해 체외로 배출하는 것을 의미하며, 폐는 무형의 공기로서 외부와 접촉을 하고 대장은 유형의 대변으로 외부와 직접 접촉되는 관계로 폐와 대장을 같은 기능계로 보는 것이다. 따라서 대장의 병변이 폐에 영향을 주며, 폐의 병변 또한 대장에 영향을 미치게 된다.

(5) 방광(膀胱)

신과 방광은 수(水)의 기상에 해당하며, 오행(五行)의 수(水)가 저장하는 성질이 있는 것처럼 신(腎)은 정(精)을 저장하고 있으며, 인체 수분대사에 가장 중요한 역할을 담당하고 있다. 또한 인체의 가장 단단한 조직인 뼈를 주관하며, 신의 병리변화는 상부에서는 귀에서 나타나고, 하부에서는 이음(전음과 후음)에서 밀접하게 나타난다. 즉 신은 수장(水臟)으로 인체 수분대사에 깊게 관여하므로 이음과 대소변에 영향을 주는 것이다.

방광은 '주도지관(州都之官)이니 진액장언(津液藏焉)하고 기화즉능출(氣化則能出)'이라 하여 소변은 소장에서 청탁이 구별되어 삼초의 작용으로 방광에 보내지며, 진액을 저장하므로 인체의 진액과 소변 그리고 땀에 영향을 미친다.

(6) 삼초(三焦)

삼초란 6부(六腑)의 하나로 인체를 기능적으로 나눈 세부분을 말한다. 삼초는 음식물을 소화시켜 생명활동에 필요한 영양물과 기, 혈, 진액들을 전신으로 운반하며, 전신에서 생기는 노폐물과 수분을 오줌이나 대변으로 배출시키는 기능을 한다. 삼초에는 상초, 중초, 하초가 있다.

상초(上焦)란 설하에서 위의 분문까지를 말하며, 여기에는 흉. 심, 폐가 속해있다. 기혈진액을 고루 퍼지게 하는 기능이 있다.

중초(中焦)란 위의 분문에서 유문까지를 말하며, 여기에는 비, 위가 속해 있다. 음식물을 부숙(腐熟)하는 비위의 기능이 있다.

하초(下焦)란 유문에서 이음(요도, 항문)까지를 말하며, 여기에는 간, 신, 방광, 소장, 대장 등 여러 개의 장기가 속해 있다. 이것은 水의 通道를 조절한다. 간, 신, 대, 소장, 방광, 자궁 등의 기능을 총괄한다.

4. 기 · 혈 · 진액

1) 기(氣)

고대인들은 자연현상을 인식함에 있어서 이 세계(世界)를 형성하는 가장 기본적인 물질(物質)을 氣라고 하고 氣의 운동과 변화에 의하여 모든 사물이 생겨나는 것으로 보았다. 이와 마찬가지로 한방에서도 인체를 구성하는 기본 물질을 氣라고 보았으며 氣의 운동과 변화에 의해서 생명활동이 발현하는 것으로 보고 있다.

(1) 기(氣)의 생성(生成)

氣는 인체에 분포하는 부위와 그의 작용에 따라 여러가지로 불리워지게 되며 생성(生成)되는 내원(來原) 역시 다르다.

氣를 세가지로 나눌 수 있는데 첫째는 신중정기(腎中精氣 : 태어나면서 부모로부터 腎中에 물려받은 精氣), 둘째는 수곡지기(水穀之氣 : 음식물이 脾胃의 消化, 흡수과정을 경과함으로써 얻어지는 氣), 셋째는 청기(淸氣 : 肺로 흡입된 자연계의 空氣)로 나뉘어진다.

(2) 기(氣)의 기능(機能)

인체내의 氣의 기능은 여섯가지로 분류할 수 있다.

① 추동작용(推動作用)

인체(人體)의 생장발육(生長發育)과 각 장부경락(臟腑經絡)의 생리활동(生理活動) 및 혈액(血液)의 순행 그리고 진액(津液)을 필요한 곳에 보내는 수포(輸布)에 이르는 작용, 다시말해 체내의 에너지대사 또는 물질의 흐름을 적극적으로 밀어주는 작용이다.

② 온조작용(溫照作用)

인체는 정상적인 체온을 유지하기 위해서 氣의 온조작용(溫照作用)에 의지하게 된다. 살아 있는 신체에는 氣가 존재하여 따뜻하지만 죽은 시신에는 氣가 존재하지 않아 싸늘하다.

③ 방어작용(防禦作用)

氣는 인체의 기표(肌表)를 호위하여 육음(六淫)의 침습을 방지하는 역할을 수행하기 때문에 외사(外邪)가 침입할지라도 氣가 그와 상쟁(相爭)하여 체외로 몰아내게 함으로써 건강을 유지한다.

④ 고섭작용(固攝作用)

혈액을 통제하여 맥외(脈外)로 넘쳐나지 못하게 하는 것과 한(汗), 뇨(尿)를 통제하여 적절히 배출되도록 하는 것, 그리고 정액(精液)을 통제하여 활설(滑泄)되지 못하도록 하는 氣의 고섭작용(固攝作用)은 생리작용을 촉진시키고 활동시키는 추동작용(推動作用)과 대립되는 가운데 통일성(統一性)을 유지하고 있다.

⑤ 기화작용(氣化作用)

기화(氣化)란 氣의 운동으로 발생하는 각종 변화를 의미하며, 두가지 뜻이 내포되어 있으니 첫째는 장부(臟腑)와 관련된 기능(機能)이고 둘째가 기(氣), 혈(血), 정(精), 진액(津液) 간의 상호화생(相互化生)이다. 즉, 체내의 어떤 물질을 기의 작용의 의해 몸에서 필요로 하는 다른 어떤 물질로 바꾸는 힘을 말한다. 예를 들어 섭취한 음식물을 혈액이나 다른 에너지원으로 바꾸는 힘을 말한다.

⑥ 영양작용(營養作用)

비위(脾胃)의 수곡생성(水穀生成)과 변화로 생산된 정미물질(精微物質)을 운반하고 변화하여 혈액을 조성하고 전신에 영양과 산소를 공급하는 생명유지의 원동력 작용을 한다.

2) 혈(血)

혈은 혈관내를 순행하는 적색 액체를 가리키는데 심장(心臟)과 기(氣)의 추동작용(推動作用)으로 맥중(脈中)을 잠시도 쉬지 않고 순환 하면서 그 안에 함유되어 있는 영양물질을 장부(臟腑)와 조직(組職), 기관(氣管), 사지백회(四肢百會), 오관(五官), 구규(九竅)에 이르기까지 어느곳하나 이르지 않는 곳이 없이 양(養)하면서 순행하는 필요불가결의 요소이다.

(1) 혈(血)의 생성

血은 수곡(水穀)의 정미로움과 영기(營氣) 및 정기(精氣) 등을 기초로 하여 비(脾), 위(胃), 폐(肺), 심(心), 간(肝), 신(腎) 등의 기능(機能)과 활동을 거쳐 생성된다.

(2) 혈(血)의 기능

혈액은 전신을 순행하면서 안으로는 오장육부(五臟六腑)에, 밖으로는 피육근골(皮肉筋骨)에 이르고 전신을 영양(榮養)하고 자윤(滋潤)시키는 작용을 하며 각각의 장부와 기관 및 조직들로 하여금 정상적으로 활동할 수 있도록 한다.

3) 진액(津液)

진액은 체내에서 일정한 계통을 따라 순환하는 혈액/임파액/조직액 등 정상 체액과 음식물의 소화/흡수 과정을 통해 얻어지는 온갖 영양 물질 및 필요에 따라 분비되는 대사(代謝)의 산물인 땀, 콧물, 눈물, 침, 가래 등의 체액을 통틀어 일컫는 한의학의 특수 용어이다. 진액은 진과 액으로 구분된다.

진(津)은 비교적 맑고 가벼우며 멀겋다. 그것은 체내로 침입하려는 병적 요소에 대해 방어 작용을 하는 기(氣)와 함께 체표에 분포하여 피부와 근육 등을 영양으로 따뜻하게 하며 부드럽게 하고, 혈액중의 수분을 보충해서 혈액 순환을 원활하게 해준다. 진은 때로 침, 눈물, 땀 등으로 배출된다.

액(液)은 비교적 탁하고 무거우며 걸죽하고 끈적거린다. 액은 체내에서 영양 활동을 하는 기(氣)를 따라 체내로 운행하며, 관절/뇌수/눈/코/귀/입 등에 분포하여 이들에 영양을 공급하고 따뜻하고 부드럽게 하여 작용은 원활하도록 한다.

진과 액은 서로 영향을 주고 이전하며 협력하여 인체가 기후 변화에 잘 적응토록 조절하고, 인체의 상대적 균형 유지에 중요한 작용을 한다. 한편, 진액의 생성/배분/배설은 기(氣)대사의 영향을 받으므로 기 대사가 불완전할 때는 진액이 부족하거나 손실이 많아진다.

진액의 손실이 많아지면 기 역시 상대적으로 소모되는데, 이것은 음식물의 에센스에서 비롯되므로 소화기 이상 때는 생성에도 이상이 오고, 부족하며 혈액 보충이 어려워져서 혈병이 생긴다. 이처럼 진액은 기/혈과 밀접한 관계가 있다.

5. 병인론(病因論)

1) 육음(六淫)

육음은 한의학에서 병의 원인으로 중요시하는 것이다. 자연계에는 각종 기후변화가 나타나는데 이를 집약하면 풍(風)/한(寒)/서(暑)/습(濕)/조(燥)/화(火)이다. 이를 가리켜 육기(六氣)라고 하는데, 육기는 정상적인 기후로서 이러한 상태에서는 병이 잘 발생하지 않는다.

그러나 기후가 이상해져서 급격한 변화를 나타내거나 인체의 저항력이 약해진 경우에는 육기가 질병의 원인으로 작용하여 인체에 침입함으로써 질병이 발생하게 되는데, 이러한 상황에서의 육기(六氣)를 가리켜 육음(六淫)또는 육사(六邪)라고도 한다. 음(淫)에는 크게 지나치다(태과-太過)라는 뜻이다.

육음으로 인한 질병 발생의 특징은 다음과 같다. 계절에 따른 기후 변화나 주거 환경과 관련이 있다. 예컨대 봄에는 바람이 많이 불므로 풍병(風病)이 많고, 여름에는 더우므로 서병(暑病)이 많고, 가을에는 건조하므로 조병(燥病)이 많으며, 겨울에는 한병(寒病)이 많다. 또한, 습기가 많은 지역에 오래 살면 습병(濕病)이 생긴다.

육음은 단독으로 병을 일으키기도 하고, 두 가지 이상이 동시에 인체를 침범하여 병을 일으키기도 한다. 육음은 발병 과정 중에서 서로 영향을 미칠 뿐 아니라 일정한 조건 하에서는 서로 변화하기도 한다. 한사(寒邪)가 인체 안으로 들어가 열로 변하고(화열-化熱), 서습(暑濕)이 오래되어 건조해지고(화조-化燥), 음을 상하게 하는 것(상음-傷陰)이 그 예이다. 육음에 의한 발병은 살갗/입/코 등을 통해서 일어나므로, 외적 원인에 의한 질병이라고도 한다.

2) 칠정(七情)

한의학에서는 일찍부터 정신적 요인과 질병의 관계를 중요시하여, 감정상 표현을 기쁨(희-喜)/ 노여움(노-怒)/ 근심(우-憂)/ 생각(사-思)/ 슬픔(비-悲)/ 놀램(경-驚)/ 두려움(공-恐)의 7가지를 칠정(七情)이라고 하고, 이는 병에도 작용하는 것으로 보았다.

외부의 객관적인 사물이나 현상에 대하여 가지게 되는 사람의 감정 상태는 매우 정상적인 것으로서, 이것 때문에 질병이 발생하지는 않는다. 그러나 정신적 자극이 급격히 발생되고 강렬하거나 장기간 지속될 경우에는 인체의 생리 기능에 영향을 미쳐 질병이 발생하기도 한다.

칠정(七情)은 내장 기관에 직접적인 영향을 주어 질병을 발생시키므로 이를 가리켜 내상칠정(內傷七情)이라고 한다. 이에 관하여 화를 내면 간을 상하게 하고(노상간-怒傷肝), 너무 기뻐하면 심장을 상하게 하고(희상심-喜傷心), 생각을 너무하면 비장을 상하게 하고(사상비-思傷脾), 슬퍼하면 폐를 상하게 하고(비상폐-悲傷肺), 두려워하면 신을 상하게 한다(공상신-恐傷腎)는 말이 있다.

칠정은 질병을 일으킬 뿐만 아니라 여러 가지 질병이 발전해가는 과정에서 환자가 감정의 격농 상태를 경험할 경우 병의 상태를 변화, 악화시키기도 한다.

일반적으로 외부 자극에 의해서 감정의 변화가 다르게 나타나게 마련이지만, 외부 자극이 동일하다고 해도 그 자극을 받아들이는 사람에 따라서 다른 김징상 변화가 나타날 수 있으며, 또 감정의 변화가 같다고 해도 정도에 따라서 특징적 현상들이 나타난다.

한의학에서 환자의 감정 상태를 매우 중요시하는 까닭이 여기에 있으며, 실제로 어떤 신경/정신적 질환은 그와 관련된 내장 기능의 부조화(不調和)를 바로 잡아 치료한다.

6. 그 외

1) 표리론(表裏論)

표(表)리(裏)란 겉과 속을 의미하는 것으로 질병의 현재 위치를 잘못 인식할 경우 치료후 인체의 반응은 매우 크다.

표(表)는 인체 겉표면, 즉 피부와 피부의 부속기관, 오관을 의미하고 리(裏)는 내부장기를 가리키는 말이다. 그리고 위(胃)나 장(腸)에 염증과 출혈로 인한 복통, 땀, 열 등은 표증(表證)이라 부르고 출혈, 설사, 구토 등의 증상을 이증(裏證)이라고 한다.

질병의 치료 중에 표(表)에 있는 병은 땀(汗)으로 배출시키고 이(裏)에 있는 병은 설사(泄)나 구토(吐)로 치료한다. 그런데 반대로 표(表)에 있는 병을 설사시키면 표(表)에 있는 병이 오히려 몸속 깊이 들어가게 되므로 질병의 표리(表裏)인식은 매우 중요하다.

인체의 겉표면에 나타나는 색깔이나 기타 피부이상 현상은 내부장기의 질병이 존재하고 있음을 암시하는 장소이기도 하다. 예를 들어 눈이 충혈되거나 황달이 있으면 간이 안 좋다는 신호이고 귀가 잘 들리지 않거나 귀에 소리가 나는 현상은 신장의 기운이 부족하다는 암시이므로 부족한 신장의 기운을 보(補)하면 더 이상의 신장병이 악화되는 것을 막아준다.

2) 한열론(寒熱論)

한(寒)과 열(熱)은 한방에서 질병의 원인 및 증상의 대표적 표현 방법 중 하나이다. 한과 열은 자연계의 기후현상이기도 하지만 인체내에서 水와 火를 寒과 熱로 바꾸어 표현하기도 한다. 질병에 걸려서 나타나는 증상 중에 포함되며 陰과 陽이 귀속된다.

陰이란 차고 어둡고 오목하고 그늘지고 에너지의 물질적 자원이므로 인체에서는 수(水)와 한(寒), 오장(五臟) 등이 해당된다. 陽은 뜨겁고 밝고 볼록하고 에너지의 활동이므로 화(火)와 열(熱), 육부(六腑) 등이 속한다.

자연계에서 한(寒)은 겨울의 기후이나 한(寒)의 기운이 몸에 질병의 원인으로 작용하여 인체에서 나타나는 현상은 한(寒)이 될 수도 열(熱)이 될 수도 있다. 예를 들어 감기는 분명히 한(寒)의 기운이 몸에 들어와 열(熱)을 일으키는 질병이나 그 열(熱)이 조금 지나면 추운(寒) 증상이 나타난다.

열(熱)은 여름의 기운이며 물질의 운동성이 활발하다. 따라서 체내에서의 熱은 에너지대사의 항진을 일으키고, 체외로의 표현도 같은 의미를 내포한다. 그러나 내부장기의 기능은 극도로 허약한데 외부표피의 반응은 발열(發熱), 한출(寒出)로 나타날 수 있다. 이를 진한가열(眞寒假熱)이라 한다.

寒과 熱은 질병의 원인으로서의 작용과 질병의 증상으로서의 작용, 두 가지로 구별한다. 그리고 인체는 熱이 많은 사람, 寒이 많은 사람으로 구별이 가능하고 질병의 증상 중에 한증(寒證)이 보여도 熱이 부족한 경우와 한(寒)이 많은 경우가 있으며 열증(熱證) 또한 寒이 부족한 경우와 熱이 많은 경우가 있다.

3) 허실론(虛實論)

우리는 일상생활에서 보통 부족한 것을 허(虛), 넘치기나 넉넉한 경우를 실(實)이라고 표현한다. 한방에서 허(虛)와 실(實)은 "정기허(正氣虛), 사기실(邪氣實)"을 의미한다. 이는 질병을 일으키는 상황인데 몸에 필요로 하는 정기(正氣), 즉 외부 병원체와 싸우는 면역력 저하를 정기허(正氣虛)라 하고 사기실(邪氣實)이란 외부의 병원체가 인체내부로 들어와 질병을 일으키는 힘이 충분한 것을 말한다.

다시 말해, 인체가 병이 들었다는 것은 면역력이 저하되었거나 병원균의 힘이 강하다고 할 수 있다. 그리고 병이 발생한 인체의 증상도 虛와 實로 나눌 수 있다. 즉 기운이 없고 미열이 나면서 통증도 은은히 나타나면 허증(虛證)이라 하고 고열이 발생하며 격심한 통증 등을 일으키는 것을 실증(實證)이라고 말한다.

허(虛)와 실(實)은 치료 면에서 보(補)와 사(瀉)로 구분되는데 "허즉보(虛則補), 실즉사(實則瀉)"로 표현된다. 보(補)란 부족함을 채워 넣는 의미인데 그 부족함이 정기(正氣)이므로 正氣의 부족을 돕고 사(瀉)란 남는 것을 버린다는 뜻인데 그 남는 것은 사기(邪氣)를 의미하므로 인체내의 邪氣를 땀이나 대변으로 빼내는 것을 말한다.

4) 정체론(整體論)

정체관념(整體觀念)이란 한의학적 질병의 진단과 치료에 있어 특유의 관념 중하나로, 질병을 국한적 또는 단편적으로 관찰하려 하지 않고, 전체와의 연계를 이해함으로써 인체의 생리와 병리를 설명하고 질병을 파악하며 치료 원칙을 세우는 사고방식을 말한다.

인체의 내부 장기와 체표 조직 및 기관은 별개가 아니라, 반드시 서로 깊은 연계를 이루고 있다. 예를 들어, 폐/대장/피부/코/모발 등은 각각 동떨어진 것으로 아무 연계도 없다고 본다면, 피부병은 피부과에서, 콧병은 이비인후과에서 치료받아야 하겠지만, 폐와 대장 같은 내부 장기와 피부나 모발 같은 체표 조직 및 코 같은 기관이 각각 동떨어진 별개가 아니라 기능적으로 연계를 이루고 있다면 함께 다스리는 방법을 쓸 수도 있을 것이다.

실제로 한의학에서는 맑은 콧물을 흘릴 때는 폐를 따뜻하게 하는 약을 쓰며, 비후성 비염에는 폐를 서늘하게 하는 약을 쓴다. 같은 이치로 눈을 눈으로만 보아 안과에서만 치료하는 것이 아니라 눈을 간장과 전체성을 이루는 것으로 보아 눈병에 간 기능을 다스리는 약을 쓰며, 뼈를 뼈로만 보는게 아니라 신장과 전체성을 이루는 것으로 보아 뼈 질환에 신장 기능을 조절하는 약을 쓴다.

침 놓는 자리를 경혈(經穴)이라 하는데, 경혈과 내부 장기는 현저히 떨어져 있지만 그 경혈에 내부 장기의 반응이 나타나고, 그 경혈에 힘을 놓아서 해당 장기의 병을 고칠 수 있다고 보는 것이 한의학의 특징이다.

뿐만 아니라, 기후나 환경이 인체의 생리나 병리에 일정한 영향을 미친다는 생각으로 인체와 외계 환경과의 통일성까지 중시하였다. 이와 같은 유사한 기능끼리의 전체성을 강조한 정체관념이 한의학의 특징이다.

5) 변증론치(辨證論治)

변증론치는 증(證)을 살펴서 이에 따른 치료를 결정한다는 것이다. 서양의학이 주로 질병을 가늠하여 치료한다면 한의학은 변증론치 한다고 할 수 있다.

서양 의학에서는 질병 이름이 전제(前提)되고서 치료를 시작할 수 있지만, 한의학에서는 병명에 관계없이 우선 증(證)을 살핀다. 증(證)은 질병의 원인/부위/성질과 환자의 신체적 여건 등이 상호 연계된 특징을 지니면서 각종 증상이 종합된 일종의 증후군인데, 이를테면 몇 개의 증상(症狀)이 일정한 틀 속에 공통성을 띠고 유기적으로 집합되어 있는 것이라고 할 수 있다.

그러므로 한의학에서는 아무리 복잡한 증상들이 나타나더라도 하나 하나의 증상에 집착하기 보다는 이들 증상간에 어떠한 연계성이 있으며, 그 연계성이 어디에서 비롯되는가를 추적하게 되는데, 이러한 변증 방법은 여러 가지가 있다.

이 중에서 가장 대표적인 것은 팔강변증으로서 8개의 강령(綱領) 즉, 음(陰)/양(陽)/표(表)/리(裏)/한(寒)/열(熱)/허(虛)/실(實)이 큰 줄거리이다. 병의 증후군을 가늠하는 방법이 제대로 되었는가 잘못 되었는가는, 그에 따른 치료의 성공과 실패 여부를 결정하는 중요한 갈림길이 되며 이것이 한의학 이론의 핵심이다.

이론편

제2장

경 락

제2장.. 경락(經絡)

경락학설은 음양오행(陰陽五行), 장부(臟腑), 영위(營衛), 기혈(氣血) 등과 함께 한방이론의 기초를 이루는 것이다. 이 학설은 생리, 병리, 진단, 치료면에 있어서 각각 중요한 실천적 의의가 있다.

1. 경락

경락은 인체의 기혈(氣血)이 연행(連行), 통과(通過), 연락(連絡)하는 곳의 통로이다. "경(經)"이란 통하지 않는 경로가 없다는 뜻이고 "락(絡)"이란 그물망과 같이 교차하고 연하여 있다는 뜻에 가깝다. 그것들은 장부의 주재에 의해 전신에 분포되어 있으면서 인체 각 부분과 서로 관련하여 유기체를 이뤄 각각 소속 계통을 조직하고 있다.

이들 경락을 침이나 뜸 등으로 자극하여 각종 기혈이나 경혈을 원활하게 함으로써 질병치료나 피로회복에 도움을 준다.

경락의 내용은 12경맥(十二經脈), 기경8맥(奇經八脈), 15별락(十五別絡), 12경별(十二經別), 12경근(十二經筋) 및 365락(三百六十五絡)과 헤아릴 수 없는 손락(孫絡) 등을 포함하고 있다.

1) 경락의 작용

총체적으로 말해서 우리 인체의 정상적인 상황에서 규율있는 생리 화동을 진행시키는 것이다. 만약 병변이 발생한 상황에서는 약간의 병리현상이 계통적으로 표현된다. 그러므로 의사는 이런 객관적으로 존재하는 화동규율을 파악하고 병을 진단하여 치료하기 위한 근거로 할 수 있다. 그리고 경락은 사람의 기(氣), 혈(血), 정(精), 신(神)에 의해 생명을 영위케한다. 경맥(經脈)은 기혈순환을 원활하게 하고 내장에 영양을 공급하며 근골(筋骨)과 관절(關節)을 튼튼하게 유지시킨다.

2) 12경맥(十二經脈)

12경맥은 내(內)에 있어서는 장부(臟腑)에 굴(屈)하고 외(外)에 있어서는 지절(指節)에 연락(連絡)한다. 이것은 경락이 내부와 외표와의 연접통로임을 설명한 것이고, 12경맥은 전체 경락계통의 가장 대표적인 것이다. 대개 오장육부중 심포(心包)를 포함한 오장에 속한 것은 음경(陰經)이고, 육부에 속한 것은 양경(陽經)이다.

표 2-1. 경락의 운행순서

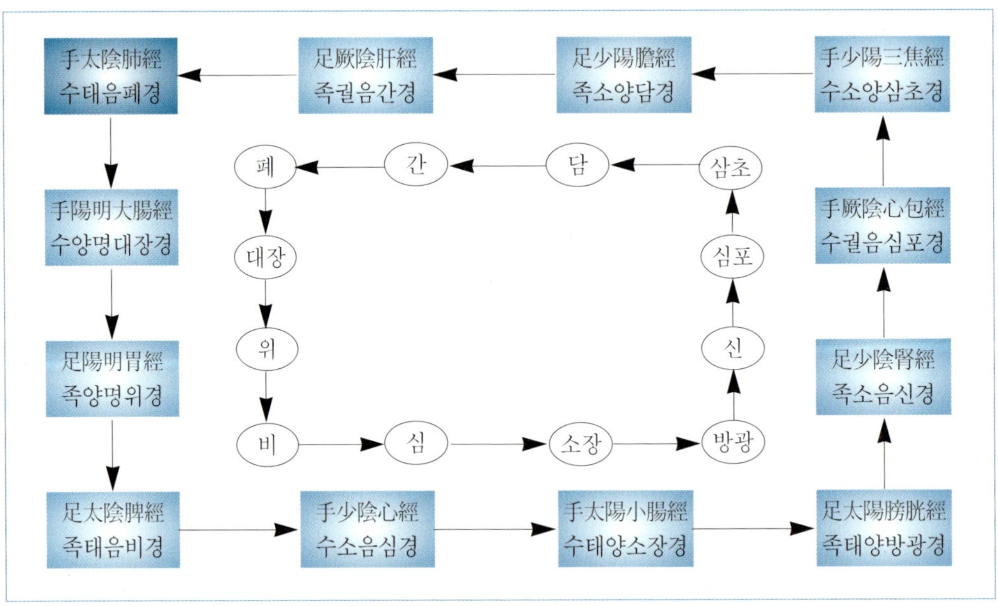

표 2-2. 십이경맥(十二經脈)의 표리(表裏)관계

표경맥(表經脈)	리경맥(裏經脈)
수양명대장경맥(手陽明大腸經脈)	수태음폐경맥(手太陰肺經脈)
수태양소장경맥(手太陽小腸經脈)	수소음심경맥(手少陰心經脈)
수소양삼초경맥(手少陽三焦經脈)	수궐음심포경맥(手厥陰心包經脈)
족양명위경맥(足陽明胃經脈)	족태음비경맥(足太陰脾經脈)
족태양방광경맥(足太陽膀胱經脈)	족소음신경맥(足少陰腎經脈)
족소양담경맥(足少陽膽經脈)	족궐음간경맥(足厥陰肝經脈)

상지(上肢)에 미치는 것은 수경(手經)이고 하지에 미치는 것은 족경(足經)이라고 한다. 때문에 12경맥은 오장에 심포(心包)를 합하여 여섯경맥과 육부에 속한 경맥을 합하여 열두개 경맥이 되므로 12경맥이라 한다.

3) 기경팔맥(奇經八脈)

기경(奇經)이란 정경(正經)에 반대되는 말이다. 정경이란 십이경맥(十二經脈)을 말하는데 음양표리(陰陽表裏)와 관계가 있는 경맥이고, 기(奇)란 기이하다는 뜻, 즉 음양표리와 관계가 없고 또한 일정한 소속 장부 역시 없는 경락을 말한다.

기경팔맥(奇經八脈)의 종류로는 임맥(任脈), 독맥(督脈), 충맥(衝脈), 대맥(帶脈), 음교맥(陰嶠脈), 양교맥(陽嶠脈), 음유맥(陰維脈), 양유맥(陽維脈)을 말한다.

(1) 음유맥(陰維脈)

음유맥은 족궐음담경, 족소음신경, 족태음비경 등 십이경맥(十二經脈) 중에서 성생식기와 밀접한 관계를 갖고 있는 음경락(陰經絡)을 연결시켜 오장의 상호활동을 연락 조절하는 작용을 맡고 있다.

현대 의학적으로는 내분비계통을 담당한다.

(2) 양유맥(陽維脈)

양유맥은 족소양담경, 수소양삼초경, 수양명대장경, 족양명위경 같이 수족(手足)의 양경(陽經)을 연결시켜 육부(六腑)의 활동을 서로 연락 조절하는 기능을 맡고 있다.

양유맥은 현대의학에서 기능을 항진시키는 자율신경계와 비슷한 기능과 작용을 하고 있다.

(3) 음교맥(陰蹻脈)

음교맥은 족소음신경이 수태양소장경, 족태양방광경, 족양명위경, 양교맥과 만나는 경맥으로 이루어졌다. 이 음교맥의 근거는 음경락에 있고 음경락과 서로 연락이 되어있다. 족소음신경맥이 지배하는 영역, 즉 성생식기 부분의 음(陰)적 기능을 항진시키는 양(陽)의 경락이 가미되어 서로 길항작용을 하고 있다.

(4) 양교맥(陽蹻脈)

양교맥은 소장, 대장, 삼초, 심, 간, 비, 위, 임맥, 방광경, 음교맥, 담경과 만나는 것으로 각 경맥의 기능을 항진시키는 경혈들로 이루어져 있다.

(5) 충맥(衝脈)

충맥은 비경, 위경, 심경 등의 경맥으로 이루어졌는데 전신의 영양공급 및 호르몬의 기능항진과 밀접한 관계가 있다.

(6) 대맥(帶脈)

대맥은 허리를 둘러싸고 있어 마치 혁띠, 혁대(革帶)처럼 이루어졌기에 붙여진 이름으로 간경과 담경으로 이루어진 경맥이다. 간경과 담경 중에서도 특히 허리 부분에 분포한 경맥이므로 성생식기능의 저하로 인한 허리 부분의 근육피로를 담당한다.

4) 경혈의 임상응용

임맥(任脈)과 독맥(督脈)을 포함한 12경맥의 각 혈(穴)은 그 혈이 위치하는 국부병(局部病)을 치료할 수 있고 그와 동시에 그 혈(穴)이 소속한 장부(臟腑) 질환과 밀접한 조직의 질병을 치료할 수 있다.

흉부의 경혈(經穴)은 모두 가슴(내부장부를 포함)을 치료할 수 있으며 복부의 경혈은 모두 배를 치료할 수 있다. 그리고 사지(四肢)의 무릎과 팔꿈치 아래에 있는 경혈은 원거리, 즉 두부, 안면부 및 내부장기의 질환을 치료할 수 있다.

2. 취혈법

1) 지촌법

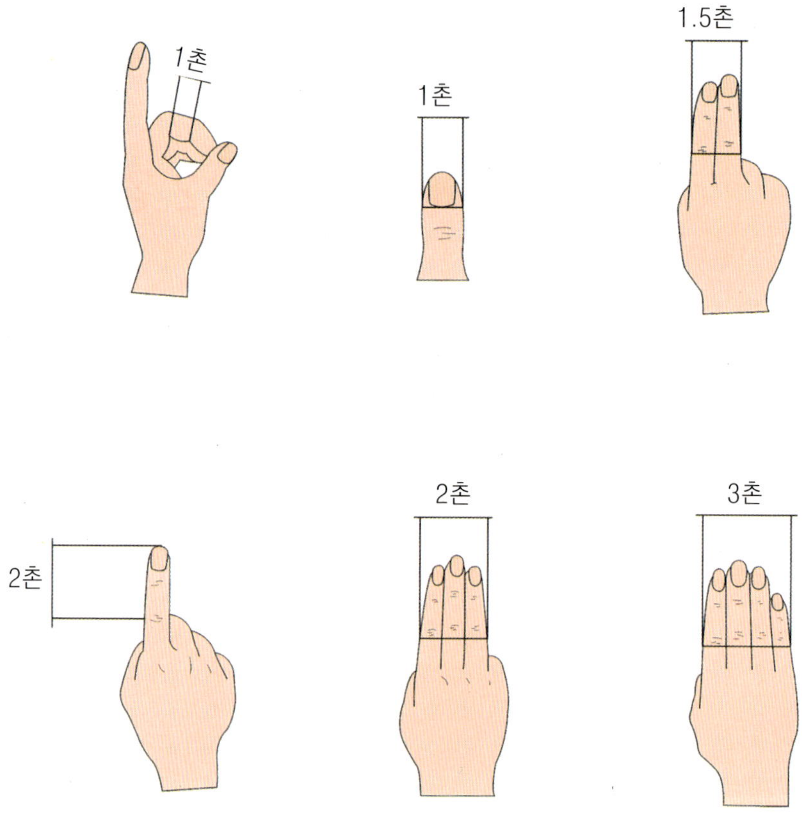

그림 2-1. 지촌법

2) 골도법

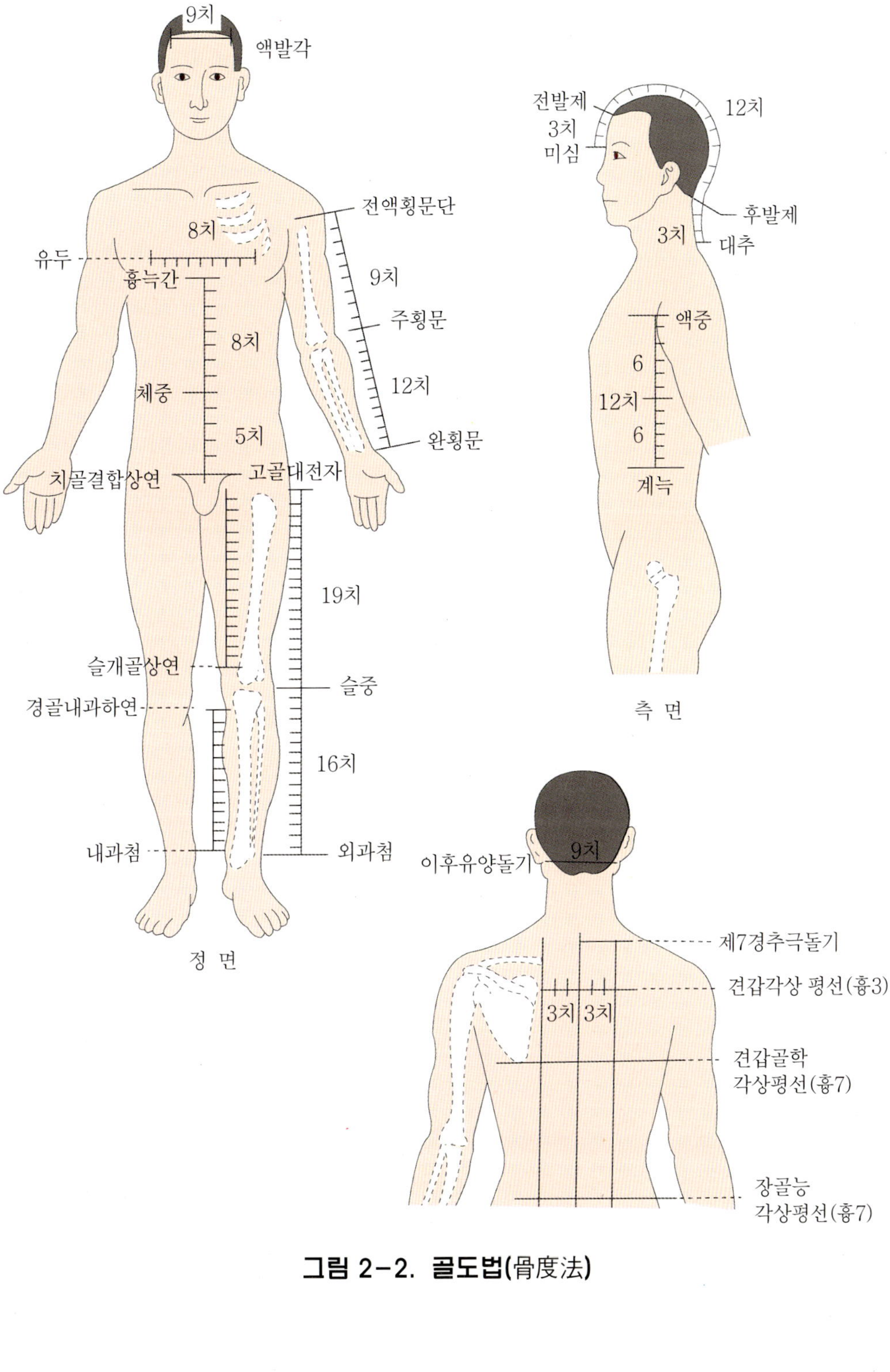

그림 2-2. 골도법(骨度法)

표 2-3. 흉부경혈총표(胸部經穴總表)

行(행) / 穴名(혈명) / 相平肋間(상평늑간)	정중선 任脈(임맥)	제1선 · 2치 腎經(신경)	제2선 · 4치 胃經(위경)	제3선 · 6치 脾經(비경)
胸鎖上(흉쇄상)	天突(천돌)		缺盆(결분)	
1肋上(늑상)	璇璣(선기)	兪府(수부)	氣戶(기호)	肺經(폐경) 雲門(운문)
1肋間(늑간)	華蓋(화개)	彧中(욱중)	庫房(고방)	肺經(폐경) 中府(중부)
2肋間(늑간)	紫宮(자궁)	神藏(신장)	屋翳(옥예)	周榮(주영)
3肋間(늑간)	玉堂(옥당)	靈墟(영허)	膺窓(응창)	胸鄕(흉향)
4肋間(늑간)	膻中(단중)	神封(신봉)	乳中(유중) / 天池(천지) 심포경	天谿(천계)
5肋間(늑간)	中庭(중정)	步廊(보랑)	乳根(유근)	食竇(식두)

표 2-4. 복부경혈총표(腹部經穴總表)

行(행) / 穴名(혈명) / 相平位置(상평위치)	정중선 任脈(임맥)	제1신(5푼) 腎經(신경)	제2선(2지) 胃經(위경)	제3선 (4치) · 脾經(비경) · 肝經(간경) · 膽經(담경)	측복부 · 膽經(담경) · 肝經(간경)
臍上(제상) 7치	鳩尾(구미)				
臍上(제상) 6치	巨闕(거궐)	幽門(유문)	不容(불용)	期門(기문)	
臍上(제상) 5치	上脘(상완)	腹通谷(복통곡)	承滿(승만)	1.5치	
臍上(제상) 4치	中脘(중완)	陰都(음도)	梁門(양문)	日月(일월)	
臍上(제상) 3치	建里(건리)	石關(석관)	關門(관문)	腹哀(복애)	
臍上(제상) 2치	下脘(하완)	商曲(상곡)	太乙(태을)	3치	章門(장문)
臍上(제상) 1치	水分(수분)		滑肉門(활육문)		1.8치
平臍(평제)	臍中(제중)	盲兪(황유)	天樞(천추)	大橫(대횡)	帶脈(대맥)
臍下(제하) 1치	陰交(음교) 氣海(기해)	中注(중주)	外陵(외능)	1.3치	
臍下(제하) 2치	石門(석문)	四滿(사만)	大巨(대거)	腹結(복결)	
臍下(제하) 3치	關元(관원)	氣穴(기혈)	水道(수도)	3치	3치
臍下(제하) 4치	中極(중극)	大赫(대혁)	歸來(귀래)	府舍(부사)	五樞(오추)
臍下(제하) 5치	曲骨(곡골)	橫骨(횡골)	氣衝(기충)	衝門(충문) 7푼	維道(유도) 5푼

표 2-5. 요배부경혈도(腰背部經穴圖)

分行(분행) / 脊椎(척추)	正中線(정중선) 棘突下(극돌하)	夾脊穴(협척혈) 0.5~1寸旁開 (0.5~1치방개)	第1線(제1선) 1.5寸旁開 (1.5치방개)	第2線(제2선) 3寸旁開 (3치방개)	主治(주치)
頸(경) 7	大椎(대추)	定喘(정천)	−2치 · · · 肩中兪(견중수)−		上焦(상초), 心肺(심폐) 병증을 주치한다.
1. 胸(흉) 1	陶道(도도)		大杼(대저)	肩外兪(견외수)	
2. 胸(흉) 2			風門(풍문)	附分(부분)	
3. 胸(흉) 3	身柱(신주)	肺熱(폐열)	肺兪(폐수)	魄戶(백호)	
4. 胸(흉) 4		胃熱(위열)	厥陰兪(궐음수)	膏肓(고황)	
5. 胸(흉) 5	神道(신도)	肝熱(간열)	心兪(심수)	神堂(신당)	
6. 胸(흉) 6	靈台(영대)	脾熱(비열)	督兪(독수)	譩譆(의희)	
7. 胸(흉) 7	至陽(지양)	腎熱(신열)	膈兪(격수)	膈關(격관)	中焦(중초), 肝(간), 膽(담), 脾(비), 胃(위)의 병증을 주치한다.
8. 胸(흉) 8			膵兪(췌수)		
9. 胸(흉) 9	筋縮(근축)		肝兪(간수)	魂門(혼문)	
10. 胸(흉) 10	中樞(중추)		膽兪(담수)	陽綱(양강)	
11. 胸(흉) 11	脊中(척중)		脾兪(비수)	意舍(의사)	
12. 胸(흉) 12			胃兪(위수)	胃倉(위창)	
13. 腰(요) 1	懸樞(현추)		三焦兪(삼초수)	肓門(황문)	下焦(하초), 腎(신), 膀胱(방광), 腸(장), 盆腔(분강)의 臟器(장기) 및 下肢(하지)의 질환을 주치한다.
14. 腰(요) 2	命門(명문)	腎脊(신척)	腎兪(신수)	志室(지실)	
15. 腰(요) 3			氣海兪(기해수)		
16. 腰(요) 4	陽關(양관)		大腸兪(대장수)		
17. 腰(요) 5	十七椎下(십칠추하)		關元兪(관원수)		
18. 仙(선) 1		上髎(상료)	小腸兪(소장수)		
19. 仙(선) 2		次髎(차료)	膀胱兪(방광수)	胞肓(포황)	
20. 仙(선) 3		中髎(중료)	中膂兪(중려수)		
21. 仙(선) 4	腰兪(요수)	下髎(하료)	白環兪(백환수)	秩邊(질변)	
		會陽(회양)			肛門疾患(항문질환)을 주치한다.

3. 14경락과 경혈

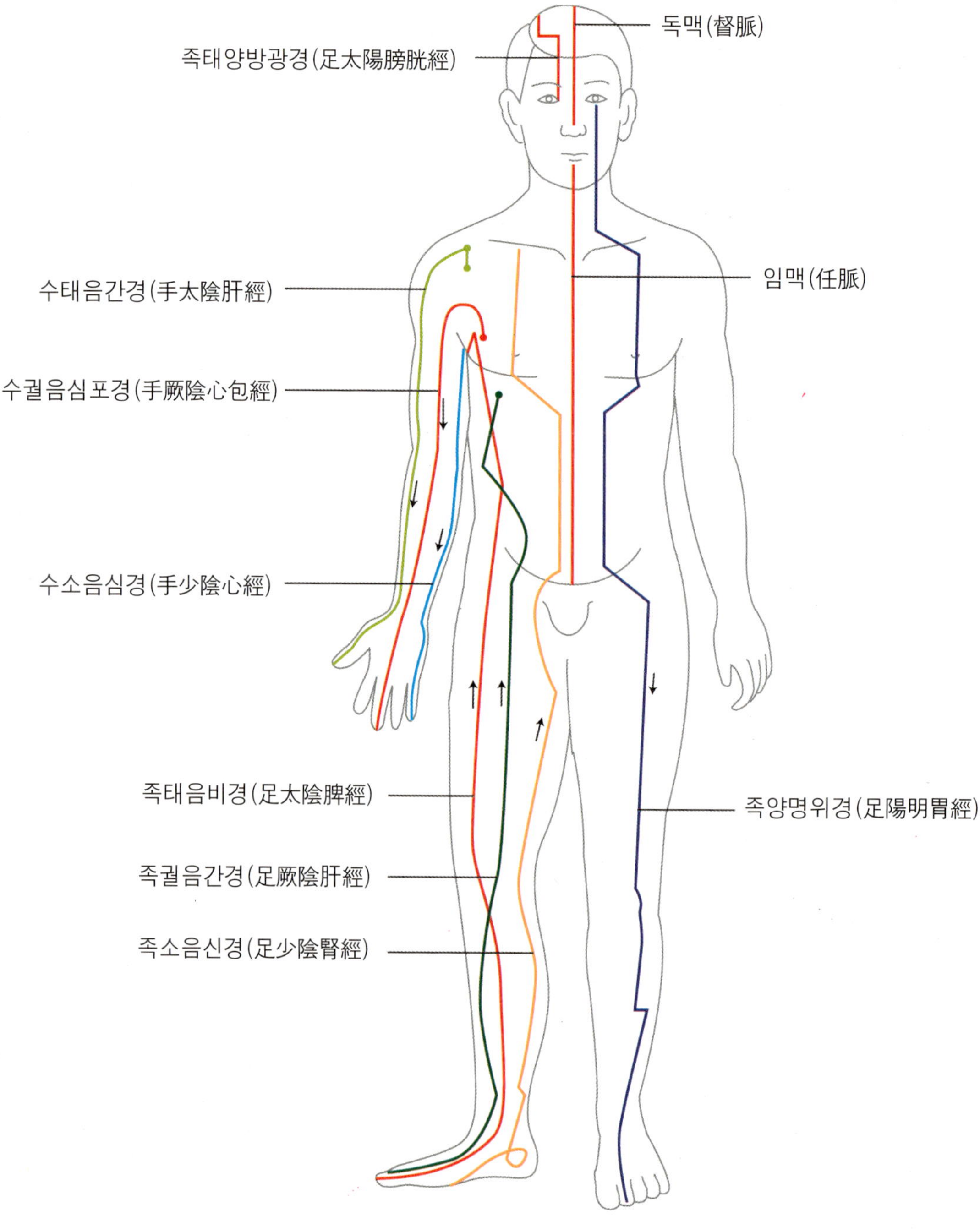

그림 2-3. 14경맥분포도(전면)

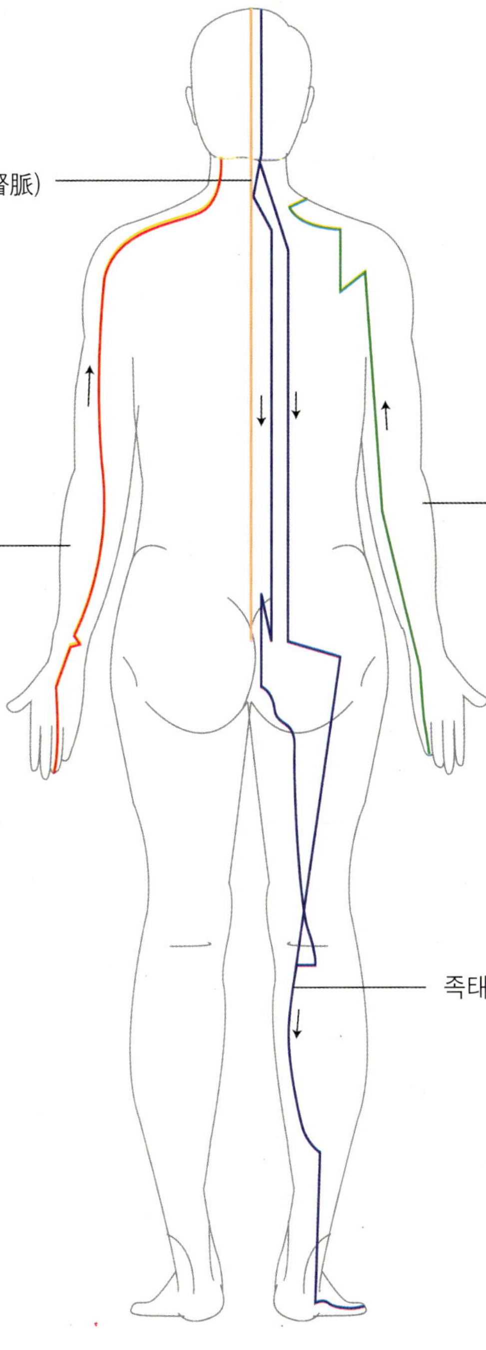

그림 2-4. 14경맥분포도(배면)

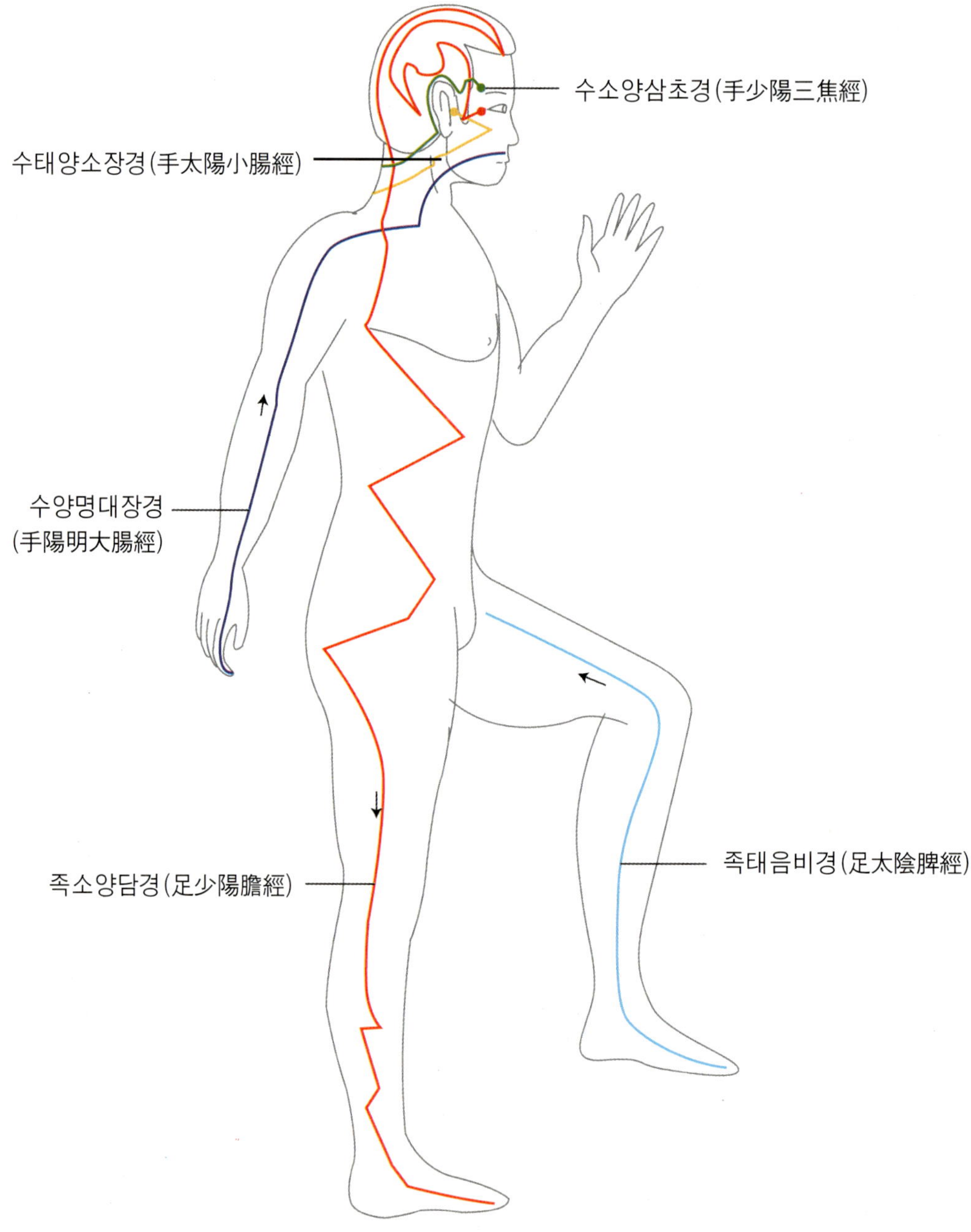

그림 2-5. 14경맥분포표시도(측면)

1 수태음폐경(手太陰肺經) (LU : Lung Meridian)

❀ 순행부위

수태음폐경맥은 중초(中焦)에서 시작하여(임맥의 중완), 배꼽에서 아래로 내려가 대장(大腸)에 연락하고, 위상부(胃上部)를 거쳐 횡격막(橫膈膜)을 통하여 폐(肺)에 들어가며 다시 인후부(咽喉部)에서 옆쪽 겨드랑이로 나와 중부혈(中府穴)에서 시작하여 팔의 내측 혈로를 따라 엄지손가락 내측 소상혈(少商穴)에 이른다.

❀ 주치(主治) : 폐기관지질환, 인후염, 천식 등

1. 수태음폐경맥(手太陰肺經脈)의 경혈위(經穴位)

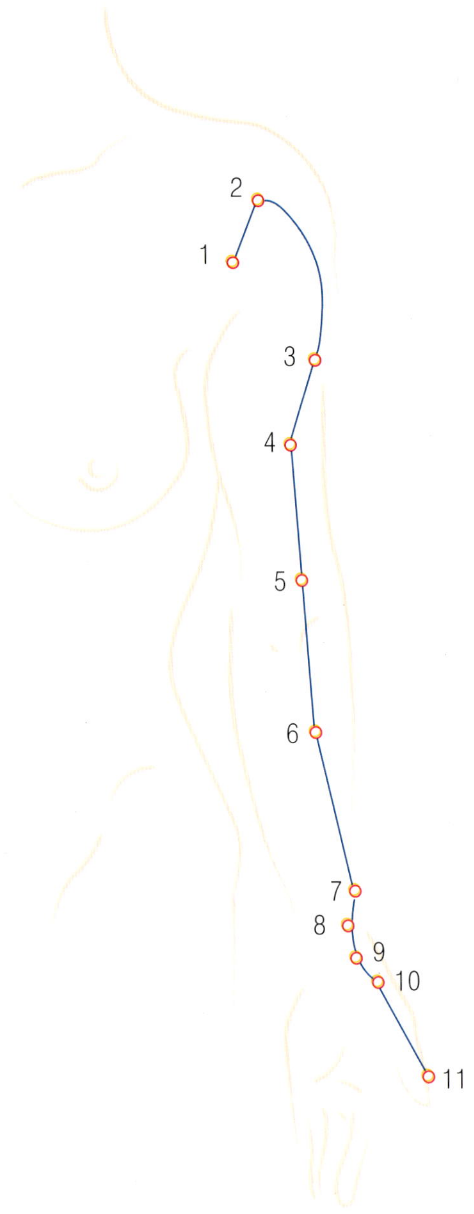

1. 중부(中府)
2. 운문(雲門)
3. 천부(天府)
4. 협백(俠白)
5. 척택(尺澤)
6. 공최(孔最)
7. 열결(列缺)
8. 경거(經渠)
9. 태연(太淵)
10. 어제(魚際)
11. 소상(少商)

2. 수태음폐경(手太陰肺經)의 혈위와 주치

順番 (순번)	經穴名 (경혈명)	穴 位 (혈 위)	主 治 (주 치)
1	中府 (중부)	흉부 정중앙선 양방 6촌에서 쇄골아래 1.6촌인 곳	氣管支炎(기관지염) · 喘息(천식) · 肺脹滿(폐창만) · 肩背痛(견배통)
2	雲門 (운문)	흉부 정중앙선 양방 6촌에서 쇄골 바로 아래 함몰처	胸痛(흉통) · 胸悶(흉민) · 氣管支炎(기관지염) · 喘息(천식)
3	天府 (천부)	전액과 횡문두 아래 3촌의 상완이두근의 외측연.	鼻出血(비출혈) · 喘息(천식) · 肩臂痛(견비통) · 上腕內側痛(상완내측통)
4	俠白 (협백)	전액과 횡문두 아래 4촌의 상완이두근의 외측연.	氣管支炎(기관지염) · 喘息(천식) · 咯血(각혈) · 上腕內側痛(상완내측통)
5	尺澤 (척택)	주횡문 중앙과 요측 끝을 이은 선의 중간	氣管支炎(기관지염) · 喘息(천식) · 咯血(각혈) · 咽喉腫痛(인후종통) · 肘關節內側疼痛(주관절내측동통)
6	孔最 (공최)	척택에서 태연까지 이은 선은 10촌이 되며 척택에서 태연 방향으로 3촌되는 지점	氣管支炎(기관지염) · 頭痛(두통) · 胸痛(흉통) · 頸項强痛(경항강통) · 肘臂痛(주비통)
7	列缺 (열결)	손목 횡문 상 1.5촌, 요골동맥 응수처	頭項强痛(두항강통) · 氣管支炎(기관지염) · 鼻塞(비색) · 顔面神經麻痺(안면신경마비)
8	經渠 (경거)	손목 횡문 상 1촌, 요골동맥 응수처	胸痛(흉통) · 嘔吐(구토) · 氣管支炎(기관지염) · 咽喉腫痛(인후종통) · 發熱汗不出(발열한불출)
9	太淵 (태연)	손목 횡문 상 0.5촌, 요골동맥 응수처	無脈症(무맥증) · 喘息(천식) · 胸痛(흉통) · 肩背痛(견배통) · 腕關節周圍軟組織疾病(완관절주위연조직질병)
10	魚際 (어제)	손바닥측 제1중수골 중점 적백육제	疳積(감적) · 發熱(발열) · 咽喉腫痛(인후종통) · 喘息(천식) · 手腕部腱鞘炎(수완부건초염)
11	少商 (소상)	엄지 손톱근부 요측 1분처	感冒(감모) · 中風(중풍) · 昏迷(혼미) · 發熱(발열) · 咽喉腫痛(인후종통) · 急滯(급체)

② 수양명대장경(手陽明大腸經)

(LI : Large Intestin Meridian)

❀ 순행부위

수양명대장경은 둘째손가락 손톱옆 모서리에 있는 상양(商陽)에서 시작하여 혈로를 따라 상행하여 견봉(肩峰)의 견우혈(肩髃穴)을 거쳐 뒷쪽 견갑부위혈(肩胛部位穴)로 넘어가 거골(巨骨)에서 다시 앞쪽 목부위에서 안면부(顔面部)로 상행하여 영향(迎香)에 이른다.

❀ 주치(主治) : 비염, 구안와사, 치질 등.

1. 수양명대장경맥(手陽明大腸經脈)의 경혈위(經穴位)

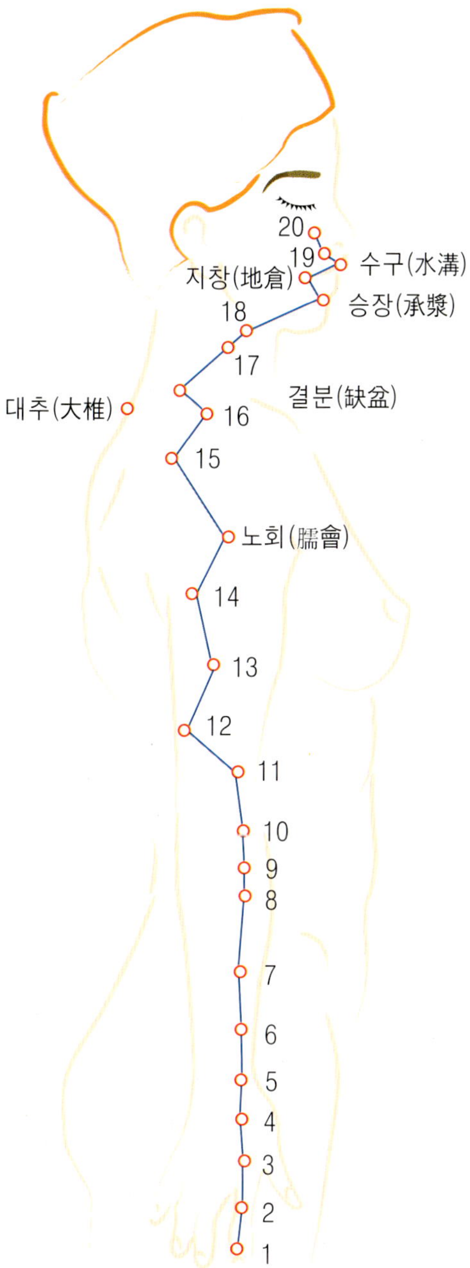

1. 상양(商陽)
2. 이간(二間)
3. 삼간(三間)
4. 합곡(合谷)
5. 양계(陽谿)
6. 편력(偏歷)
7. 온류(溫溜)
8. 하렴(下廉)
9. 상렴(上廉)
10. 수삼리(手三里)
11. 곡지(曲池)
12. 주료(肘髎)
13. 수오리(手五里)
14. 비노(臂臑)
15. 견우(肩髃)
16. 거골(巨骨)
17. 천정(天鼎)
18. 부돌(扶突)
19. 화료(禾髎)
20. 영향(迎香)

2. 수양명대장경(手陽明大腸經)의 혈위와 주치

順番 (순번)	經穴名 (경혈명)	穴 位 (혈 위)	主 治 (주 치)
1	商陽 (상양)	검지 손톱근부 요측 1분처	發熱(발열) · 咽喉腫痛(인후종통) · 昏迷(혼미) · 腮腺炎(시선염:가래토시)
2	二間 (이간)	검지 본절 전 요측 함몰처	咽喉腫痛(인후종통) · 齒痛(치통) · 鼻出血(비출혈) · 頭昏(두혼:현기증)
3	三間 (삼간)	검지 본절 후 요측 함몰처	眼痛(안통) · 下齒痛(하치통) · 三叉神經痛(삼차신경통) · 咽喉腫痛(인후종통) · 腹脹(복창)
4	合谷 (합곡)	엄지 검지 기골간 함몰처	頭面五官部病症(두면오관부병증) · 發熱(발열) · 頭痛(두통) · 咽喉痛(인후통) · 齒痛(치통) · 感冒(감모) · 顔面神經麻痺(안면신경마비)
5	陽谿 (양계)	손가락을 쫙 펼때 엄지손가락 밑부분의 두 힘줄사이 함몰처	頭痛(두통) · 目赤(목적) · 耳聾(이농) · 耳鳴(이명) · 手腕痛(수완통) · 小兒消化不良(소아소화불량)
6	偏歷 (편력)	양계 상 3촌	扁桃腺炎(편도선염) · 顔面神經麻痺(안면신경마비) · 鼻出血(비출혈) · 小便不利(소변불리)
7	溫溜 (온류)	양계 상 5촌	頭痛(두통) · 咽喉腫痛(인후종통) · 腸鳴腹痛(장명복통) · 肩背痛(견배통)
8	下廉 (하렴)	곡지 아래 4촌	頭痛眩暈(두통현운) · 肘臂痛(주비통) · 腹痛(복통) · 泄瀉(설사)
9	上廉 (상렴)	곡지 아래 3촌	偏癱(편탄) · 手足麻木(수족마목) · 腸鳴腹痛(장명복통) · 頭痛(두통)
10	手三里 (수삼리)	곡지 아래 2촌	中風偏癱(중풍편탄) · 腮腺炎(시선염) · 肘臂風濕神經痛(주비풍습신경통) · 面癱(면탄) · 泄瀉腹痛(설사복통)
11	曲池 (곡지)	주관절 횡문상 요측 함몰처	上肢痛(상지통) · 上肢癱瘓(상지탄탄) · 高血壓(고혈압) · 發熱(발열) · 皮膚病(피부병)
12	肘髎 (주료)	90도로 굴주시 곡지 후방 1.5촌. 상완골 내측연	肘臂痛(주비통) 上肢麻木(상지마목)

順番 (순번)	經穴名 (경혈명)	穴 位 (혈 위)	主 治 (주 치)
13	手五里 (수오리)	곡지 상 3촌	咯血(각혈) · 頸淋巴腺結核(경림프선결핵) · 肺炎(폐염) · 肋膜炎(늑막염) · 肘臂痛(주비통)
14	臂臑 (비노)	견우 아래 3촌, 삼각근 하연	肩臂酸痛(견비산통) · 上肢癱瘓(상지탄탄) · 皮膚瘙痒(피부소양) · 眼病(안병)
15	肩髃 (견우)	어깨끝 양골 사이 함몰처	肩臂痛(견비통) · 上肢關節痛(상지관절통) · 偏癱(편탄) · 上肢麻痺(상지마비) · 高血壓(고혈압) · 多汗症(다한증)
16	巨骨 (거골)	쇄골견봉 끝과 견갑극이 만나는 곳의 함몰처	肩關節(견관절) 및 軟組織疾病(연조직질병) · 吐血(토혈) · 頸淋巴腺結核(경림프선결핵)
17	天鼎 (천정)	부돌(18번) 직하 1촌	咽喉腫痛(인후종통) · 喑啞(음아) · 呼吸不暢(호흡불창) · 扁桃腺炎(편도선염) · 頸淋巴腺結核(경림프선결핵)
18	扶突 (부돌)	결후(Adam's apple) 양방 3촌, 흉쇄유돌근 정중앙, 인영혈 뒤쪽 1.5촌	咳喘(해천) · 痰多(담다) · 咽喉腫痛(인후종통)
19	禾髎 (화료)	수구 양방 5분	鼻疾患(비질환) · 面神經麻痺(면신경마비) · 口噤不開(구금불개)
20	迎香 (영향)	비익근부 바깥쪽 5분처	鼻疾患(비질환) · 顔面神經麻痺(안면신경마비) · 顔面筋痙攣(안면근경련) · 三叉神經痛(삼차신경통) · 膽道蛔蟲症(담도회충증)

③ 족양명위경(足陽明胃經)
(ST : Stomach Meridian)

❀ 순행부위

족양명위경은 코옆 영향혈(迎香穴)에서 시작하여 한가지는 눈밑 승읍혈(承泣穴)에 이르고 다른 한가지는 하악골(下顎骨)의 대영(大迎)에서 위쪽으로는 이마의 두유혈(頭維穴)에 이르고 아래쪽으로는 목을 타고 내려와 흉부를 거쳐 복부 정중선(正中線)옆 혈로를 따라 다리 전연을 타고 둘째 발가락 외측 발톱모서리 여태(厲兌)에 이른다.

※ 주치(主治) : 안면부 질환, 위장병, 두통, 치통 등.

1. 족양명위경맥(足陽明胃經脈)의 경혈위(經穴位)

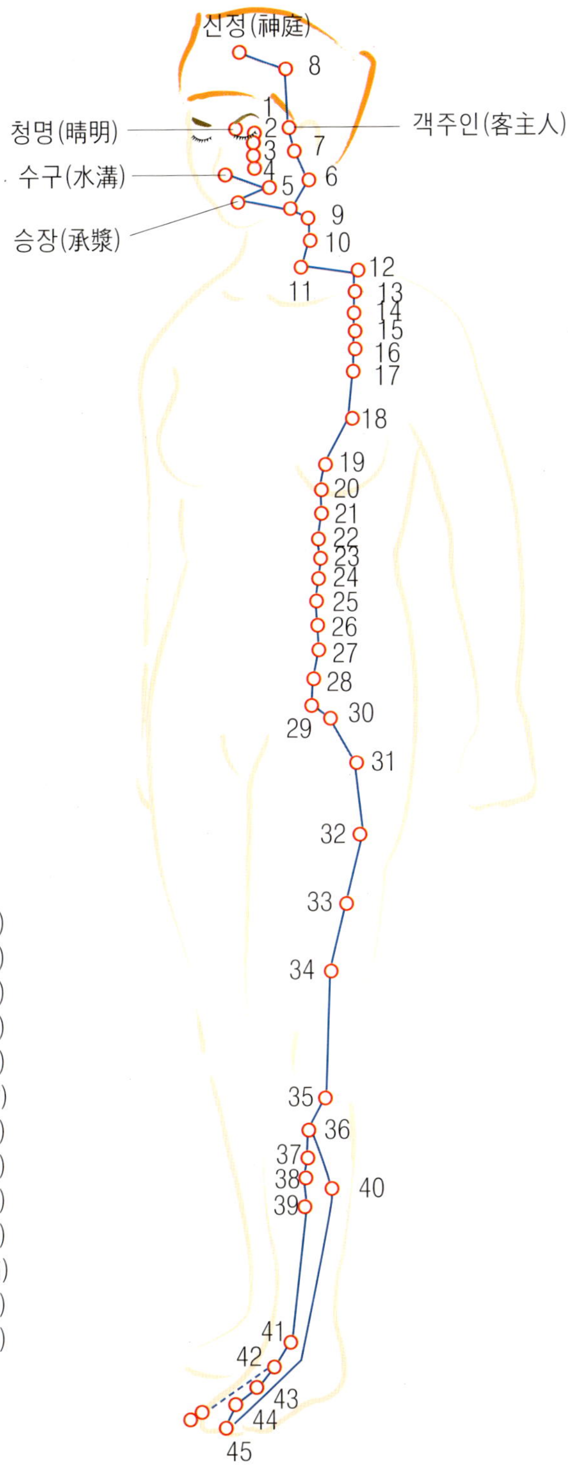

1. 승읍(承泣)
2. 사백(四白)
3. 거료(巨髎)
4. 지창(地倉)
5. 대영(大迎)
6. 협거(頰車)
7. 하관(下關)
8. 두유(頭維)
9. 인영(人迎)
10. 수돌(水突)
11. 기사(氣舍)
12. 결분(缺盆)
13. 기호(氣戶)
14. 고방(庫房)
15. 옥예(屋翳)
16. 응창(膺窓)
17. 유중(乳中)
18. 유근(乳根)
19. 불용(不容)
20. 승만(承滿)
21. 양문(梁門)
22. 관문(關門)
23. 태을(太乙)
24. 활육문(滑肉門)
25. 천추(天樞)
26. 외능(外陵)
27. 대거(大巨)
28. 수도(水道)
29. 귀래(歸來)
30. 기충(氣衝)
31. 비관(髀關)
32. 복토(伏兎)
33. 음시(陰市)
34. 양구(梁丘)
35. 독비(犢鼻)
36. 족삼리(足三里)
37. 상거허(上巨虛)
38. 조구(條口)
39. 하거허(下巨虛)
40. 풍융(豊隆)
41. 해계(解谿)
42. 충양(衝陽)
43. 함곡(陷谷)
44. 내정(內庭)
45. 여태(厲兌)

2. 족양명위경(足陽明胃經)의 혈위와 주치

順番 (순번)	經穴名 (경혈명)	穴 位 (혈 위)	主 治 (주 치)
1	承泣 (승읍)	눈동자 직하 7분처	近視(근시)·目赤腫痛(목적종통)·夜盲(야맹)·眼瞼痙攣(안검경련)·視神經萎縮(시신경위축)
2	四白 (사백)	눈동자 직하 1촌 안와하골궁	諸眼疾患(제안질환)·面肌痙攣(면기경련)·面癱(면탄)·三叉神經痛(삼차신경통)
3	巨髎 (거료)	눈동자 직하선과 코 아래 양방을 이은 선이 만나는 곳	面癱(면탄)·面肌痙攣(면기경련)·三叉神經痛(삼차신경통)·鼻塞(비색)·鼻出血(비출혈)
4	地倉 (지창)	입을 다물고 양구각 4분처(입술 양쪽 끝)	面癱(면탄)·流涎(유연)·叉神經痛(삼차신경통)·面肌痙攣(면기경련)
5	大迎 (대영)	입을 다물고 하악골 우각 전 1.3촌의 함몰처	腮腺炎(시선염)·齒痛(치통)·顔面神經痲痺(안면신경마비)·牙關緊閉(아관긴폐)
6	頰車 (협거)	귀하단과 하악골 우각 사이에서 저작시 융기처	三叉神經痛(삼차신경통)·齒痛(치통)·腮腺炎(시선염)·面癱(면탄)·牙關緊閉(아관긴폐)·頸項强痛(경항강통)
7	下關 (하관)	관골궁 후하연 함몰처	三叉神經痛(삼차신경통)·耳聾(이농)·齒痛(치통)·下顎關節炎(하악관절염)
8	頭維 (두유)	신정 양방 4.5촌. 액각에서 발제로 들어가 5분되는 곳	偏頭痛(편두통)·眩暈(현운)·面肌痙攣(면기경련)
9	人迎 (인영)	결후(Adam's apple) 1.5촌 동맥응수처	高血壓(고혈압)·哮喘(효천)·咽喉腫痛(인후종통)·咯血(각혈)·甲狀腺腫大(갑상선종대)
10	水突 (수돌)	인영(9)과 기사(11)의 중간. 흉쇄유돌근 중간	咽喉腫痛(인후종통)·喑啞(음아)·氣喘(기천)·咳嗽(해수)
11	氣舍 (기사)	인영 직하 천돌 양방 1.5촌	甲狀腺腫大(갑상선종대)·頸淋巴腺結核(경림프선결핵)·哮喘(효천)·咽喉腫痛(인후종통)
12	缺盆 (결분)	천돌 양방 4촌에서 쇄골 상연 함중처	上肢麻木(상지마목)·급疼痛(동통)·癱瘓(탄탄)·呃逆(애역)

順番 (순번)	經穴名 (경혈명)	穴 位 (혈 위)	主 治 (주 치)
13	氣戶 (기호)	쇄골 하연. 선기 양방 4촌	咳嗽(해수)·氣喘(기천)·胸脇脹痛(흉협창통)
14	庫房 (고방)	쇄골 하연. 앞면 중앙선 양방 4촌, 제 1늑간근	咳嗽(해수)·胸痛(흉통)·肋間神經痛(늑간신경통)
15	屋翳 (옥예)	쇄골 하연. 자궁 양방 4촌, 제 2늑간근	咳嗽(해수)·氣喘(기천)·胸脇脹痛(흉협창통)·乳腺炎(유선염)
16	膺窓 (응창)	쇄골 하연. 옥당 양방 4촌, 제 3늑간근	咳嗽(해수)·氣喘(기천)·乳腺炎(유선염)·胸脇脹痛(흉협창통)
17	乳中 (유중)	쇄골 하연. 전중 양방 4촌, 유두중앙	禁針(금침)·禁灸(금구)·胸腹部取穴(흉복부취혈)의 基準(기준)이 됨
18	乳根 (유근)	쇄골 하연. 중정 양방 4촌, 제 5늑간근	乳汁過少(유즙과소)·乳腺炎(유선염)·呃逆(애역)·胸痛(흉통)
19	不容 (불용)	거궐(임맥) 양방 2촌, 배꼽위 6촌	胃痛(위통)·嘔吐(구토)·腹脹(복창)·食慾不振(식욕부진)
20	承滿 (승만)	상완 양방 2촌, 배꼽위 5촌	胃痛(위통)·嘔吐(구토)·腹脹(복창)·食慾不振(식욕부진)
21	梁門 (양문)	중완 양방 2촌, 배꼽위 4촌	腹痛(복통)·腹脹(복창)·食慾不振(식욕부진)·大便溏泄(대변당설)
22	關門 (관문)	견리 양방 2촌, 배꼽위 3촌	腹痛(복통)·腹脹(복창)·食慾不振(식욕부진)·腸鳴泄瀉(장명설사)·水腫(수종)
23	太乙 (태을)	하완 양방 2촌, 배꼽위 2촌	精神病(정신병)·心煩(심번)·消化不良(소화불량)
24	滑肉門 (활육문)	수분 양방 2촌, 배꼽위 1촌	胃痛(위통)·嘔吐(구토)·精神病(정신병)
25	天樞 (천추)	제중 양방 2촌	泄瀉(설사)·細菌性痢疾(세균성이질)·腹痛(복통)·腹脹(복창)·便秘(변비) 등 諸腸疾患(제장질환)
26	外陵 (외능)	음교 양방 2촌, 배꼽아래 1촌	腹痛(복통)·疝氣(산기)·月經痛(월경통)
27	大巨 (대거)	석문 양방 2촌, 배꼽아래 2촌	小腹脹滿(소복창만)·小便不利(소변불리)·疝氣(산기)·遺精(유정)·早泄(조설)

順番 (순번)	經穴名 (경혈명)	穴 位 (혈 위)	主 治 (주 치)
28	水道 (수도)	관원 양방 2촌, 배꼽아래 3촌	小腹脹滿(소복창만) · 疝氣(산기) · 小便不通(소변불통) · 痛經(통경) · 子宮疾患(자궁질환)
29	歸來 (귀래)	중극 양방 2촌, 배꼽아래 4촌	月經不調(월경부조) · 痛經(통경) · 子宮內膜炎(자궁내막염)등 諸婦人科疾患(제부인과질환)
30	氣衝 (기충)	곡골(임맥) 양방 2촌	諸男女生殖器疾患(제남녀생식기질환)과 疝氣(산기)
31	髀關 (비관)	슬개골의 상연 위 12촌, 회음과 수평으로 교차하는 점	下肢麻痺及癱瘓(하지마비급탄탄) · 腹股溝淋巴腺炎(복고구림프선염) · 膝關節炎(슬관절염) · 腰痛(요통)
32	伏兎 (복토)	슬개골의 상연 위 6촌	下肢癱瘓(하지탄탄) · 下肢麻痺(하지마비) · 膝關節炎(슬관절염) · 蕁麻疹(담마진)
33	陰市 (음시)	슬개골의 상연 위 3촌	膝痛(슬통) · 下肢屈伸不利(하지굴신불리)
34	梁丘 (양구)	슬개골의 상외측 2촌	膝痛(슬통) · 胃痛(위통) · 乳腺炎(유선염) · 胃炎泄瀉(위염설사)
35	犢鼻 (독비)	무릎을 구부릴 때 만져지는 슬개골인대 외측 함요처	膝關節痛(슬관절통) 및 膝關節周圍軟組織疾病(슬관절주위연조직질병)
36	足三里 (족삼리)	경골조면 외측 독비 직하 3촌	胃炎(위염) · 胃潰瘍(위궤양) · 腸炎(장염) · 急性膵腺炎(급성췌선염) · 小兒消化不良(소아소화불량) · 泄瀉(설사) · 痢疾(이질) · 失眠(실면) · 高血壓(고혈압) · 皮膚瘙痒(피부소양)
37	上巨虛 (상거허)	독비 직하 6촌, 경골 골간연	蟲垂炎(충수염) · 痢疾及諸腸疾患(이질급제장질환) · 下肢部病症(하지부병증)
38	條口 (조구)	독비 직하 8촌, 경골 골간연, 독비부터 외과점까지 중간독비 직하 9촌, 경골 골간연, 무릎 외측 경골 직하 9촌	胃痛(위통) · 肩痛不擧(견통불거) · 膝痛(슬통)
39	下巨虛 (하거허)	독비 직하 9촌, 경골 골간연, 무릎 외측 경골 직하 9촌	腸炎(장염) · 下肢癱瘓(하지탄탄) · 肋間神經痛(늑간신경통) · 下腹痛(하복통) · 泄瀉(설사)

順番 (순번)	經穴名 (경혈명)	穴 位 (혈 위)	主 治 (주 치)
40	豊隆 (풍융)	조구 후방 1촌, 비골전연	咳嗽(해수) · 痰多(담다) · 偏癱(편탄) · 咽喉腫痛(인후종통) · 便秘(변비) · 眩暈(현운) · 腹痛(복통) · 胸痛(흉통)
41	解谿 (해계)	십자 인대 사이, 발목관절 횡문 중앙 함요처	頭痛(두통) · 足下垂(족하수) · 胸痛(흉통) · 足趾麻木(족지마목) · 踝關節痛(과관절통)
42	衝陽 (충양)	해계 하 1.5촌, 발등 최상부 족배동맥 박동부	齒痛(치통) · 顔面神經麻痺(안면신경마비) · 腹脹(복창) · 精神病(정신병)
43	陷谷 (함곡)	족 2, 3지간 배면 본절 후 2촌	顔面浮腫(안면부종) · 水腫(수종) · 腸鳴(장명) · 腹痛(복통) · 足背痛(족배통)
44	內庭 (내정)	족 2, 3지간 배면 사이 적백육제(赤白肉際)	齒痛(치통) · 三叉神經痛(삼차신경통) · 顔面神經麻痺(안면신경마비) · 扁桃腺炎(편도선염) · 前額痛(전액통)
45	厲兌 (여태)	족 2지 외측 조갑근 1분처	貧血(빈혈) · 神經衰弱(신경쇠약) · 扁桃腺炎(편도선염) · 消化不良(소화불량) · 額痛(액통) · 腹脹(복창)

④ 족태음비경(足太陰脾經)

(SP : Spleen Meridian)

※ 순행부위

족태음비경은 엄지발톱내측 은백(隱白)에서 시작하여 발내측과 하지 내측의 혈로를 따라 상행하여 복부 정중선 옆을 지나 늑골부위 복애(腹哀)에 이르고 늑골을 따라 상행하여 주영혈(周榮穴)에서 내려와 겨드랑이 아래 6늑간에 있는 대포혈(大包穴)에 이른다.

※ 주치(主治) : 위장병, 생리불순, 기력저하 등.

1. 족태음비경맥(足太陰脾經脈)의 경혈위(經穴位)

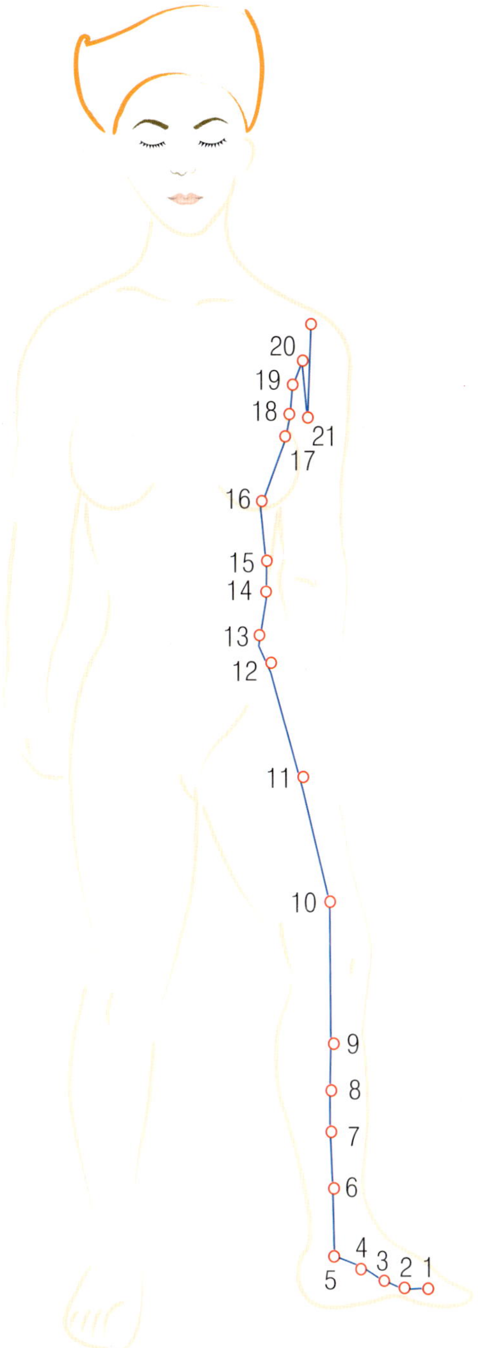

1. 은백(隱白)
2. 대도(大都)
3. 태백(太白)
4. 공손(公孫)
5. 상구(商丘)
6. 삼음교(三陰交)
7. 누곡(漏谷)
8. 지기(地機)
9. 음릉천(陰陵泉)
10. 혈해(血海)
11. 기문(箕門)
12. 충문(衝門)
13. 부사(府舍)
14. 복결(腹結)
15. 대횡(大橫)
16. 복애(腹哀)
17. 식두(食竇)
18. 천계(天谿)
19. 흉향(胸鄉)
20. 주영(周榮)
21. 대포(大包)

2. 족태음비경(足太陰脾經)의 혈위와 주치

順番 (순번)	經穴名 (경혈명)	穴 位 (혈 위)	主 治 (주 치)
1	隱白 (은백)	대지 (엄지발가락) 내측 조갑 1분처	腹脹(복창)·崩漏(붕루)·多夢(다몽)·小兒驚風(소아경풍)·精神病(정신병)
2	大都 (대도)	대지 내측 본절 전방 적백육제	胃痛(위통)·腹脹(복창)·消化不良(소화불량)·嘔逆泄瀉(구역설사)·熱病無汗(열병무한)
3	太白 (태백)	대지 내측 본절 후방 적백육제 함몰처	胃痛(위통)·腹脹(복창)·倦怠(권태)·痢疾(이질)
4	公孫 (공손)	대지 중족골 기저부 전하연 후방 1촌	胃痛(위통)·嘔吐(구토)·消化不良(소화불량)·泄瀉(설사)·痛經(통경)
5	商丘 (상구)	내과 전하방 함몰처	腸鳴(장명)·腹脹(복창)·便秘(변비)·泄瀉(설사)·黃疸(황달)·消化不良(소화불량)·足踝部疼痛(족과부동통)
6	三陰交 (삼음교)	족내과정 상 3촌 경골후연	月經不調(월경부조)·痛經(통경)·遺精(유정)·陽萎(양위)·遺尿(유뇨)·腹痛(복통)·泄瀉(설사)·神經衰弱(신경쇠약)·不眠(불면)·人工流産(인공유산)·皮膚瘙痒症(피부소양증)
7	漏谷 (누곡)	족내과정 상 6촌 경골후연	腹脹(복창)·泄瀉(설사)·腿膝踝痛(퇴슬과통)
8	地機 (지기)	족내과정 상 8촌 경골후연	月經不調(월경부조)·痛經(통경)·痢疾(이질)·腹脹(복창)
9	陰陵泉 (음릉천)	경골내과 하연의 경골과 비복근 사이	腹痛(복통)·水腫(수종)·小便不利(소변불리)·遺尿(유뇨)·遺精(유정)·月經不調(월경부조)·痢疾(이질)
10	血海 (혈해)	슬개골 내측 상연 위 2촌	腹脹(복창)·痛經(통경)·閉經(폐경)·皮膚瘙痒(피부소양)·月經不調(월경부조)·子宮出血(자궁출혈)
11	箕門 (기문)	슬개골 내측 상연 직상 8촌	尿道炎(뇨도염)·尿失禁(뇨실금)·腹股溝淋巴腺炎(복고구림프선염)

順番 (순번)	經穴名 (경혈명)	穴　位 (혈　위)	主　治 (주　치)
12	衝門 (충문)	곡골 양방 4촌	腹痛(복통)·疝氣(산기)·齒痛(치통)·小便不利(소변불리)·腹水(복수)
13	府舍 (부사)	곡골 중극 4촌	腹痛(복통)·疝氣(산기)·痞塊(비괴)
14	腹結 (복결)	곡골 음교 4촌	臍周痛(제주통)·疝氣(산기)·泄瀉(설사)·便秘(변비)·盲腸炎(맹장염)
15	大橫 (대횡)	곡골 배꼽 4촌	腹脹(복창)·泄瀉(설사)·便秘(변비)·腸痲痺(장마비)·腸寄生蟲病(장기생충병)
16	腹哀 (복애)	곡골 건리 4촌	腹痛(복통)·消化不良(소화불량)·便秘(변비)·痢疾(이질)
17	食竇 (식두)	곡골 중정양방 6촌	胸脇脹痛(흉협창통)·尿閉(요폐)
18	天谿 (천계)	곡골 전중양방 6촌	胸部疼痛(흉부동통)·咳嗽(해수)·乳痛(유통)·乳汁過少(유즙과소)
19	胸鄕 (흉향)	곡골 옥당양방 6촌	胸脇脹痛(흉협창통)
20	周榮 (주영)	곡골 자궁양방 6촌	胸脇脹滿(흉협창만)·咳嗽(해수)·氣逆(기역)·脇痛(협통)
21	大包 (대포)	겨드랑이 직하 6촌	四肢無力(사지무력)·全身疼痛(전신동통)·氣喘(기천)·胸脇痛(흉협통)

⑤ 수소음심경(手少陰心經)

(HT : Heart Meridian)

❀ 순행부위

수소음심경은 심장부위(心臟部位)에서 시작하여 제1선은 보이지 않는 혈로를 따라 소장(小腸)에 이르고, 제2선은 상행하여 인후(咽喉)를 따라 올라가 눈에 이르고 제3선은 겨드랑이 중앙 극천혈(極泉穴)에서 시작하여 상지의 내측 아래쪽을 따라 새끼손톱 내측 모서리 소충(少衝)에 이른다.

※ 주치(主治) : 심장병, 안질환, 흉부질환, 정신질환 등.

1. 수소음심경맥(手少陰心經脈)의 경혈위(經穴位)

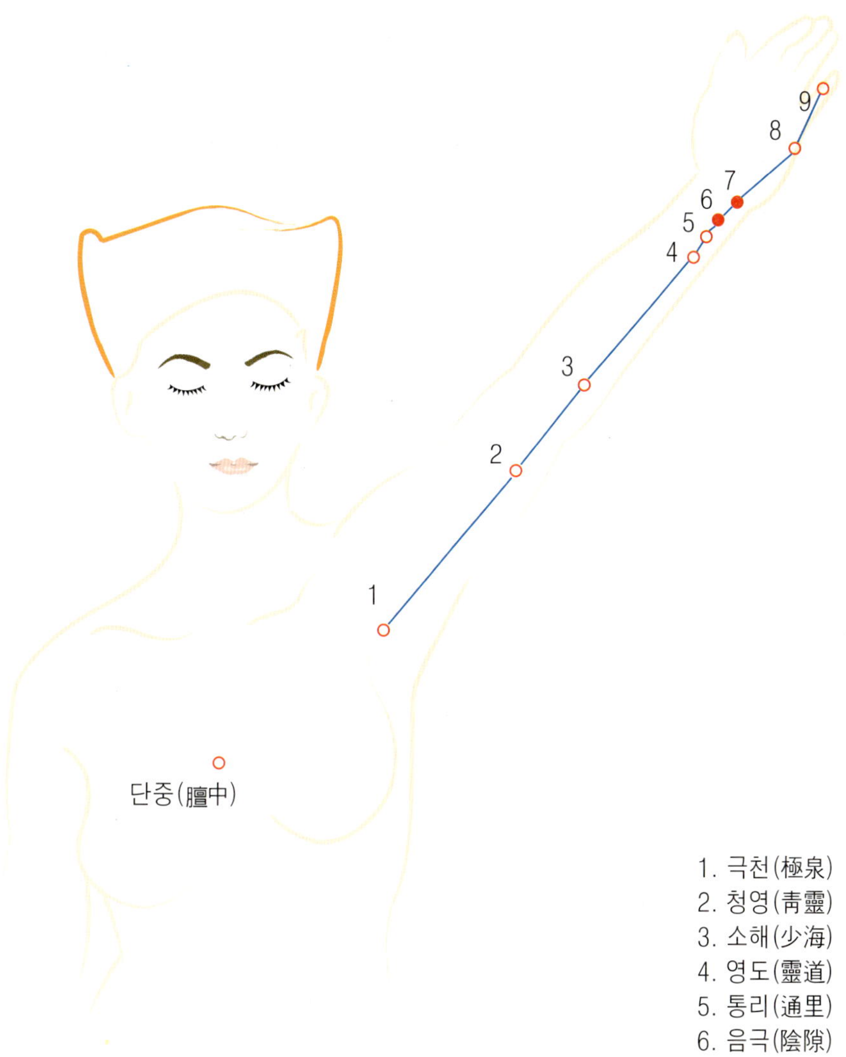

1. 극천(極泉)
2. 청영(靑靈)
3. 소해(少海)
4. 영도(靈道)
5. 통리(通里)
6. 음극(陰隙)
7. 신문(神門)
8. 소부(少府)
9. 소충(少衝)

2. 수소음심경(手少陰心經)의 혈위와 주치

順番(순번)	經穴名(경혈명)	穴 位(혈 위)	主 治(주 치)
1	極泉(극천)	겨드랑이 사이. 정중 동맥 내측	肩關節周圍炎(견관절주위염) · 肩關節炎(견관절염) · 心絞痛(심교통) · 脇肋疼痛(협늑동통)
2	靑靈(청영)	소해 상 3촌(소해부터 액와까지 9촌)	肩臂痛(견비통) · 頭痛(두통) · 黃疸(황달) · 脇肋痛(협늑통)
3	少海(소해)	굴주시 주횡문 척추끝과 상완골 내측상과와의 중간점	失眠(실면) · 心悸(심계) · 神經衰弱(신경쇠약) · 精神分裂症(정신분열증) · 肋間神經痛(늑간신경통)
4	靈道(영도)	손바닥면 손목횡문 상방 1.5촌	癔病(억병) · 心痛(심통) · 惡心(오심) · 失語(실어) · 前臂痛(전비통)
5	通里(통리)	손바닥면 손목횡문 상방 1촌	心悸(심계) · 心絞痛(심교통) · 癔病性失語(억병성실어) · 腕臂痛(완비통) · 神經衰弱(신경쇠약) · 舌强(설강)
6	陰隙(음극)	손바닥면 손목횡문 상방 0.5촌	心絞痛(심교통) · 心律不齊(심율부제) · 盜汗(도한) · 吐血(토혈)
7	神門(신문)	횡문상 척측 수근굴근건과 천지굴근건 사이	健忘(건망) · 失眠(실면) · 多夢(다몽) · 心悸(심계) · 心絞痛(심교통) · 癔病(억병)
8	少府(소부)	제4중수골과 제5중수골 사이. 주먹을 가볍게 쥘때 약지 끝이 닿는 부분	心悸(심계) · 胸痛(흉통) · 遺尿(유뇨) · 小便不利(소변불리) · 心律不齊(심율부제) · 牙痛(아통)
9	少衝(소충)	약지 요측 손톱부위 1분처	昏迷(혼미) · 心悸(심계) · 心痛(심통) · 咽喉腫痛(인후종통) · 精神病(정신병)

⑥ 수태양소장경(手太陽小腸經)

(SI : Small Intestine Meridian)

❀ 순행부위

수태양소장경은 새끼손가락 손톱외측 소택혈(少澤穴)에서 시작하여 상지외측 혈로를 따라 상행하여 배부(背部) 견갑부위(肩胛部位)를 지나 제7경추 옆 견중수(肩中兪)에서·다시 경부(頸部) 옆을 타고 안면부위(顔面部位)로 올라가 관골하단부(觀骨下短部) 관료혈(觀髎穴)에서 귀앞 청궁혈(聽宮穴)에 이른다.

❀ 주치(主治) : 정신질환, 중이염, 장염 등

1. 수태양소장경맥(手太陽小腸經脈)의 경혈위(經穴位)

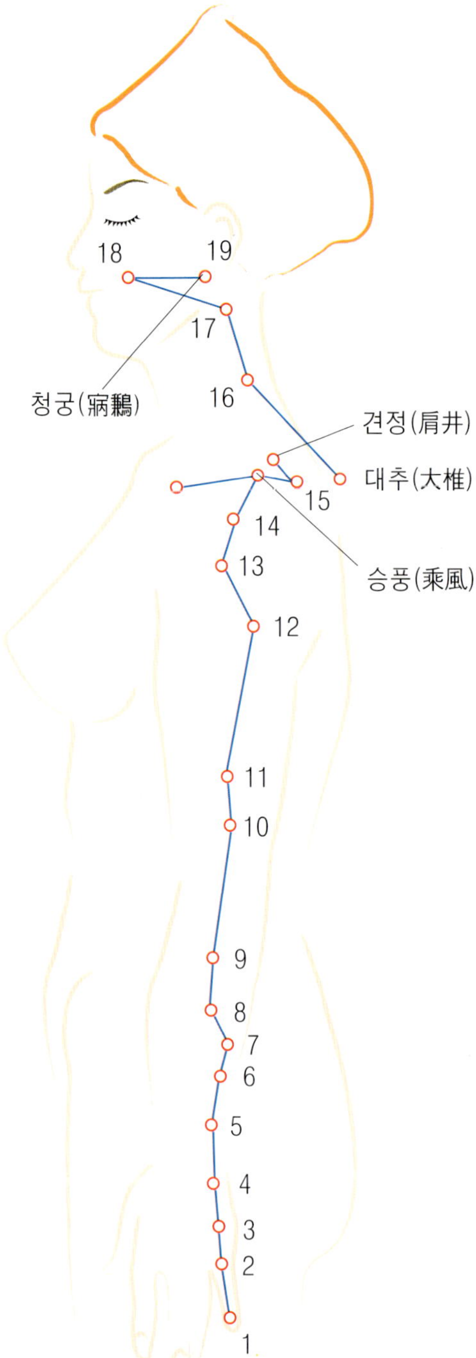

1. 소택(少澤)
2. 전곡(前谷)
3. 후계(後谿)
4. 완골(腕骨)
5. 양곡(陽谷)
6. 양로(養老)
7. 지정(支正)
8. 소해(小海)
9. 견정(肩貞)
10. 노수(臑兪)
11. 천종(天宗)
12. 병풍(秉風)
13. 곡원(曲垣)
14. 견외수(肩外兪)
15. 견중수(肩中兪)
16. 천창(天窓)
17. 천용(天容)
18. 권료(顴髎)
19. 청궁(聽宮)

2. 수태양소장경(手太陽小腸經)의 혈위와 주치

順番 (순번)	經穴名 (경혈명)	穴 位 (혈 위)	主 治 (주 치)
1	少澤 (소택)	약지 척측(외측) 손톱 근부 1분처	乳腺炎(유선염) · 産後乳少(산후유소) · 頭痛(두통) · 耳鳴(이명)
2	前谷 (전곡)	주먹을 쥘때 약지 본절 전 척측연 함몰처	臂痛(비통) · 瘧疾(학질) · 耳鳴(이명) · 腮腺炎(시선염) · 咽喉痛(인후통) · 産後乳少(산후유소) · 目翳(목예)
3	後谿 (후계)	주먹을 쥘때 약지 본절 후 척측연 함몰처	頭項强痛(두항강통) · 後頭痛(후두통) · 腰痛(요통) · 盜汗(도한) · 耳鳴(이명) · 肋間神經痛(늑간신경통)
4	腕骨 (완골)	제5중수골 위 유구골과 두상골 사이	頭項痛(두항통) · 黃疸(황달) · 嘔吐(구토) · 腰腿痛(요퇴통) · 耳鳴(이명) · 膽囊炎(담낭염)
5	陽谷 (양곡)	횡문상 척측의 척골 경상돌기와 두상골 사이 함몰처	腕痛(완통) · 腮腺炎(시선염) · 精神病(정신병) · 耳鳴(이명) · 耳聾(이농)
6	養老 (양로)	척골 경상돌기 직상에서 전완을 손끝으로 누를 때의 함몰처	上肢關節痛(상지관절통) · 肩背痛(견배통) · 偏癱(편탄) · 腰痛(요통) · 落枕(낙침) · 視力減退(시력감퇴)
7	支正 (지정)	소해와 양곡 중점(완관절과 주두는 10촌이다)	項强(항강) · 精神病(정신병) · 頭痛(두통) · 目眩(목현) · 肘臂手指痛(주비수지통)
8	小海 (소해)	굴주시 주관절 후 척골 주두와 상완골의 내측 상과 사이 함몰처 중앙점	手臂痲木(수비마목) · 頸項痛(경항통) · 肩背痛(견배통) · 上肢尺側痛(상지척측통)
9	肩貞 (견정)	겨드랑이 뒤쪽 끝에서 1촌 올라간 곳	肩關節及周圍軟組織疾病(견관절급주위연조직질병) · 上肢癱瘓(상지탄탄) · 腋多汗症(액다한증)
10	臑兪 (노수)	견정 직상 견갑극 하연	中風偏癱(중풍편탄) · 高血壓(고혈압) · 肩關節痛(견관절통) · 臂外展無力(비외전무력)

順番 (순번)	經穴名 (경혈명)	穴 位 (혈 위)	主 治 (주 치)
11	天宗 (천종)	견갑골 중앙함몰처. 견갑극 중간점 직하선과 제5흉추 하골 평행으로 이은선과 만나는 점	肩胛痛(견갑통) · 肘臂後外側痛(주비후외측통) · 哮喘(효천:심한기침) · 乳汁過少(유즙과소) · 乳腺炎(유선염) · 上肢不擧(상지불거)
12	秉風 (병풍)	견갑골 상연 중간점. 곡원과 거골혈 사이	肩胛痛(견갑통) · 上肢不擧(상지불거) · 上肢酸痲(상지산마)
13	曲垣 (곡원)	견갑골 상연 내측안	肩背痛(견배통) · 肩胛部病症(견갑부병증)
14	肩外兪 (견외수)	도도 양방 3촌 견갑내연 상부	肩背痛(견배통) · 肩項强痛(견항강통)
15	肩中兪 (견중수)	대추 양방 2촌 견정과 대추사이	肩背部病症(견배부병증) · 咳嗽(해수) · 氣喘(기천)
16	天窓 (천창)	흉쇄유돌근 후연으로 결후(Adam's apple) 양방 3.5촌	咽喉腫痛(인후종통) · 甲狀腺腫大(갑상선종대) · 耳鳴(이명) · 耳聾(이농) · 頸項强痛(경항강통)
17	天容 (천용)	하악각 뒤, 흉쇄유돌근 전연 턱밑	扁桃腺炎(편도선염) · 咽喉炎(인후염) · 頸項腫痛(경항종통) · 哮喘(효천) · 牙痛(아통:어금니치통)
18	顴髎 (권료)	광대뼈 바로 밑 권골하연 함몰부	牙痛(아통) · 三叉神經痛(삼차신경통) · 顔面神經痲痺(안면신경마비) · 顔面筋痙攣(안면근경련)
19	聽宮 (청궁)	하악골 관상돌기 후연, 입을 벌릴 때 이주(耳珠) 전방 함몰부	耳鳴(이명) · 耳聾(이농) · 中耳炎(중이염) · 聾啞(농아) · 牙痛(아통) · 顔面神經痲痺(안면신경마비)

⑦ 족태양방광경(足太陽膀胱經)

(BL : Bladder Meridian)

❀ 순행부위

족태양방광경은 눈(眼)의 내측 정명혈(睛明穴)에서 시작하여 위쪽으로 두부정중선(頭部正中線) 옆의 혈로를 따라 제1경추 옆 천주혈(天柱穴)까지 와서 제1선은 척추중앙외측 2촌 혈로로 하행하고 제2선은 척추외측 4촌 혈로로 하행하여 1선과 2선이 둔부(臀部), 승부혈(承扶穴)에서 만나 하지 후면으로 내려가 외측 복숭아뼈를 지나 새끼 발톱 외측 모서리 지음혈(至陰穴)에 이른다.

❀ 주치(主治) : 요통, 고관절통 및 척추질환

1. 족태양방광경맥(足太陽膀光脈)의 경혈위(經穴位)

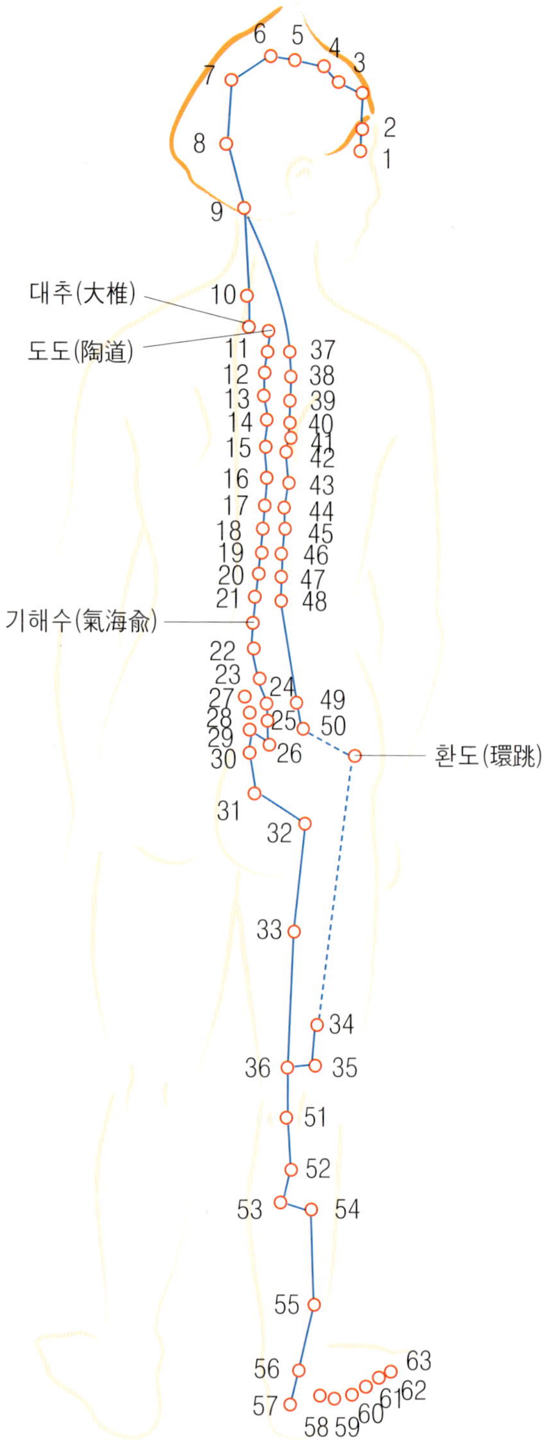

1. 정명(睛明)
2. 찬죽(攢竹)
3. 미충(眉衝)
4. 곡차(曲差)
5. 오처(五處)
6. 승광(承光)
7. 통천(通天)
8. 낙각(絡却)
9. 옥침(玉枕)
10. 천주(天柱)
11. 대저(大杼)
12. 풍문(風門)
13. 폐수(肺兪)
14. 궐음수(厥陰兪)
15. 심수(心兪)
16. 독수(督兪)
17. 격수(膈兪)
18. 간수(肝兪)
19. 담수(膽兪)
20. 비수(脾兪)
21. 위수(胃兪)
22. 삼초수(三焦兪)
23. 신수(腎兪)
24. 기해수(氣海兪)
25. 대장수(大腸兪)
26. 관원수(關元兪)
27. 소장수(小腸兪)
28. 방광수(膀胱兪)
29. 중려수(中膂兪)
30. 백환수(白環兪)
31. 상료(上髎)
32. 차료(次髎)
33. 중료(中髎)
34. 하료(下髎)
35. 회양(會陽)
36. 승부(承扶)
37. 은문(殷門)
38. 부극(浮隙)
39. 위양(委陽)
40. 위중(委中)
41. 부분(附分)
42. 백호(魄戶)
43. 고황(膏肓)
44. 신당(神堂)
45. 의희(譩譆)
46. 격관(膈關)
47. 혼문(魂門)
48. 양강(陽綱)
49. 의사(意舍)
50. 위창(胃倉)
51. 황문(肓門)
52. 지실(志室)
53. 포황(胞肓)
54. 질변(秩邊)
55. 합양(合陽)
56. 승근(承筋)
57. 승산(承山)
58. 비양(飛陽)
59. 부양(跗陽)
60. 곤륜(崑崙)
61. 복삼(僕參)
62. 신맥(申脈)
63. 금문(金門)
64. 경골(京骨)
65. 속골(束骨)
66. 족통곡(足通谷)
67. 지음(至陰)

2. 족태양방광경(足太陽膀光經)의 혈위와 주치

順番 (순번)	經穴名 (경혈명)	穴 位 (혈 위)	主 治 (주 치)
1	睛明 (정명)	목내자 1분, 즉 내안각 상방 1분 함몰처	結膜炎(결막염)·斜視(사시)·近視(근시)·青光眼(청광안)·視神經炎(시신경염)·視網膜炎(시망막염)·視神經萎縮(시신경위축)·流淚(유루)
2	攢竹 (찬죽)	눈썹 내측단 함몰처	頭痛(두통)·三叉神經痛(삼차신경통)·顔面神經痲痺(안면신경마비)·諸眼疾患(제안질환)
3	眉衝 (미충)	눈썹 내측단 직상 전발제에서 5분 들어간 곳	頭痛(두통)·鼻塞(비색:코막힘)·鼻出血(비출혈)·癲癎(전간:간질)
4	曲差 (곡차)	신정 양방 1.5촌에서 전발제로 5분 들어간 곳	頭痛(두통)·鼻塞(비색)·鼻出血(비출혈)·眼病(안병)
5	五處 (오처)	신정 양방 1.5촌에서 전발제로 1촌 들어간 곳	頭痛(두통)·鼻炎(비염)·目眩(목현:시야혼란)·癲癎(전간)
6	承光 (승광)	신정 양방 1.5촌에서 전발제로 2.5촌 들어간 곳	頭痛(두통)·感冒(감모)·目翳(목예:시야혼탁)·鼻炎(비염)·眩暈(현운)
7	通天 (통천)	백회 양방 1.5촌	頭痛(두통)·眩暈(현운)·鼻塞(비색)·鼻出血(비출혈)·蓄膿症(축농증)
8	絡却 (낙각)	후정 양방 1.5촌	眩暈(현운)·面癱(면탄)·鼻炎(비염)·甲狀腺腫(갑상선종)·嘔吐(구토)·頭痛(두통)
9	玉枕 (옥침)	뇌호 양방 1.5촌	頭痛(두통)·眩暈(현운)·近視(근시)·鼻塞(비색)
10	天柱 (천주)	아문 양방 1.5촌	頭痛(두통)··項强(항강)·咽喉腫痛(인후종통)·鼻塞(비색)·肩背痛(견배통)·喑啞(음아:신음)
11	大杼 (대저)	제1흉추 아래 양방 1.5촌	發熱(발열)·咳嗽(해수)·頭痛(두통)·肩胛痛(견갑통)·頸項强直(경항강직)·氣喘(기천)

順番 (순번)	經穴名 (경혈명)	穴 位 (혈 위)	主 治 (주 치)
12	風門 (풍문)	제2흉추 아래 양방 1.5촌	感冒(감모:감기)·咳嗽(해수)·發熱(발열)·頭痛(두통)·哮喘(효천)·慢性鼻炎(만성비염)·背部疾病(배부질병)
13	肺兪 (폐수)	제3흉추 아래 양방 1.5촌	感冒(감모)·咳嗽(해수)·氣喘(기천)·骨蒸潮熱(골증조열)·盜汗(도한)·背部病症(배부병증)
14	厥陰兪 (궐음수)	제4흉추 아래 양방 1.5촌	心絞痛(심교통)·不整脈(부정맥)·心悸亢進(심계항진)등 諸心臟病(제심장병)·癲癎(전간)·精神病(정신병)·失眠(실면)·胸痛(흉통)
15	心兪 (심수)	제5흉추 아래 양방 1.5촌	心悸(심계)·心煩(심번)·咳嗽(해수)·健忘(건망)·心絞痛(심교통)·不整脈(부정맥)등 諸心疾患(제심질환)
16	督兪 (독수)	제6흉추 아래 양방 1.5촌	心內膜炎(심내막염)·腹痛(복통)·腸鳴(장명)·橫隔膜痙攣(횡격막경련)·乳腺炎(유선염)·脫髮(탈발)·皮膚瘙瘙痒(피부소양)·銀屑病(은설병)
17	膈兪 (격수)	제7흉추 아래 양방 1.5촌	慢性出血性疾患(만성출혈성질환)·貧血(빈혈)·急性膽道感染 (급성담도감염)·呃逆(애역)·食道痙攣(식도경련)·咳嗽(해수)·哮喘(효천)·肺結核(폐결핵)
18	肝兪 (간수)	제9흉추 아래 양방 1.5촌	肝及膽囊病症(간급담낭병증)·黃疸(황달)·脇痛(협통)·胃病(위병)·吐血(토혈)·鼻出血(비출혈)·目赤(목적)·夜盲(야맹)·靑光眼(청광안)·脊背痛(척배통)
19	膽兪 (담수)	제10흉추 아래 양방 1.5촌	黃疸(황달)·口苦(구고)·脇肋痛(협늑통)·肺結核性潮熱(폐결핵성조열)·諸膽病(제담병)·腰背部病症(요배부병증)

順番 (순번)	經穴名 (경혈명)	穴　位 (혈　위)	主　治 (주　치)
20	脾兪 (비수)	제11흉추 아래 양방 1.5촌	腹脹(복창)·黃疸(황달)·嘔吐(구토)·泄瀉(설사)·痢疾(이질)·水腫(수종)·脾胃虛弱(비위허약)·消化不良(소화불량)·肝炎(간염)·背痛(배통)
21	胃兪 (위수)	제12흉추 아래 양방 1.5촌	脇肋痛(협늑통)·胃痛(위통)·腹脹(복창)·反胃(반위)·嘔吐(구토)·腸鳴(장명)·脾胃虛弱(비위허약)·消化不良(소화불량)·慢性泄瀉(만성설사)
22	三焦兪 (삼초수)	제1요추 아래 양방 1.5촌	腹脹(복창)·腸鳴(장명)·嘔吐(구토)·泄瀉(설사)·痢疾(이질)·水腫(수종)·尿路感染(요로감염)·腰背痛(요배통)
23	腎兪 (신수)	제2요추 아래 양방 1.5촌	尿路感染(요로감염)·陽萎(양위)·陰萎(음위)·月經不調(월경부조)·帶下(대하)·尿閉(요폐)·腎虛氣喘(신허기천)·耳鳴(이명)·耳聾(이농)·慢性泄瀉(만성설사)·腰背痛(요배통)
24	氣海兪 (기해수)	제3요추 아래 양방 1.5촌	腹痛(복통)·腹脹(복창)·腸鳴(장명)·泄瀉(설사)·便秘(변비)·腰痛(요통)
25	大腸兪 (대장수)	제4요추 아래 양방 1.5촌	腹痛(복통)·腸鳴(장명)·腹脹(복창)·泄瀉(설사)·便秘(변비)·腰痛(요통)·坐骨神經痛(좌골신경통)
26	關元兪 (관원수)	제5요추 아래 양방 1.5촌	腹脹(복창)·泄瀉(설사)·腰痛(요통)·遺尿(유뇨)·糖尿病(당뇨병)·小便滑數(소변활삭)·排尿困難(배뇨곤란)
27	小腸兪 (소장수)	제1천추 아래 양방 1.5촌	坐骨神經痛(좌골신경통)·腰痛(요통)·遺精(유정)·遺尿(유뇨)·腸炎(장염)·便秘(변비)·盆腔炎(분강염)
28	膀胱兪 (방광수)	제2천추 아래 양방 1.5촌	尿急(요급)·尿道疼痛(요도동통)·頻尿(빈뇨)·泄瀉(설사)·便秘(변비)·腰骶痛(요저통)·坐骨神經痛(좌골신경통)

順番 (순번)	經穴名 (경혈명)	穴 位 (혈 위)	主 治 (주 치)
29	中膂兪 (중려수)	제3천추 아래 양방 1.5촌	腸炎(장염)·腰骶痛(요저통)·坐骨神經痛(좌골신경통)
30	白環兪 (백환수)	제4천추 아래 양방 1.5촌	尿薦痛(요천통)·遺精(유정)·月經不調(월경부조)·帶下(대하)·慢性盆腔炎(만성분강염)·坐骨神經痛(좌골신경통)
31	上髎 (상료)	제1천추 아래 양방1촌의 제1천골공	腰痛(요통)·月經不調(월경부조)·少腹痛(소복통)·痛經(통경)·帶下(대하)·小便不利(소변불리)·陽萎(양위)·遺精(유정)·脫肛(탈항)
32	次髎 (차료)	제1천추 아래 양방0.9촌의 제2천골공	腰痛(요통)·月經不調(월경부조)·少腹痛(소복통)·痛經(통경)·帶下(대하)·小便不利(소변불리)·陽萎(양위)·遺精(유정)·脫肛(탈항)
33	中髎 (중료)	제3천추 아래 양방0.8촌의 제3천골공	腰痛(요통)·月經不調(월경부조)·少腹痛(소복통)·痛經(통경)·帶下(대하)·小便不利(소변불리)·陽萎(양위)·遺精(유정)·脫肛(탈항)
34	下髎 (하료)	제4천추 아래 양방0.7촌의 제4천골공	腰痛(요통)·月經不調(월경부조)·少腹痛(소복통)·痛經(통경)·帶下(대하)·小便不利(소변불리)·陽萎(양위)·遺精(유정)·脫肛(탈항)
35	會陽 (회양)	미골끝 함몰처 양방 5분	腸炎(장염)·痔疾(치질)·婦女生殖器疾患(부녀생식기질환)·陽萎(양위)·血便(혈변)
36	承扶 (승부)	대둔근 하부 횡문 정중앙	腰骶痛(요저통)·坐骨神經痛(좌골신경통)·下肢癱瘓(하지탄탄)·尿閉(요폐)·便秘(변비)
37	殷門 (은문)	승부와 위중과의 정중선	尿背痛(요배통)·坐骨神經痛(좌골신경통)·下肢麻痺(하지마비)·下肢癱瘓(하지탄탄)
38	浮隙 (부극)	위양 상방 1촌	急性胃腸炎(급성위장염)·膀胱炎(방광염)·便秘(변비)·下肢外側麻痺(하지외측마비)
39	委陽 (위양)	굴슬시에 슬와횡문 외측 끝	腎炎(신염)·乳糜尿(유미뇨)·膀胱炎(방광염)·便秘(변비)

順番 (순번)	經穴名 (경혈명)	穴　　位 (혈　　위)	主　　治 (주　　치)
40	委中 (위중)	굴슬시에 슬와횡문 중앙동맥 응수처	遺精(유정) · 陽萎(양위) · 小便不利(소변불리) · 急性腰背痛(급성요배통) · 坐骨神經痛(좌골신경통) · 下肢及膝關節部病症(하지급슬관절부병증)
41	附分 (부분)	제2흉추 아래 양방 3촌	肩, 項, 背部酸痛(견, 항, 배부산통) · 肘臂麻木(주비마목)
42	魄戶 (백호)	제3흉추 아래 양방 3촌	諸呼吸器疾患(제호흡기질환) · 胸膜炎(흉막염) · 項强(항강) · 肩背痛(견배통)
43	膏肓 (고황)	제4흉추 아래 양방 3촌	氣管支炎(기관지염) · 喘息(천식) · 一般虛弱(일반허약) · 胃痛(위통) · 嘔吐(구토) · 腹脹(복창) · 便秘(변비)
44	神堂 (신당)	제5흉추 아래 양방 3촌	氣管支炎(기관지염) · 哮喘(효천) · 肋間神經痛(늑간신경통) · 心臟病(심장병)
45	譩譆 (의희)	제6흉추 아래 양방 3촌	心臟病(심장병) · 哮喘(효천) · 瘧疾(학질) · 肋間神經痛(늑간신경통) · 呃逆(애역)
46	膈關 (격관)	제7흉추 아래 양방 3촌	肋間神經痛(늑간신경통) · 食道痙攣(식도경련) · 噯氣(애기:트림)
47	魂門 (혼문)	제9흉추 아래 양방 3촌	神經衰弱(신경쇠약) · 肝膽疾患(간담질환) · 胸膜炎(흉막염) · 胃痛(위통) · 脇肋痛(협늑통)
48	陽綱 (양강)	제10흉추 아래 양방 3촌	肝炎(간염) · 膽囊炎(담낭염) · 胃炎(위염) · 腸鳴(장명) · 腹痛(복통) · 泄瀉(설사)
49	意舍 (의사)	제11흉추 아래 양방 3촌	背痛(배통) · 腹脹(복창) · 消化不良(소화불량) · 消渴(소갈) · 黃疸(황달) · 泄瀉(설사) · 嘔吐(구토)
50	胃倉 (위창)	제12흉추 아래 양방 3촌	胃痛(위통) · 嘔吐(구토) · 腹脹(복창) · 便秘(변비) · 小兒食積(소아식적) · 脊背痛(척배통)
51	肓門 (황문)	제1요추 아래 양방 3촌	乳腺炎(유선염) · 上腹痛(상복통) · 腰痛(요통) · 下肢癱瘓(하지탄탄) · 産後病症(산후병증)

順番 (순번)	經穴名 (경혈명)	穴 位 (혈 위)	主 治 (주 치)
52	志室 (지실)	제2요추 아래 양방 3촌	遺精(유정)·陽萎(양위)·月經不調(월경부조)·遺尿(유뇨)·慢性腰痛(만성요통)·大小便不利(대소변불리)
53	胞肓 (포황)	제2천추 아래 양방 3촌	尿閉(요폐)·泄瀉(설사)·腰骶部病症(요저부병증)
54	秩邊 (질변)	제4천추 아래 양방 3촌	腰骶痛(요저통)·下肢萎痺(하지위비)·小便不利(소변불리)·坐骨神經痛(좌골신경통)·盆腔臟器病(분강장기병)
55	合陽 (합양)	위중 아래 2촌	腰痛(요통)·下肢痛(하지통)·月経過多(월경과다)·崩漏(붕루)·疝痛(산통)
56	承筋 (승근)	위중 아래 5촌, 합양과 승산의 중간	頭痛(두통)·腰背强痛(요배강통)·小腿痛(소퇴통)·下肢痲痺(하지마비)·痔瘡(치창)
57	承山 (승산)	위중 아래 8촌(위중과 곤륜중간)	腰腿痛(요퇴통)·坐骨神經痛(좌골신경통)·腓腸筋痙攣(비장근경련)·下肢癱瘓(하지탄탄)·痔瘡(치창)·脫肛(탈항)
58	飛陽 (비양)	곤륜 직상 7촌	風濕性關節炎(풍습성관절염)·腎炎(신염)·膀胱炎(방광염)·脚氣(각기)·痔瘡(치창)·脫肛(탈항)
59	跗陽 (부양)	곤륜 직상 3촌	頭項頭痛(두항두통)·頭眩(두현)·踝痛(과통)·下肢癱瘓(하지탄탄)
60	崑崙 (곤륜)	족외과첨과 아킬레스건 후연정중	頭痛(두통)·腰背痛(요배통)·坐骨神經痛(좌골신경통)·下肢癱瘓(하지탄탄)·項强痛(항강통)
61	僕參 (복삼)	곤륜 직하 1.5촌	足跟痛(족근통)·下肢萎弱(하지위약)·癲癎(전간)·脚氣(각기)·足踝痛(족과통)
62	申脈 (신맥)	족외과 하연 아래 5분	頭項疼痛(두항동통)·癲癎(전간)·精神病(정신병)·腰腿痛(요퇴통)
63	金門 (금문)	경골과 신맥의 중간	癲癎(전간)·小兒驚風(소아경풍)·頭痛(두통)·精神病(정신병)

順番 (순번)	經穴名 (경혈명)	穴 位 (혈 위)	主 治 (주 치)
64	京骨 (경골)	제5중족골 후방 팽대부하연 적백육제	頭痛(두통) · 項痛(항통) · 心筋炎(심근염) · 腦膜炎(뇌막염) · 癲癎(전간) · 腰腿痛(요퇴통) · 鼻疾(비질)
65	束骨 (속골)	제5중족골 후외측 함몰처	頭項痛(두항통) · 虐疾(학질) · 目翳(목예) · 癲癎(전간) · 精神病(정신병)
66	足通谷 (족통곡)	제중족골 전외측 함몰처	頭痛(두통) · 目眩(목현) · 鼻出血(비출혈) · 精神病(정신병)
67	至陰 (지음)	제5지 발톱 근부 외측 1분처	頭項痛(두항통) · 催産(최산) · 胎位不正(태위부정) · 夜尿(야뇨) · 難産(난산) · 鼻塞(비색)

⑧ 족소음신경(足少陰腎經)

(KI : Kidney Meridian)

❀ 순행부위

족소음신경은 발바닥의 용천혈(湧泉穴)에서 시작하여 복숭아뼈 내측을 감싸고 하지내측 혈로를 타고 올라가 복부(腹部) 정중선 옆을 지나 유문혈(幽門穴)에 이르러 늑골에 있는 보랑혈(步廊穴)을 지나 쇄골하단부 수부혈(兪府穴)에 이른다.

❀ 주치(主治) : 비뇨생식기질환, 내분비계질환, 산부인과질환 등.

1. 족소음신경맥(足少陰腎經脈)의 경혈위(經穴位)

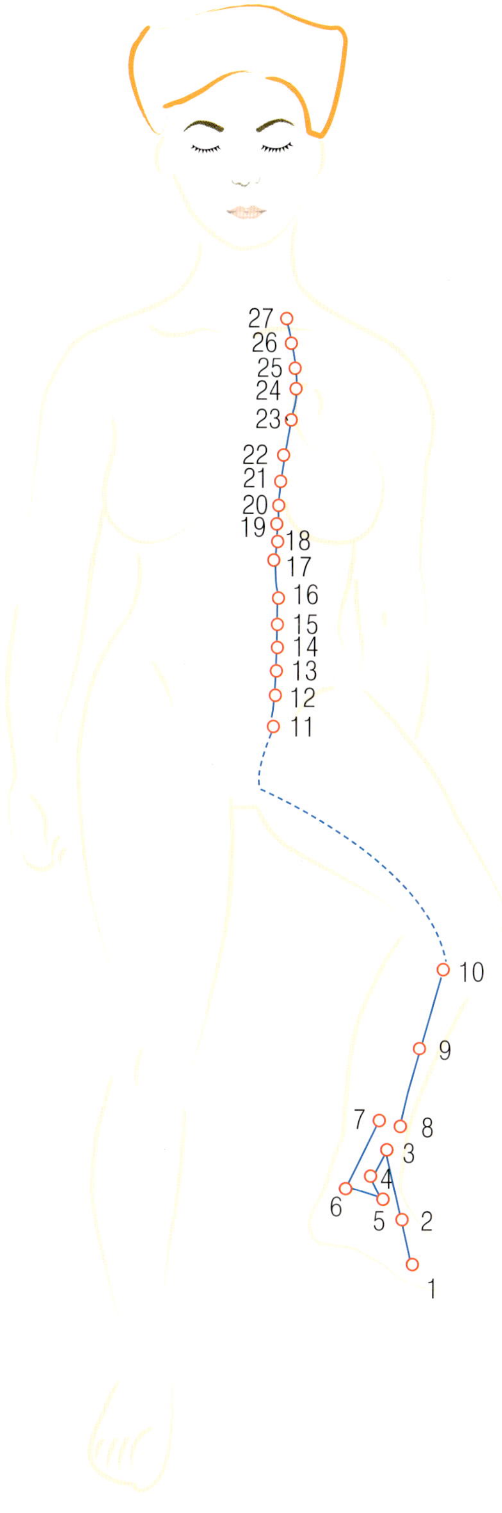

1. 용천(湧泉)
2. 연곡(然谷)
3. 태계(太谿)
4. 태종(太鐘)
5. 수천(水泉)
6. 조해(照海)
7. 복류(復溜)
8. 교신(交信)
9. 축빈(築賓)
10. 음곡(陰谷)
11. 횡골(横骨)
12. 대혁(大赫)
13. 기혈(氣穴)
14. 사만(四滿)
15. 중주(中注)
16. 황수(肓兪)
17. 상곡(商曲)
18. 석관(石關)
19. 음도(陰都)
20. 복통곡(腹痛谷)
21. 유문(幽門)
22. 보랑(步廊)
23. 신봉(神封)
24. 영허(靈墟)
25. 신장(神藏)
26. 욱중(彧中)
27. 수부(兪府)

2. 족소음신경(足少陰腎經)의 혈위와 주치

順番(순번)	經穴名(경혈명)	穴位(혈위)	主治(주치)
1	湧泉(용천)	족심부	休克(휴극)·中暑(중서)·高血壓(고혈압)·腦溢血(뇌일혈)·小兒驚風(소아경풍)·癔病(억병)·癲癎(전간)
2	然谷(연곡)	족 내과전 대골 아래 1촌	咽喉腫痛(인후종통)·外陰部搔痒症(외음부소양증)·尿路感染(요로감염)·糖尿病(당뇨병)·小兒驚風(소아경풍)
3	太谿(태계)	족 내과후 5분	腰痛(요통)·遺精(유정)·足底痛(족저통)·齒痛(치통)·耳鳴(이명)·咽喉痛(인후통)·腎炎(신염)·膀胱炎(방광염)·遺尿(유뇨)
4	太鐘(태종)	태계혈 후과 5분	哮喘(효천)·瘧疾(학질)·神經衰弱(신경쇠약)·癔病(억병)·尿閉(요폐)·咽痛(인통)·脚跟痛(각근통)
5	水泉(수천)	태계하 1촌. 조해 직후와 태계 직하의 교차점	月經不調(월경부조)·腹痛(복통)·小便不利(소변불리)·子宮脫垂(자궁탈수)·近視(근시)
6	照海(조해)	족 내과 직하 4분	月經不調(월경부조)·神經衰弱(신경쇠약)·癲癎(전간)·便秘(변비)·咽喉炎(인후염)·扁桃腺炎(편도선염)·不眠(불면)
7	復溜(복류)	태계혈 직상 2촌	虛汗(허한)·泄瀉(설사)·水腫(수종)·腹脹(복창)·腎炎(신염)·睾丸炎(고환염)·盜汗(도한)·腰痛(요통)
8	交信(교신)	복유혈 앞 5분처	月經不調(월경부조)·崩漏(붕루)·尿閉(요폐)·痢疾(이질)·便秘(변비)·下肢內側痛(하지내측통)
9	築賓(축빈)	족내과 상 5촌	下腹痛(하복통)·月經痛(월경통)·神經官能症(신경관능증)·小腿痛(소퇴통)
10	陰谷(음곡)	무릎 내측 포골후 대근하 소근상, 무릎구부려서 두 인대 사이	尿路感染(요로감염)·尿貯留(요저류)·遺精(유정)·陽萎(양위)·月經過多(월경과다)·崩漏(붕루)·膝股內側痛(슬고내측통)
11	橫骨(횡골)	곡골 양방 5분처, 배꼽아래 5촌, 복부 중앙선 0.5촌	尿貯留(요저류)·遺精(유정)·陰莖痛(음경통)·遺尿(유뇨)·陽萎(양위)
12	大赫(대혁)	중극 양방 5분처, 배꼽아래 4촌, 복부 중앙선 0.5촌	遺精(유정)·陰莖痛(음경통)·白帶(백대)·腹痛(복통)

順番 (순번)	經穴名 (경혈명)	穴 位 (혈 위)	主 治 (주 치)
13	氣穴 (기혈)	관원 양방 5분처, 배꼽아래 3촌, 복부 중앙선 0.5촌	月経不調(월경부조) · 帶下(대하) · 尿閉(요폐) · 不姙症(불임증) · 尿路感染(요로감염) · 泄瀉(설사)
14	四滿 (사만)	석문 양방 5분처, 배꼽아래 2촌, 복부 중앙선 0.5촌	月経不調(월경부조) · 帶下(대하) · 尿閉(요폐) · 不姙症(불임증) · 尿路感染(요로감염) · 泄瀉(설사)
15	中注 (중주)	음교 양방 5분처, 배꼽아래 1촌, 복부 중앙선 0.5촌	月経不調(월경부조) · 腰痛(요통) · 腹痛(복통) · 便秘(변비)
16	肓兪 (황수)	신궐 양방 5분처, 배꼽옆 5분	胃痙攣(위경련) · 疝痛(산통) · 腸炎(장염) · 習慣性便秘(습관성변비) · 呃逆(애역)
17	商曲 (상곡)	하완 양방 5분처, 배꼽위 2촌	腹痛(복통) · 便秘(변비) · 腹膜炎(복막염) · 疝痛(산통)
18	石關 (석관)	건리 양방 5분처, 배꼽위 3촌	胃痛(위통) · 便秘(변비) · 食道痙攣(식도경련)
19	陰都 (음도)	중완 양방 5분처, 배꼽위 4촌	嘔吐(구토) · 腹脹(복창) · 胃痛(위통) · 肺氣腫(폐기종) · 胸膜炎(흉막염) · 瘧疾(학질)
20	腹痛谷 (복통곡)	상완 양방 5분처, 배꼽위 5촌	項强(항강) · 癲癎(전간) · 心悸亢進(심계항진) · 肋間神經痛(늑간신경통) · 嘔吐(구토) · 泄瀉(설사)
21	幽門 (유문)	거궐 양방 5분처, 배꼽위 6촌	腹痛(복통) · 嘔吐(구토) · 脇脹(협창) · 胃痙攣(위경련)
22	步廊 (보랑)	중정 양방 2분처, 제 5늑간극, 복부정중선의 임맥 양방 2촌	咳嗽(해수) · 喘息(천식) · 嘔吐(구토) · 胸膜炎(흉막염) · 肋間神經痛(늑간신경통)
23	神封 (신봉)	전중 양방 2분처, 제 4늑간극, 복부정중선의 임맥 양방 2촌	喘息(천식) · 乳腺炎(유선염) · 心悸亢進(심계항진) · 胸膜炎(흉막염) · 肋間神經痛(늑간신경통)
24	靈墟 (영허)	옥당 양방 2분처, 제 3늑간극, 복부정중선의 임맥 양방 2촌	脇肋痛(협늑통) · 乳腺炎(유선염) · 心悸亢進(심계항진) · 嘔吐(구토) · 咳嗽(해수)
25	神藏 (신장)	자궁 양방 2분처, 제 2늑간극, 복부정중선의 임맥 양방 2촌	氣管支炎(기관지염) · 嘔吐(구토) · 肋間神經痛(늑간신경통)
26	彧中 (욱중)	화개 양방 2분처, 제 1늑간극, 복부정중선의 임맥 양방 2촌	胸脇脹滿(흉협창만) · 喘息(천식)
27	兪府 (수부)	선기 양방 2분처, 쇄골하연 천돌옆 2촌	多痰(다담) · 嘔吐(구토) · 腹脹(복창) · 胸痛(흉통) · 喘息(천식) · 氣管支炎(기관지염)

⑨ 수궐음심포경(手厥陰心包經)

(PC : Pericardium Meridian)

❀ 순행부위

수궐음심포경은 흉중의 단중혈(檀中穴)이 근원이 되어 제1선은 보이지 않는 혈로를 따라 하행하여 배꼽아래 기해혈(氣海穴)에 이르고, 제2선은 유두외측(乳頭外側) 천지혈(天池穴)에서 시작하여 상지내측 중앙 혈로를 따라 가운데 손가락 손톱 내측모서리 중충혈(中衝穴)에 이른다.

❀ 주치(主治) : 심장병, 흉통, 정신질환 등.

1. 수궐음심포경맥(手厥陰心包經脈)의 경혈위(經穴位)

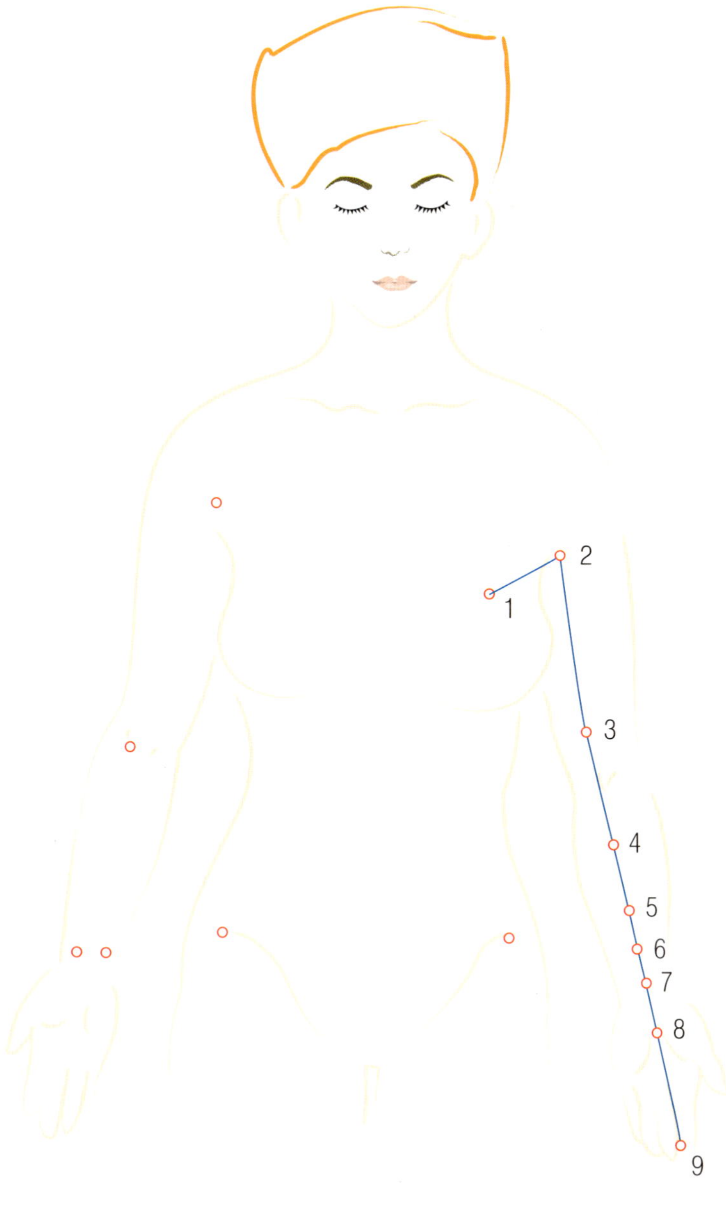

1. 천지(天池)
2. 천천(天泉)
3. 곡택(曲澤)
4. 극문(隙門)
5. 간사(間使)
6. 내관(內關)
7. 태릉(太陵)
8. 노궁(勞宮)
9. 중충(中衝)

2. 수궐음심포경(手厥陰心包經)의 혈위와 주치

順番 (순번)	經穴名 (경혈명)	穴 位 (혈 위)	主 治 (주 치)
1	天池 (천지)	유두 외측 1촌, 제 4늑간극	胸悶(흉민) · 胸脇痛(흉협통) · 腋下腫痛(액하종통)
2	天泉 (천천)	액와 횡문두 하방 2촌. 상완 이두근의 양두 사이	胸痛(흉통) · 肩臂痛(견비통)
3	曲澤 (곡택)	주관절 횡문 중앙	心悸(심계) · 心絞痛(심교통) · 肘臂痛(주비통) · 手顫(수전) · 急性胃腸炎時嘔吐泄瀉(급성위장염시구토설사) · 中暑(중서)
4	隙門 (극문)	대릉혈과 곡택혈 사이 정중앙	心絞痛(심교통) · 心動過速(심동과속) · 胸膜炎(흉막염) · 乳腺炎(유선염) · 惡心嘔吐(오심구토)
5	間使 (간사)	대릉 위 3촌	風濕性心臟病(풍습성심장병) · 胃痛(위통) · 瘧疾(학질) · 癔病(억병) · 癲癇(전간) · 精神分裂症(정신분열증) · 胸痛(흉통)
6	內關 (내관)	대릉 위 2촌	胸脇痛(흉협통) · 胃痛(위통) · 休克(휴극) · 胸痛(흉통) · 惡心嘔吐(오심구토) · 咽喉腫痛(인후종통) · 癔病(억병) · 不整脈(부정맥)
7	太陵 (태릉)	손바닥측 완관절 횡문 중앙	心悸(심계) · 胸痛(흉통) · 癲狂(전광) · 肋間神經痛(늑간신경통) · 手腕部腱鞘炎(수완부건초염)
8	勞宮 (노궁)	손바닥 중앙, 주먹을 쥘때 가운데 손가락이 닿는 곳	精神病(정신병) · 癲癇(전간) · 中暑(중서) · 嘔吐(구토) · 胸痛(흉통) · 口腔炎(구강염)
9	中衝 (중충)	중지 손톱근 외측 1분처	發熱(발열) · 昏迷(혼미) · 煩躁(번조) · 舌强(설강) · 中暑(중서) · 心絞痛(심교통) · 頭痛如破(두통여파:머리가 깨질듯한 두통)

⑩ 수소양삼초경(手少陽三焦經)

(TH : Triple Heart Meridian)

❀ 순행부위

수소양삼초경은 약지손가락 손톱 외측모서리 관충혈(關衝穴)에서 시작하여 손등과 상지외측 혈로를 타고 올라가 견갑부위(肩胛部位) 견료혈(肩髎穴)에서 경부외측(頸部外側)으로 올라가 귀밑 예풍혈(翳風穴)에서 귀를 감싸고 돌아 귀앞 이문혈(耳門穴)에서 눈썹외측끝 사죽공혈(絲竹空穴)에 이른다.

❀ 주치(主治) : 귀병, 견관절질환, 안질환.

1. 수소양삼초경맥(手少陽三焦經脈)의 경혈위(經穴位)

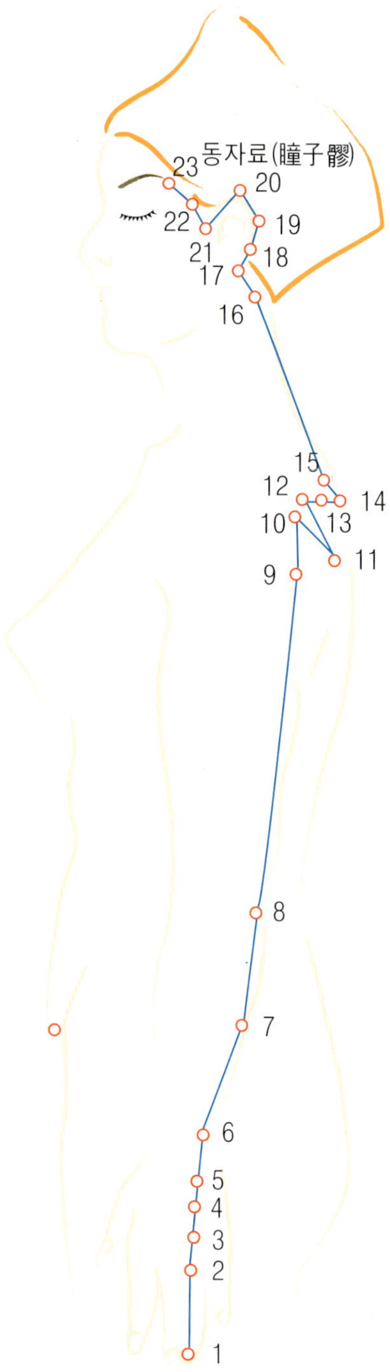

1. 관충(關衝)
2. 액문(液門)
3. 중저(中渚)
4. 양지(陽地)
5. 외관(外關)
6. 지구(支溝)
7. 회종(會宗)
8. 삼양락(三陽絡)
9. 사독(四瀆)
10. 천정(天井)
11. 청냉연(淸冷淵)
12. 소낙(消濼)
13. 노회(臑會)
14. 견료(肩髎)
15. 천료(天髎)
16. 천유(天牖)
17. 예풍(翳風)
18. 계맥(瘈脈)
19. 노식(顱息)
20. 각손(角孫)
21. 이문(耳門)
22. 화료(和髎)
23. 사죽공(絲竹空)

2. 수소양삼초경(手少陽三焦經)의 혈위와 주치

順番 (순번)	經穴名 (경혈명)	穴 位 (혈 위)	主 治 (주 치)
1	關衝 (관충)	제4지 손톱끝 외측 1분처	喉痛(후통)·言語不利(언어불리)·結膜炎(결막염)·發熱(발열)·頭痛(두통)·心煩(심번)
2	液門 (액문)	약지와 4지 기골 사이, 함몰처	頭痛(두통)·耳聾(이농)·瘧疾(학질)·耳鳴(이명)·手臂痛(수비통)·手指腫痛(수지종통)
3	中渚 (중저)	약지와 4지 본절 후, 함몰처	耳聾(이농)·耳鳴(이명)·咽喉腫痛(인후종통)·頭, 項, 肩, 背部疾患(두, 항, 견, 배부질환), 手指不能屈伸(수지불능굴신)
4	陽地 (양지)	완관절 손등면 중앙	耳聾(이농)·瘧疾(학질)·腕關節部疾患(완관절부질환)·肩臂痛(견비통)
5	外關 (외관)	양지 상 2촌	感冒(감모)·肺炎(폐염)·耳聾(이농)·偏頭痛(편두통)·脇肋痛(협늑통)·手指痲木(수지마목)·項痛(항통)
6	支溝 (지구)	양지 상 3촌	肩臂痛(견비통)·脇肋痛(협늑통)·便秘(변비)·胸膜炎(흉막염)·偏灘(편탄)·耳下腺炎(이하선염)·耳聾(이농)·耳鳴(이명)
7	會宗 (회종)	지구에서 척골쪽으로 1분처	耳鳴(이명)·耳聾(이농)·上肢痛(상지통)·癲癎(전간)
8	三陽絡 (삼양락)	양지 상 4촌, 지구혈 상 1촌	耳聾(이농)·牙痛(아통)·失語(실어)·前臂部病症(전비부병증)
9	四瀆 (사독)	팔뚝 앞 5촌 외렴	頭痛(두통)·耳鳴(이명)·牙痛(아통)·前臂痛(전비통)·上肢癱瘓(상지탄탄)·神経衰弱(신경쇠약)
10	天井 (천정)	팔뚝의 외골 후 상완 쪽 1촌 함몰처	肘, 肩, 項痛(주, 견, 항통)·脇肋痛(협늑통)·上肢部病症(상지부병증)·頸淋巴腺炎(경림프선염)·甲狀腺腫(갑상선종)
11	淸冷淵 (청냉연)	주두 상방 천정혈 위 1촌	肩臂痛不能擧(견비통불능거)·頭痛(두통)
12	消濼 (소낙)	주두 상방 천정혈 위 5촌. 노희와 청랭연의 중간점	頭痛(두통)·頸項强急(경항강급)·臂痛(비통)·癲癎(전간)
13	臑會 (노회)	정좌시 횡문두와 1촌. 견료 직하 3촌	肩臂痛不能擧(견비통불능거)·甲狀腺疾患(갑상선질환)
14	肩髎 (견료)	견봉외단 후하연	肩痛(견통)·臂痛(비통)·中風偏癱(중풍편탄)·高血壓(고혈압)·多汗(다한)

順番 (순번)	經穴名 (경혈명)	穴　位 (혈　위)	主　治 (주　치)
15	天髎 (천료)	견정과 곡원과의 중간	肩臂痛(견비통)·頸項强急(경항강급)
16	天牖 (천유)	천용과 천주의 중간	耳鳴(이명)·耳聾(이농)·項强(항강)·喉痛(후통)
17	翳風 (예풍)	귀후하 첨각 함몰처, 귓볼 뒤 함몰처	耳鳴(이명)·耳聾(이농)·聾啞(농아)·顏面神經痲痺(안면신경마비)·耳下腺炎(이하선염)·牙痛(아통)·眼病(안병)
18	瘈脈 (계맥)	유양돌기 상연으로 예풍후상 1촌	頭痛(두통)·耳鳴(이명)·耳聾(이농)·嘔吐(구토)
19	顱息 (노식)	계맥상방 1촌	頭痛(두통)·耳鳴(이명)·耳痛(이통)·嘔吐(구토)
20	角孫 (각손)	귀 직상 발제내	耳介紅腫(이개홍종)·牙痛(아통)·頭痛(두통)·角膜白班(각막백반)
21	耳門 (이문)	이주 상단의 앞 함몰처	耳鳴(이명)·耳聾(이농)등 諸耳疾患(제이질환)·牙痛(아통)
22	和髎 (화료)	이문혈 전상방 5분처	顏面神經痲痺(안면신경마비)·耳鳴(이명)·頭痛(두통)·目眩(목현)
23	絲竹空 (사죽공)	눈썹 외단 함몰처	頭痛(두통)·顏面神經痲痺(안면신경마비)·斜視(사시)등 諸眼疾患(제안질환)

⑪ 족소양담경(足少陽膽經)

(GB : Gall Blardder Meridian)

❀ 순행부위

족소양담경은 눈외측 동자료혈(瞳子髎穴)에서 시작하여 귀앞 청회혈(聽會穴)을 거쳐 상행하여 두부(頭部)를 순행하고 풍지혈(風池穴)에서 경부(頸部) 뒤쪽으로 하행하여 견정혈(肩井穴)을 지나 흉부로 넘어와 늑골혈로를 내려와서 둔부(臀部) 환도혈(環跳穴)에서 다시 하지 외측 혈로로 하행하여 네번째 발톱 외측모서리 족규음(足竅陰)에 이른다.

❀ 주치(主治) : 두통, 귀병, 신경성질환, 고관절질환, 기타 하지 관절질환.

1. 족소양담경맥(足少陽膽經脈)의 경혈위(經穴位)

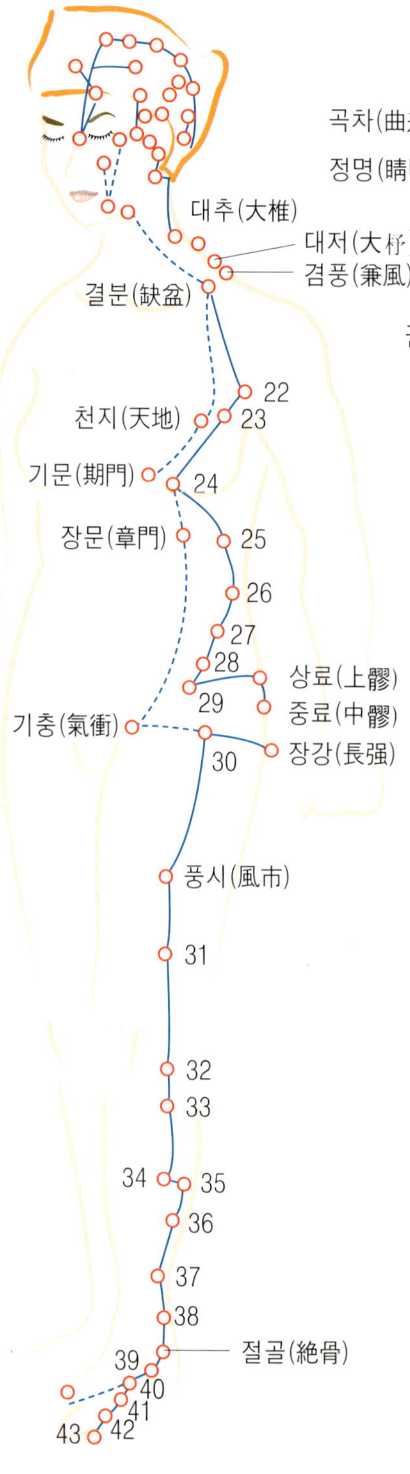

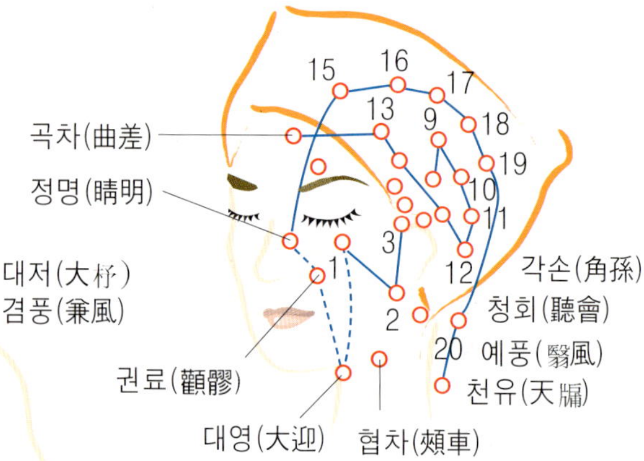

1. 동자료(瞳子髎)	23. 첩근(輒筋)
2. 청회(聽會)	24. 일월(日月)
3. 상관(上關)	25. 경문(京門)
4. 함염(頷厭)	26. 대맥(帶脈)
5. 현로(懸顱)	27. 오추(五樞)
6. 현리(懸厘)	28. 유도(維道)
7. 곡빈(曲鬢)	29. 거료(居髎)
8. 솔곡(率谷)	30. 환도(環跳)
9. 천충(天衝)	31. 풍시(風市)
10. 부백(浮白)	32. 중독(中瀆)
11. 두규음(頭竅陰)	33. 슬양관(膝陽關)
12. 완골(完骨)	34. 양릉천(陽陵泉)
13. 본신(本神)	35. 양교(陽交)
14. 양백(陽白)	36. 외구(外丘)
15. 두임읍(頭臨泣)	37. 광명(光明)
16. 목창(目窓)	38. 양보(陽輔)
17. 정영(正營)	39. 현종(懸鐘)
18. 승령(承靈)	40. 구허(丘墟)
19. 뇌공(腦空)	41. 족임읍(足臨泣)
20. 풍지(風池)	42. 지오회(地五會)
21. 견정(肩井)	43. 협계(俠谿)
22. 연액(淵液)	44. 족규음(足竅陰)

2. 족소양담경(足少陽膽經)의 혈위와 주치

順番 (순번)	經穴名 (경혈명)	穴 位 (혈 위)	主 治 (주 치)
1	瞳子髎 (동자료)	눈외자 외측 5분	頭痛(두통) · 諸眼疾患(제안질환) · 顔面神經痲痺(안면신경마비)
2	聽會 (청회)	이하수 전 함중처	耳鳴(이명) · 耳聾(이농) · 顔面神經痲痺(안면신경마비) · 齒痛(치통) · 牙關緊閉(아관긴폐)
3	上關 (상관)	협골궁 상렴. 개구시 구멍이 나타나는 곳	耳鳴(이명) · 耳聾(이농) · 中耳炎(중이염) · 齒痛(치통) · 牙關緊閉(아관긴폐) · 顔面神經痲痺(안면신경마비)
4	頷厭 (함염)	액각 발제의 등 후방 1촌. 두유와 곡빈을 이어 위로 1/4되는 점	偏頭痛(편두통) · 眩暈(현운) · 耳鳴(이명) · 鼻炎(비염) · 癲癎(전간)
5	懸顱 (현로)	함염과 현리의 중간, 두유와 곡빈의 중간점	偏頭痛(편두통) · 外眦痛(외자통) · 齒痛(치통) · 面腫(면종) · 神經衰弱(신경쇠약)
6	懸厘 (현리)	액하렴. 현 아래 1촌. 곡빈과 두유를 이어 밑으로 1/4되는 점	偏頭痛(편두통) · 外眦痛(외자통) · 齒痛(치통) · 面腫(면종) · 神經衰弱(신경쇠약)
7	曲鬢 (곡빈)	귀 첨부 횡선과 귀 앞 직선의 교차점	偏頭痛(편두통) · 三叉神經痛(삼차신경통) · 顔面筋痙攣(안면근경련)
8	率谷 (솔곡)	귀 위 발제 상 1.5촌	偏頭痛(편두통) · 眩暈(현운) · 嘔吐(구토) · 耳鳴(이명) · 眼病(안병)
9	天衝 (천충)	귀 후 발제 2촌에서 후방으로 2분처	齒痛(치통) · 齒肉腫痛(치육종통) · 癲癎(전간) · 甲狀腺腫(갑상선종) · 偏頭痛(편두통)
10	浮白 (부백)	천충 후하방 1촌	頭痛(두통) · 耳鳴(이명) · 耳聾(이농) · 齒痛(치통) · 氣管支炎(기관지염)
11	頭竅陰 (두규음)	완골상 침골하	頭項痛(두항통) · 耳痛(이통) · 耳聾(이농) · 耳鳴(이명) · 氣管支炎(기관지염) · 喉炎(후염) · 胸痛(흉통) · 甲狀腺腫(갑상선종)
12	完骨 (완골)	유양돌기 후연의 하방 끝 2분처	頭痛(두통) · 失眠(실면) · 耳聾(이농) · 耳鳴(이명) · 頸項强(경항강) · 顔面神經痲痺(안면신경마비)
13	本神 (본신)	신정혈 양방 3촌	頭痛(두통) · 眩暈(현운) · 癲癎(전간) · 脇肋痛(협늑통) · 偏癱(편탄) · 頸項强痛(경항강통)

順番 (순번)	經穴名 (경혈명)	穴 位 (혈 위)	主 治 (주 치)
14	陽白 (양백)	눈썹 위 1촌, 눈동자 직상	面癱(면탄)·頭痛(두통)·三叉神經痛(삼차신경통)·眼病(안병)·顔面筋痙攣(안면근경련)
15	頭臨泣 (두임읍)	눈위 발제 5분 들어간 곳, 양백혈 위 발제 5분	目眩(목현)·鼻塞(비색)·目翳(목예)·中風(중풍)·昏迷(혼미)·瘧疾(학질)·癲癎(전간)·急慢性結膜炎(급만성결막염)
16	目窓 (목창)	두임읍 후 1.5촌	頭痛(두통)·目眩(목현)·頭面浮腫(두면부종)·眼結膜炎(안결막염)·齒痛(치통)·中風(중풍)
17	正營 (정영)	목창 후 1.5촌	頭項强痛(두항강통)·眩暈(현운)·齒痛(치통)·嘔吐(구토)
18	承靈 (승령)	정영 후 1.5촌	頭痛(두통)·感冒(감모)·氣管支炎(기관지염)·眩暈(현운)·鼻塞(비색)·鼻出血(비출혈)
19	腦空 (뇌공)	풍지 후 1.5촌	頭痛(두통)·感冒(감모)·哮喘(효천)·癲癎(전간)·精神病(정신병)·心悸(심계)·耳鳴(이명)·鼻塞(비색)·項强(항강)
20	風池 (풍지)	완골과 천추의 중간	感冒(감모)·頭痛(두통)·頭暈(두운)·項强痛(항강통)·眼病(안병)·鼻炎(비염)·鼻痛(비통)·耳鳴(이명)·耳聾(이농)·高血壓(고혈압)·偏癱(편탄)·腦部疾患(뇌부질환)
21	肩井 (견정)	결분 위 1촌 반, 유두 직상방 견부 최고 부위	頭項强(두항강)·脊背痛(척배통)·上肢不擧(상지불거)·乳腺炎(유선염)
22	淵液 (연액)	겨드랑이 아래 3촌	胸膜炎(흉막염)·肋間神經痛(늑간신경통)·腋窩淋巴腺炎(액와림프선염)·肩臂痛(견비통)·脇痛(협통)
23	輒筋 (첩근)	겨드랑이 아래 3촌에서 흉부로 1촌	胸膜炎(흉막염)·哮喘(효천)·嘔吐(구토)·呑酸(탄산)·胸滿(흉만)
24	日月 (일월)	유두직하 7, 8 늑골간	胃痛(위통)·肝炎(간염)·膽囊炎(담낭염)·肩部疾患(견부질환)·呃逆(애역)·脇肋痛(협늑통)
25	京門 (경문)	제12늑골 하단	諸腎臟疾患(제신장질환)·腰痛(요통)·腹痛(복통)·泄瀉(설사)·腸疝痛(장산통)·腰腿痛(요퇴통)

順番 (순번)	經穴名 (경혈명)	穴　位 (혈　위)	主　治 (주　치)
26	帶脈 (대맥)	11늑골 끝과 장골릉의 중간점	月經不調(월경부조)·白帶多(백대다)·疝氣(산기)·子宮內膜炎(자궁내막염)·膀胱炎(방광염)
27	五樞 (오추)	대맥 아래 3촌	帶下(대하)·疝氣(산기)·腹痛(복통)·便秘(변비)·子宮內膜炎(자궁내막염)·腰痛(요통)
28	維道 (유도)	장문 아래 5촌	子宮內膜炎(자궁내막염)·子宮脫垂(자궁탈수)·腸疝痛(장산통)·習慣性便秘(습관성변비)·少腹痛(소복통)
29	居髎 (거료)	중극 양방 5촌	腰腿痛(요퇴통)·關節及周圍軟組織疾病(관절급주위연조직질병)·膀胱炎(방광염)·睾丸炎(고환염)
30	環跳 (환도)	대전자와 요수를 잇는 선의 1/3지점 함몰처	坐骨神經痛(좌골신경통)·腰腿痛(요퇴통)·下肢麻痺(하지마비)
31	風市 (풍시)	서서 손끝을 내렸을때 손끝이 다리에 닿는 곳	下肢麻痺(하지마비)·下肢癱瘓(하지탄탄)·股外側痲木(고외측마목)·腰腿痛(요퇴통)
32	中瀆 (중독)	풍시 직하 2치	下肢麻痺(하지마비)·下肢癱瘓(하지탄탄)·股外側痲木(고외측마목)·腰腿痛(요퇴통)
33	膝陽關 (슬양관)	양릉천 상 3촌	膝關節痛(슬관절통)·下肢麻痺及癱瘓(하지마비급탄탄)·小腿病症(소퇴병증)
34	陽陵泉 (양릉천)	슬하 1촌 비골소두의 내직하	膝關節痛(슬관절통)·坐骨神經痛(좌골신경통)·偏癱(편탄)·脇肋痛(협늑통)·膽囊炎(담낭염)·下肢痲木(하지마목)
35	陽交 (양교)	족 외과상 7촌, 하지 외측 중간	胸脇脹痛(흉협창통)·膝痛(슬통)·足萎無力(족위무력)
36	外丘 (외구)	양교혈 전방 3분, 족외과상 6촌	頭痛(두통)·肝炎(간염)·下肢癱瘓(하지탄탄)·頸項强痛(경항강통)·胸脇脹滿(흉협창만)
37	光明 (광명)	족외과상 5촌	夜盲(야맹)·視神經萎縮(시신경위축)등 諸眼病(제안병)·偏頭痛(편두통)·小腿外側痛(소퇴외측통)
38	陽輔 (양보)	족외과상 4촌	偏頭痛(편두통)·頸淋巴腺炎(경림프선염)·偏癱(편탄)·下肢麻痺(하지마비)·脇肋痛(협늑통)

順番(순번)	經穴名(경혈명)	穴位(혈위)	主治(주치)
39	懸鐘(현종)	족외과상 3촌	膝 踝關節痛(슬 과관절통)·脇痛(협통)·落枕(낙침)·半身不隨(반신불수)·坐骨神經痛(좌골신경통)·小腿痛(소퇴통).
40	丘墟(구허)	족외과상 전하방 함몰처	胸脇痛(흉협통)·膽囊炎(담낭염)·腋窩淋巴腺炎(액와림프선염)·坐骨神經痛(좌골신경통)·關節及周圍軟組織疾病(과관절급주위연조직질병)
41	足臨泣(족임읍)	4지와 5지 중간 맨위 함몰처	偏頭痛(편두통)·乳腺炎(유선염)·脇肋痛(협늑통)·眼病(안병)·耳病(이병)·項痛(항통)
42	地五會(지오회)	협계 직상 5분, 제 4, 5중족골 사이 발가락 끝에서 위로 1.5치	目赤痛(목적통)·眼病(안병)·耳病(이병)·項痛(항통)
43	俠谿(협계)	4지와 5지 기골사이	偏頭痛(편두통)·高血壓(고혈압)·耳鳴(이명)·肋間神經痛(늑간신경통)·眩暈(현운)·發熱(발열)
44	足竅陰(족규음)	4지 발톱 외측모서리 0.1촌	頭痛(두통)·高血壓(고혈압)·結膜炎(결막염)·耳聾(이농)·脇痛(협통)

⑫ 족궐음간경(足厥陰肝經)

(LV : Liver Meridian)

❀ 순행부위

족궐음간경은 엄지발톱 외측모서리 대돈혈(大敦穴)에서 시작하여 하지내측 혈로를 따라 상행하여 복부를 지나 늑골하단부 장문혈(章門穴)을 지나 제6늑골 내측 기문혈(期門穴)에 이른다.

❀ 주치(主治) : 간·담질환, 부인과질환, 안질환, 기타 성생식기질환.

1. 족궐음간경맥(足厥陰肝經脈)의 경혈위(經穴位)

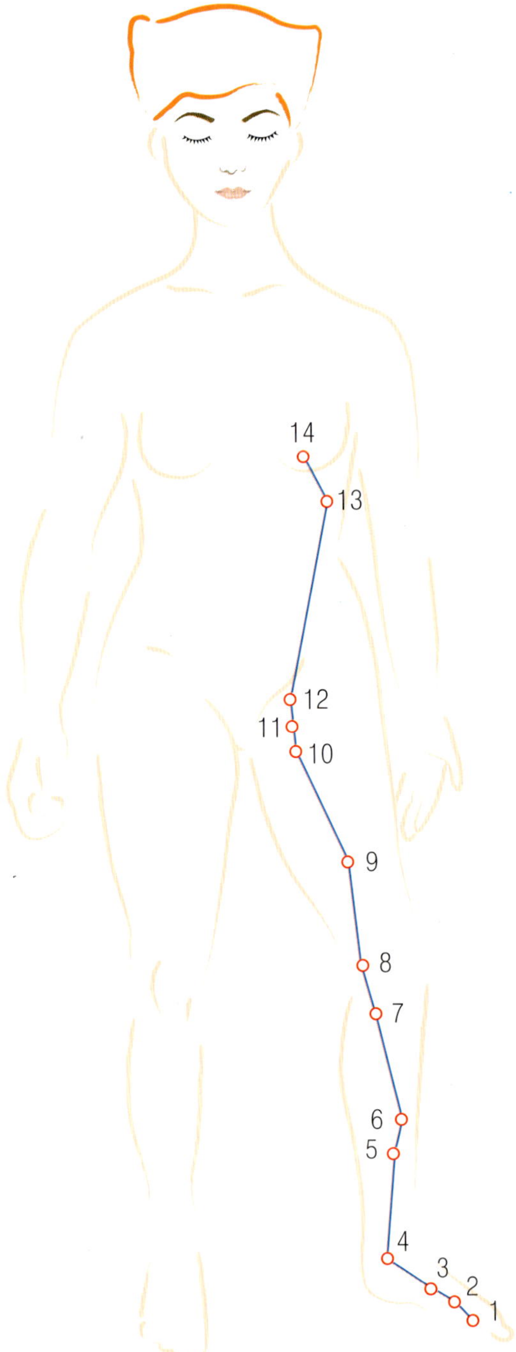

1. 태돈(太敦)
2. 행간(行間)
3. 태충(太衝)
4. 중봉(中封)
5. 여구(蠡溝)
6. 중도(中都)
7. 슬관(膝關)
8. 곡천(曲泉)
9. 음포(陰包)
10. 오리(五里)
11. 음렴(陰廉)
12. 급맥(急脈)
13. 장문(章門)
14. 기문(期門)

2. 족궐음간경(足厥陰肝經)의 혈위와 주치

順番(순번)	經穴名(경혈명)	穴 位(혈 위)	主 治(주 치)
1	太敦(태돈)	대지(엄지발가락) 발톱 근부 외측 1분처	子宮脫垂(자궁탈수) · 疝痛(산통) · 崩漏(붕루) · 遺尿(유뇨) · 昏厥(혼궐)
2	行間(행간)	대지, 차지 기골 사이	月經不調(월경부조) · 閉經(폐경) · 頭痛(두통) · 失眠(실면) · 精神病(정신병) · 癲癎(전간) · 小兒驚風(소아경풍) · 小便不利(소변불리)
3	太衝(태충)	대지, 차지 본절 후 2촌	頭痛(두통) · 眩暈(현운) · 高血壓(고혈압) · 月經不調(월경부조) · 崩漏(붕루) · 乳腺炎(유선염) · 疝氣(산기) · 腹脹(복창)
4	中封(중봉)	해계와 상구의 중간	遺精(유정) · 小便困難(소변곤란) · 疝氣(산기) · 腰痛(요통) · 肝病(간병) · 踝痛(과통)
5	蠡溝(여구)	족내과상 5촌	月經不調(월경부조) · 小便不利(소변불리) · 小腿産痛(소퇴산통) · 痛經(통경) · 帶下(대하)
6	中都(중도)	족내과상 7촌	月經不調(월경부조) · 崩漏(붕루) · 疝痛(산통) · 小腹痛(소복통) · 下肢關節痛(하지관절통) · 肝病(간병)
7	膝關(슬관)	슬하 2촌 음릉천 후방 1촌	膝內側痛(슬내측통) · 咽喉痛(인후통)
8	曲泉(곡천)	슬내포골 하, 대근상 소근 하(무릎을 굽혀 나온 횡문의 내측 끝)	子宮脫垂(자궁탈수) · 陰部瘙痒痛(음부소양통) · 小便不利(소변불리) · 遺精(유정) · 膝及大腿內側痛(슬급대퇴내측통)
9	陰包(음포)	슬상 4촌, 고내렴 양근 사이	月經不調(월경부조) · 小便不利(소변불리) · 遺尿(유뇨)
10	五里(오리)	기충 아래 3촌 동맥 응수처	小便不利(소변불리) · 腹脹(복창) · 嗜睡(기수) · 遺尿(유뇨) · 陰囊濕疹(음낭습진) · 股內側痛(고내측통)
11	陰廉(음렴)	기충 아래 2촌 동맥 응수처	月經不調(월경부조) · 下肢疼痛(하지동통) · 疝痛(산통)
12	急脈(급맥)	곡골 양방 2.5촌, 치골결합부 양방 2.5촌	子宮脫垂(자궁탈수) · 疝痛(산통) · 陰莖痛(음경통)
13	章門(장문)	제11늑골 첨단 아래	復脹腸鳴(복창장명) · 嘔吐(구토) · 泄瀉(설사) · 黃疸(황달) · 胸背脇肋疼痛(협배협늑동통) · 肝脾腫大(간비종대)

順番 (순번)	經穴名 (경혈명)	穴 位 (혈 위)	主 治 (주 치)
14	期門 (기문)	거궐 양방 3.5촌, 유두직하 제 6, 7늑골간	肋間神經痛(늑간신경통) · 肝炎(간염) · 肝腫大(간종대) · 膽囊炎(담낭염) · 胸膜炎(흉막염) · 脇肋痛(협늑통) · 胃神經官能症(위신경관능증)

⑬ 임맥(任脈)

(CV : Conception Vessel)

※ 순행부위

임맥은 중극혈(中極穴)의 아래쪽 회음부(會陰部)에서 생겨 음모의 융기부분의 심부(深部)로 올라가, 복내를 따라 관원혈(關元穴)을 지나 인후(咽喉)에 이르러 다시 올라와 턱밑에 이르러 안면부(顔面部)를 주(注)하여 안(眼)내로 깊게 들어간다. 양교(陽蹻)와 족양명(足陽明)의 2경과 합한다.

※ 주치(主治) : 성생식기질환, 위장병 등

1. 임맥(任脈)의 경혈위(經穴位)

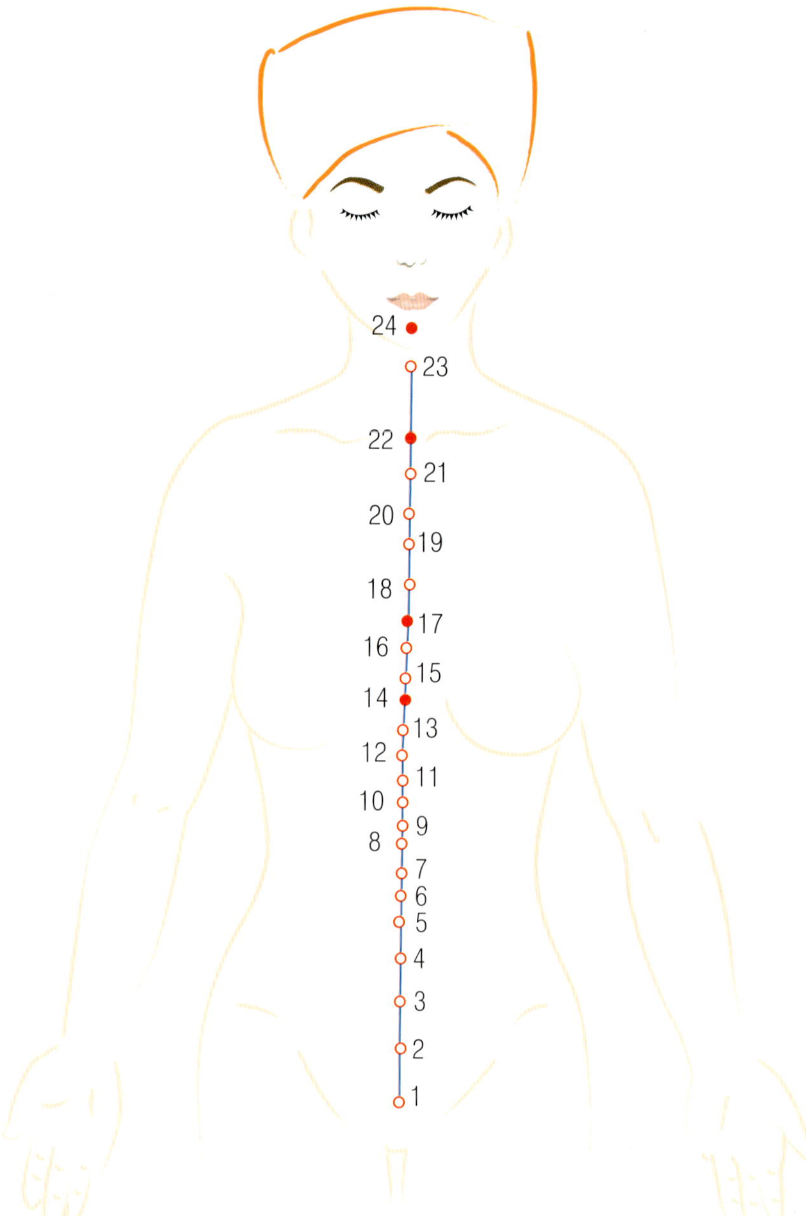

1. 회음(會陰)
2. 곡골(曲骨)
3. 중극(中極)
4. 관원(關元)
5. 석문(石門)
6. 기해(氣海)
7. 음교(陰交)
8. 신궐(神闕)
9. 수분(水分)
10. 하완(下脘)
11. 건리(建里)
12. 중완(中脘)
13. 상완(上脘)
14. 거궐(巨闕)
15. 구미(鳩尾)
16. 중정(中庭)
17. 단중(膻中)
18. 옥당(玉堂)
19. 자궁(紫宮)
20. 화개(華蓋)
21. 선기(璇璣)
22. 천돌(天突)
23. 염천(廉泉)
24. 승장(承漿)

2. 임맥(任脈)의 혈위와 주치

順番 (순번)	經穴名 (경혈명)	穴 位 (혈 위)	主 治 (주 치)
1	會陰 (회음)	음낭과 항문중간 부분	陰部瘙痒(음부소양)·肛門腫痛(항문종통)·脫肛(탈항)·癲狂(전광)·休克(휴극)·遺精(유정)·前立腺炎(전립선염)·窒息(질식)·溺死(익사)
2	曲骨 (곡골)	치골결합을 이은 선, 배꼽아래 5촌	遺精(유정)·陽萎(양위)·小便不利(소변불리)·諸婦人科疾患(제부인과질환)·生殖器疾患(생식기질환)
3	中極 (중극)	배꼽아래 4촌	遺精(유정)·遺尿(유뇨)·小便不通(소변불통)·尿頻數(요빈삭)·小腹痛(소복통)·月經不調(월경부조)·白帶過多(백대과다)
4	關元 (관원)	배꼽아래 3촌	月經不調(월경부조)·陽萎(양위)·陰萎(음위)·遺尿(유뇨)·腹痛(복통)·痢疾(이질)·閉經(폐경)·崩漏(붕루)·帶下(대하)·子宮脫垂(자궁탈수)·虛脫(허탈)·泄瀉(설사)
5	石門 (석문)	배꼽아래 2촌	月經過多(월경과다)·閉經(폐경)·泄瀉(설사)·水腫(수종)·高血壓(고혈압)·腹痛(복통)
6	氣海 (기해)	배꼽아래 1.5촌	體質虛弱(체질허약)·遺尿(유뇨)·月經不調(월경부조)·遺精(유정)·陰萎(음위)·陽萎(양위)·痛經(통경)·腹脹(복창)·泄瀉(설사)·下腹痛(하복통)
7	陰交 (음교)	배꼽아래 1촌	崩漏(붕루)·帶下(대하)·月經不調(월경부조)·陰部瘙痒(음부소양)·臍周痛(제주통)·疝氣(산기)·産後出血(산후출혈)
8	神闕 (신궐)	배꼽 정중앙	急性腸炎(급성장염)·慢性腸炎(만성장염)·慢性痢疾(만성이질)·腸結核(장결핵)·水腫(수종)·虛脫(허탈)·四肢厥冷(사지궐냉)
9	水分 (수분)	배꼽위 1촌	腸鳴(장명)·泄瀉(설사)·腹痛(복통)·水腫(수종)·小便不通(소변불통)·頭面浮腫(두면부종)·腹水(복수)
10	下脘 (하완)	배꼽위 2촌	胃痛(위통)·嘔吐(구토)·腹脹(복창)·痢疾(이질)·消化不良(소화불량)

順番 (순번)	經穴名 (경혈명)	穴　位 (혈　위)	主　治 (주　치)
11	建里 (건리)	배꼽위 3촌	胃痛(위통)·嘔吐(구토)·食欲不振(식욕부진)·腹脹(복창)·水腫(수종)
12	中脘 (중완)	배꼽위 4촌, 흉추골 하연과 배꼽의 중간	胃病(위병)·食欲不振(식욕부진)·嘔吐(구토)·呃逆(애역)·腹脹(복창)·泄瀉(설사)·胃潰瘍(위궤양)·胃下垂(위하수)
13	上脘 (상완)	배꼽위 5촌	嘔吐(구토)·胃炎(위염)·胃擴張(위확장)·胃痙攣(위경련)·噴門痙攣(분문경련)
14	巨闕 (거궐)	배꼽위 6촌	胃痛(위통)·呃逆(애역)·心悸(심계)·精神病(정신병)·癲癎(전간)
15	鳩尾 (구미)	배꼽위 7촌	心胸痛(심흉통)·嘔吐(구토)·癲癎(전간)·精神病(정신병)·胃痛(위통)
16	中庭 (중정)	흉추골 하연	胸脇脹滿(흉협창만)·噎膈吐逆(열격토역)·小兒吐乳(소아토유)
17	膻中 (단중)	양 유두 사이	胸痛(흉통)·胸悶(흉민)·乳汁過少(유즙과소)·肋間神經痛(늑간신경통)·心絞痛(심교통)·哮喘(효천)
18	玉堂 (옥당)	전중에서 선기까지 4등분해서 1/4되는 부분. 제3늑간 높이	氣管支炎(기관지염)·喘息(천식)·胸痛(흉통)·嘔吐(구토)
19	紫宮 (자궁)	전중에서 선기까지 4등분해서 2/4되는 부분. 제2늑간 높이	氣管支炎(기관지염)·喘息(천식)·胸痛(흉통)
20	華蓋 (화개)	전중에서 선기까지 4등분해서 3/4되는 부분. 제1늑간 높이	氣管支炎(기관지염)·喘息(천식)·胸痛(흉통)·吐血(토혈)
21	璇璣 (선기)	천돌아래 1촌	胸悶(흉민)·氣管支炎(기관지염)·喘息(천식)
22	天突 (천돌)	흉골 위 함몰처	氣管支炎(기관지염)·喘息(천식)·咽喉炎(인후염)·甲狀腺腫(갑상선종)·呃逆(애역)·食道疾患(식도질환)·神經性嘔吐(신경성구토)
23	廉泉 (염천)	턱과 후두결절과의 중앙	舌强(설강)·失語(실어)·喑啞(음아)·咽炎(인염)·舌炎(설염)·流涎(유연)
24	承漿 (승장)	아랫입술구의 중앙 함몰처	顔面神經麻痺(안면신경마비)·三叉神經痛(삼차신경통)·流涎(유연)·口噤不開(구금불개)

⑭ 독맥(督脈)

(GV : Governer Vessel)

❀ 순행부위

독맥은 미골내측골단(尾骨內側骨端)의 장강혈(長强穴) 뒤의 회음부(會陰部)에서 시작하여 척추(脊椎)를 따라 올라가 뇌(腦)의 뒤쪽 오목한 부위 풍부혈에 이르러 뇌내(腦內)에 진입하고 다시 뇌호혈(腦戶穴)로 올라가 두부(頭部) 중앙을 따라서 비주(鼻柱), 은교(齦交)로 하행한다.(임맥 및 족의 양명의 2경과 합한다).

❀ 주치(主治) : 요통, 두통 및 척추질환 등.

1. 독맥(督脈)의 경혈위(經穴位)

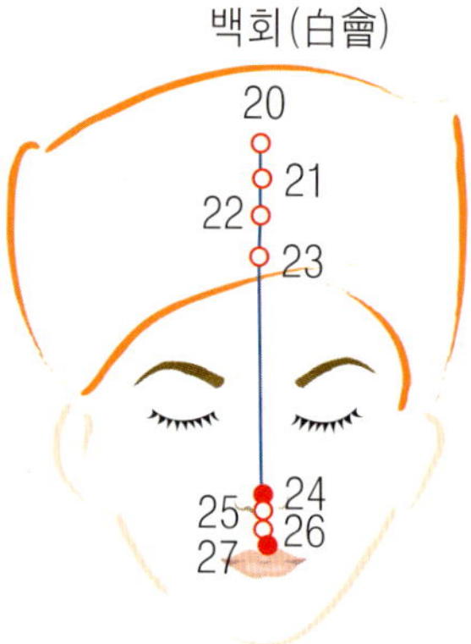

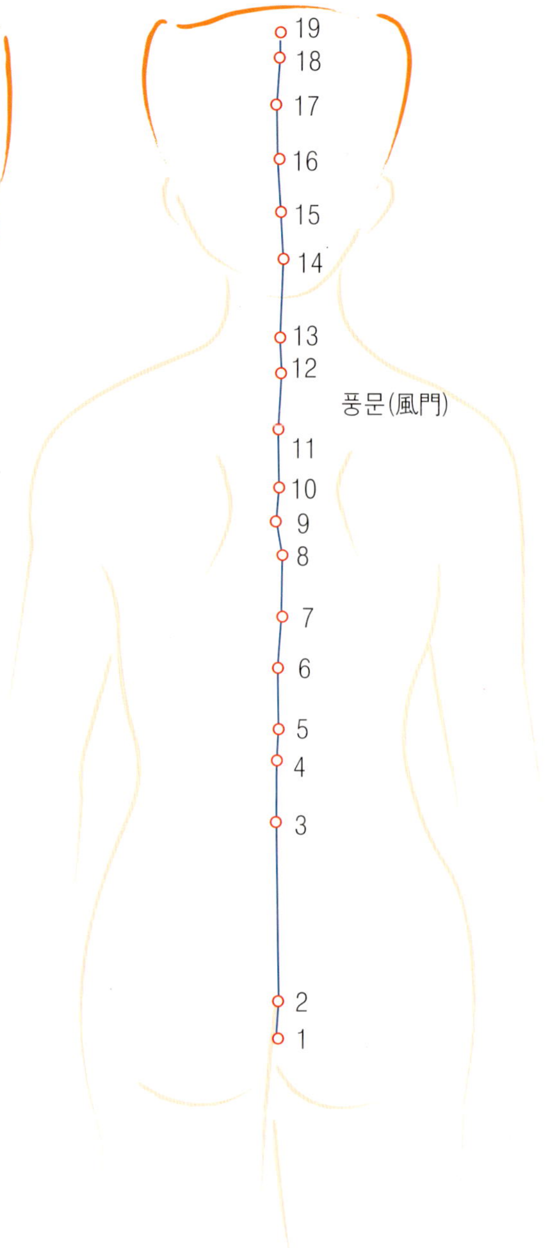

1. 장강(長强)
2. 요수(腰兪)
3. 요양관(腰陽關)
4. 명문(命門)
5. 현추(懸樞)
6. 척중(脊中)
7. 중추(中樞)
8. 근축(筋縮)
9. 지양(至陽)
10. 영대(靈臺)
11. 신도(神道)
12. 신주(身柱)
13. 도도(陶道)
14. 대추(大椎)
15. 아문(啞門)
16. 풍부(風府)
17. 뇌호(腦戶)
18. 강간(强間)
19. 후정(後頂)
20. 백회(百會)
21. 전정(前頂)
22. 신회(顖會)
23. 상성(上星)
24. 신정(神庭)
25. 소료(素髎)
26. 수구(水溝)
27. 태단(兌端)
28. 은교(齦交)

2. 독맥(督脈)의 혈위와 주치

順番 (순번)	經穴名 (경혈명)	穴 位 (혈 위)	主 治 (주 치)
1	長强 (장강)	미골끝과 항문사이에서 미골 끝 아래로 3분	脫肛(탈항)·血便(혈변)·腰脊疼痛(요척동통)·痔疾(치질)·慢性腸炎(만성장염)
2	腰兪 (요수)	4천추 아래 함몰처	月經不調(월경부조)·腰骶部痛(요저부통)·泄瀉(설사)·子宮內膜炎(자궁내막염)·下血(하혈)·癲癎(전간)
3	腰陽關 (요양관)	4요추 아래 함몰처. 양쪽 장골등을 이은 선의 중간	腰痛(요통)·下肢癱瘓(하지탄탄)·月經不調(월경부조)·遺精(유정)·陽萎(양위)
4	命門 (명문)	2요추 아래 함몰처. 반대편에 배꼽	遺精(유정)·陽萎(양위)·痛經(통경)·月經不調(월경부조)·帶下(대하)·慢性泄瀉(만성설사)·腰背痛(요배통)
5	懸樞 (현추)	1요추 아래 함몰처	痢疾(이질)·腹痛(복통)·泄瀉(설사)·脫肛(탈항)·腰脊强痛(요척강통)
6	脊中 (척중)	11흉추 아래 함몰처	肝炎(간염)·癲癎(전간)·下肢麻痺(하지마비)·腰背痛(요배통)·泄瀉(설사)
7	中樞 (중추)	10흉추 아래 함몰처	胃痛(위통)·膽囊炎(담낭염)·視力減退(시력감퇴)·腰背痛(요배통)·嘔吐(구토)
8	筋縮 (근축)	9흉추 아래 함몰처	肝炎(간염)·膽囊炎(담낭염)·胸膜炎(흉막염)·肋間神經痛(늑간신경통)·背痛(배통)·胃痛(위통)
9	至陽 (지양)	7흉추 아래 함몰처. 양 견갑골 하단을 이은 선의 중간	黃疸(황달)·咳嗽(해수)·喘息(천식)·瘧疾(학질)·胸背痛(흉배통)·胸脇支滿(흉협지만)
10	靈臺 (영대)	6흉추 아래 함몰처	咳嗽(해수)·喘息(천식)·背痛(배통)·項强(항강)
11	神道 (신도)	5흉추 아래 함몰처	熱病(열병)·心臟病(심장병)·瘧疾(학질)·癲癎(전간)·肋間神經痛(늑간신경통)·心悸(심계)·健忘(건망)
12	身柱 (신주)	3흉추 아래 함몰처	咳嗽(해수)·喘息(천식)·癲癎(전간)·腰背强痛(요배강통)
13	陶道 (도도)	1흉추 아래 함몰처	發熱(발열)·瘧疾(학질)·精神病(정신병)·癲癎(전간)
14	大椎 (대추)	7경추 아래 함몰처. 경추 극돌기하 함몰처	發熱(발열)·瘧疾(학질)·感冒(감모)·咳嗽(해수)·喘息(천식)·蕁麻疹(담마진)·項强(항강)·癲癎(전간)

順番(순번)	經穴名(경혈명)	穴 位(혈 위)	主 治(주 치)
15	啞門(아문)	후발제 위 5분. 고개를 뒤로 젖히면 후발제에 두개의 선이 나타나는데 아래에 있는 것이 아문이고 위에 있는 것이 풍부이다.	精神病(정신병)·癲癎(전간)·中風後遺症(중풍후유증)·腦震盪後遺症(뇌진탕후유증)·慢性咽喉痛(만성인후통)·聾啞(농아)·頭痛(두통)·嘔吐(구토)·眩暈(현운)
16	風府(풍부)	후발제 위 1촌	頭痛(두통)·眩暈(현운)·咽喉痛(인후통)·喑啞(음아)·精神病(정신병)·中風後遺症(중풍후유증)
17	腦戶(뇌호)	풍부와 백회를 4등분해서 풍부 위 1/4지점	頭痛(두통)·項强(항강)·失眠(실면)·癲癎(전간)
18	强間(강간)	풍부와 백회를 4등분해서 풍부 위 2/4지점	頭痛(두통)·眩暈(현운)·癲癎(전간)
19	後頂(후정)	풍부와 백회를 4등분해서 풍부 위 3/4지점	頭痛(두통)·眩暈(현운)·癲狂(전광)
20	百會(백회)	머리 정중선과 양 귀 상단을 이어 만나는 점	昏厥(혼궐)·頭痛(두통)·眩暈(현운)·精神病(정신병)·子宮脫水(자궁탈수)·脫肛(탈항)·癲癎(전간)·休克(휴극)
21	前頂(전정)	백회와 신정을 3등분해서 1/3되는 지점	頭痛(두통)·鼻炎(비염)·癲癎(전간)
22	顖會(신회)	백회와 신정을 3등분해서 2/3되는 지점	頭痛(두통)·眩暈(현운)·鼻炎(비염)
23	上星(상성)	전발제 위 1촌	頭痛(두통)·眼病(안병)·鼻炎(비염)·精神病(정신병)
24	神庭(신정)	전발제 위 5분	頭痛(두통)·眩暈(현운)·鼻炎(비염)·精神病(정신병)
25	素髎(소료)	코 끝 중앙	休克(휴극)·低血壓(저혈압)·心動過緩(심동과완)·鼻炎(비염)·鼻出血(비출혈)·暈厥(운궐)
26	水溝(수구)	인중 중앙	休克(휴극)·昏迷(혼미)·精神病(정신병)·癲癎(전간)·中暑(중서)·窒息(질식)·呼吸衰弱(호흡쇠약)
27	兌端(태단)	수구혈 하단 윗 입술 첨단	嘔吐(구토)·鼻塞(비색)·鼻炎(비염)·口腔炎(구강염)·癲癎(전간)·精神病(정신병)
28	齦交(은교)	윗 입술과 상치은(上齒齦)의 사이	急性腰紐傷(급성요뉴상)·鼻炎(비염)·齒痛(치통)·痔疾(치질)·黃疸(황달)

이론편

제3장

수지침법

제3장.. 수지침법(手指鍼法)

1. 수지침법의 개요

수지침법은 체침(體鍼)을 手의 배(背)와 장(掌)에 응용한 것으로 수지 침술이란 완관절(腕關節) 이하에서만 침혈(針穴)을 정하여 세침(細針)을 1~2mm 정도 자입(刺入)하여 전신의 질병을 치료하는 방법으로서 우리나라에서 창시하여(창시자 유태우씨) 오늘에 이르고 있다. 이 침법은 체침과 비교해 임상적인 효과나 치료정도는 비교된 바가 없으나 체침에 비교해 부작용과 통증이 없다는 것이 큰 장점이다. 현재 종주국은 우리나라이며 세계 여러나라 특히 독일, 프랑스, 스페인, 일본 등에서 많은 각광을 받고 있다. 이 수지침법은 외과적 수술을 필요로 하는 질병과 전염병을 제외하고는 모든 질환의 치료에 보조요법으로 응용된다.

2. 수지침의 용어 및 상응점

1) 상응부(相應部)

손에는 신체에 해당되는 부위가 있다. 이것을 상응부라 한다. 예를 들어 그림 3-1에서 A8은 배꼽, A12는 위, A16은 명치 끝부분.

2) 상응점(相應點)

신체에 병이 있을 때 수지의 상응부에 압통(壓痛), 긴장(緊張), 응결(凝結), 색(色) 등의 전기적인 반응이 나타난다. 그 나타나는 지점을 상응점이라 한다.

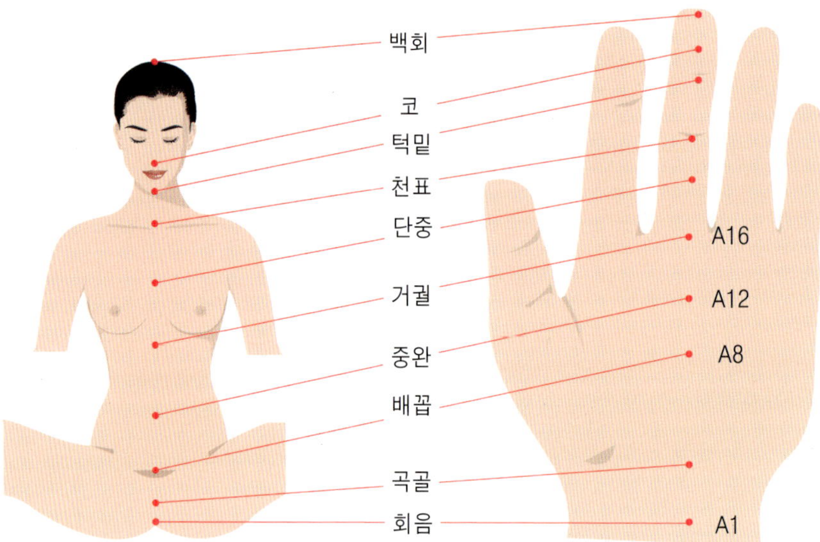

그림 3-1. 手掌의 상응부

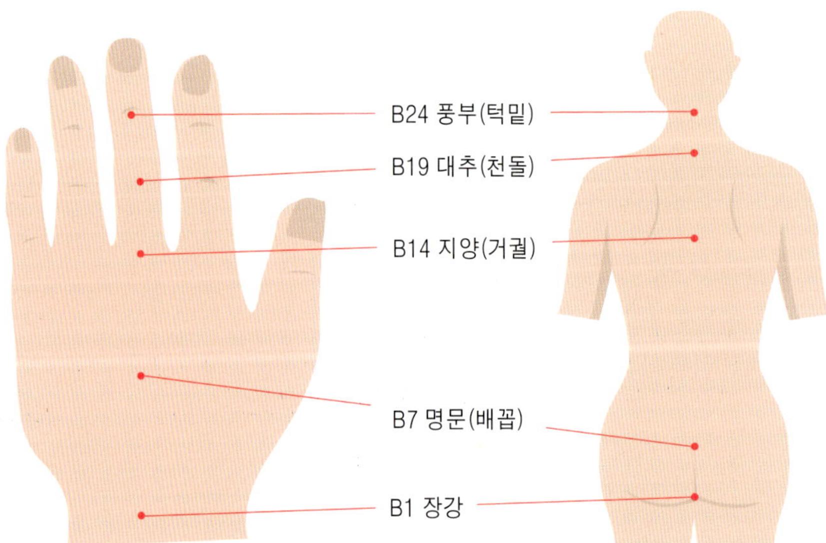

그림 3-2. 手背의 상응부

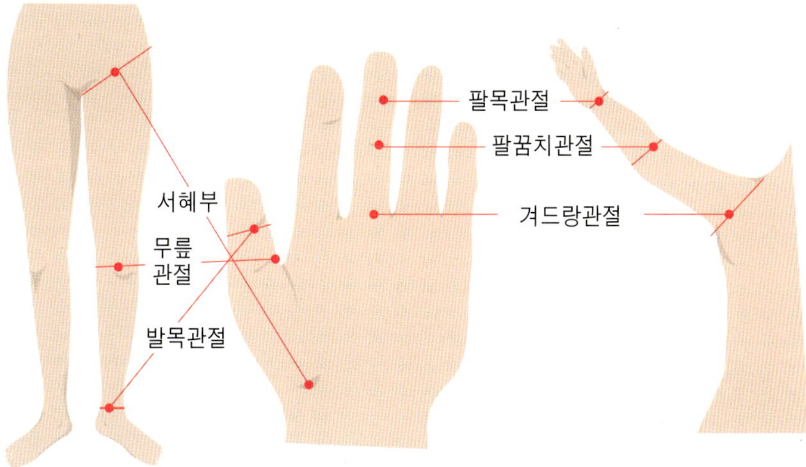

그림 3-3. 手掌**의 상응부**

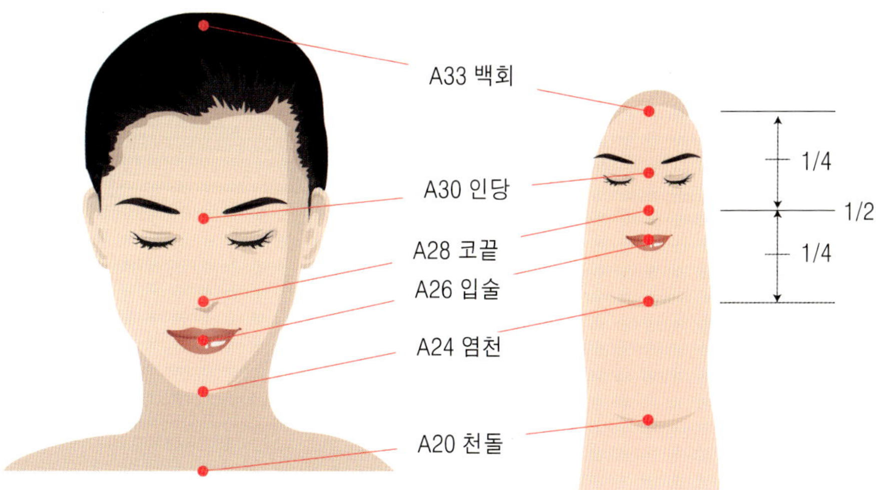

그림 3-4. 手, 足部**의 상응부**

3) 상응점 찾는 방법

상응점의 발현은 병이 있으면 어느때든지 나타난다. 그러나 병이 가벼울 때에는 잘 나타나지 않는다. 이때는 병처(病處)를 두드리거나 압박하는 등 물리적 자극을 준 다음 찾으면 뚜렷이 나타난다. 즉 오른쪽 발이 아프면 우수좌측(右手左側)에 해당하는 소지(小指)에서 나타난다. 상응점을 찾는 방법으로는 ① 압통점, ② 긴장대, ③ 응결점, ④ 색택변화, ⑤ 전자의 반응점으로 나타난다.

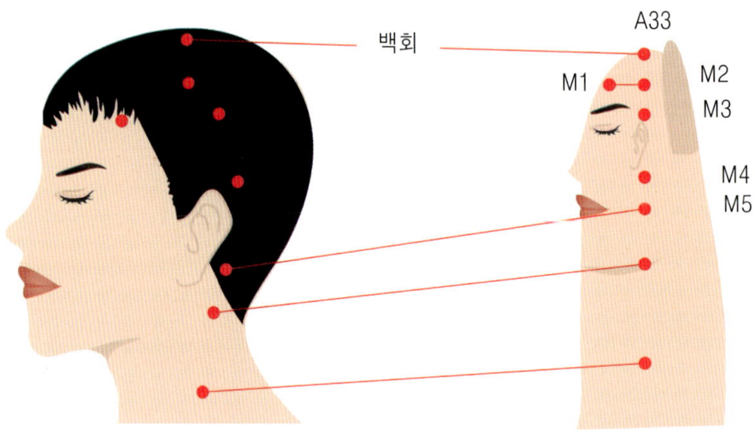

그림 3-5. 상응점 찾는법

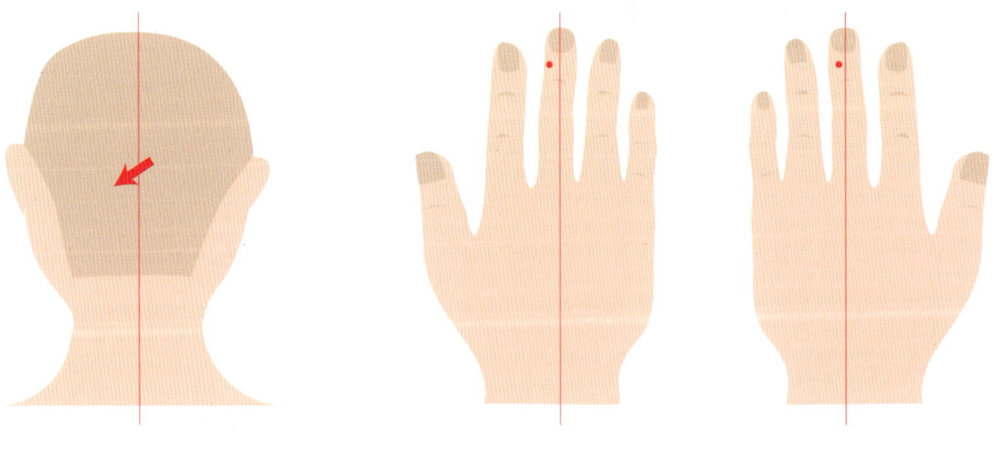

좌측후두통(左側后頭痛) **우수좌측**(右手左側) **좌수좌측**(左手左側)

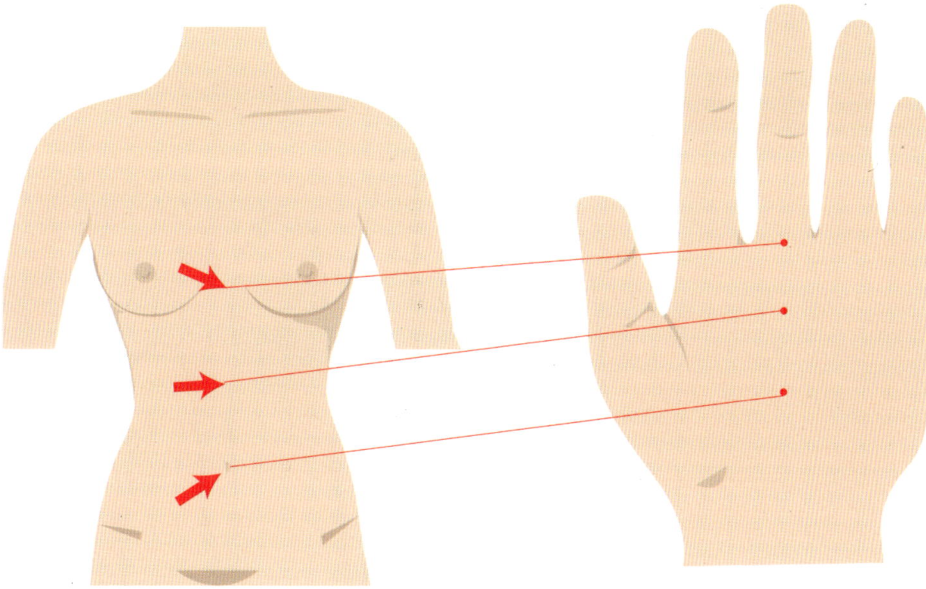

그림 3-6. 상응점 찾는법

3. 임기맥(任氣脈)

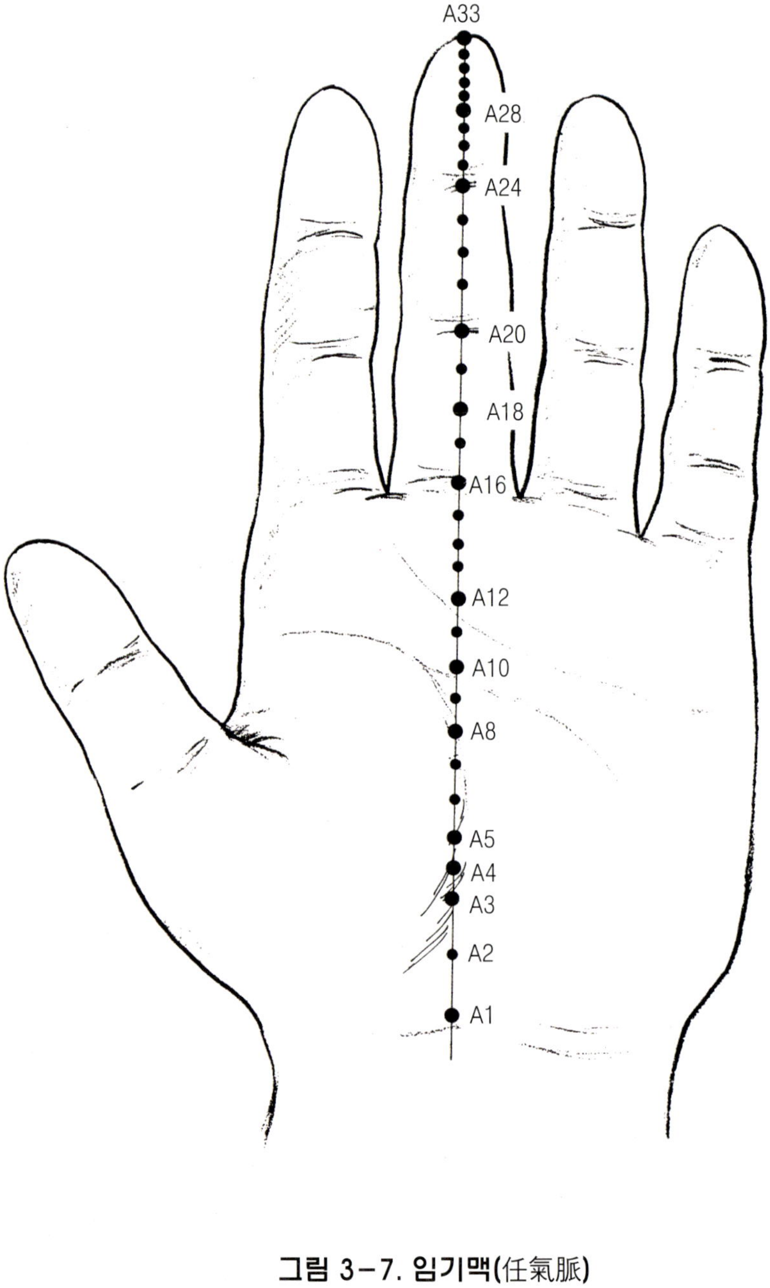

그림 3-7. 임기맥(任氣脈)

4. 독기맥(督氣脈)

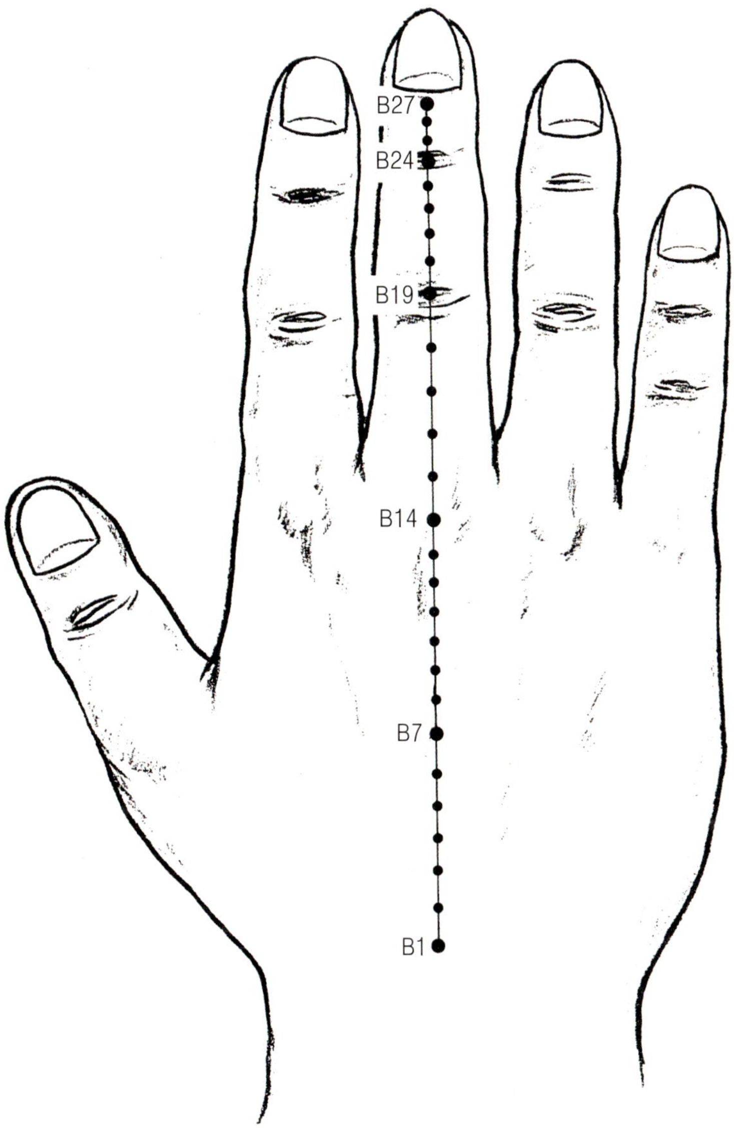

그림 3-8. 독기맥(督氣脈)

5. 폐기맥(肺氣脈)

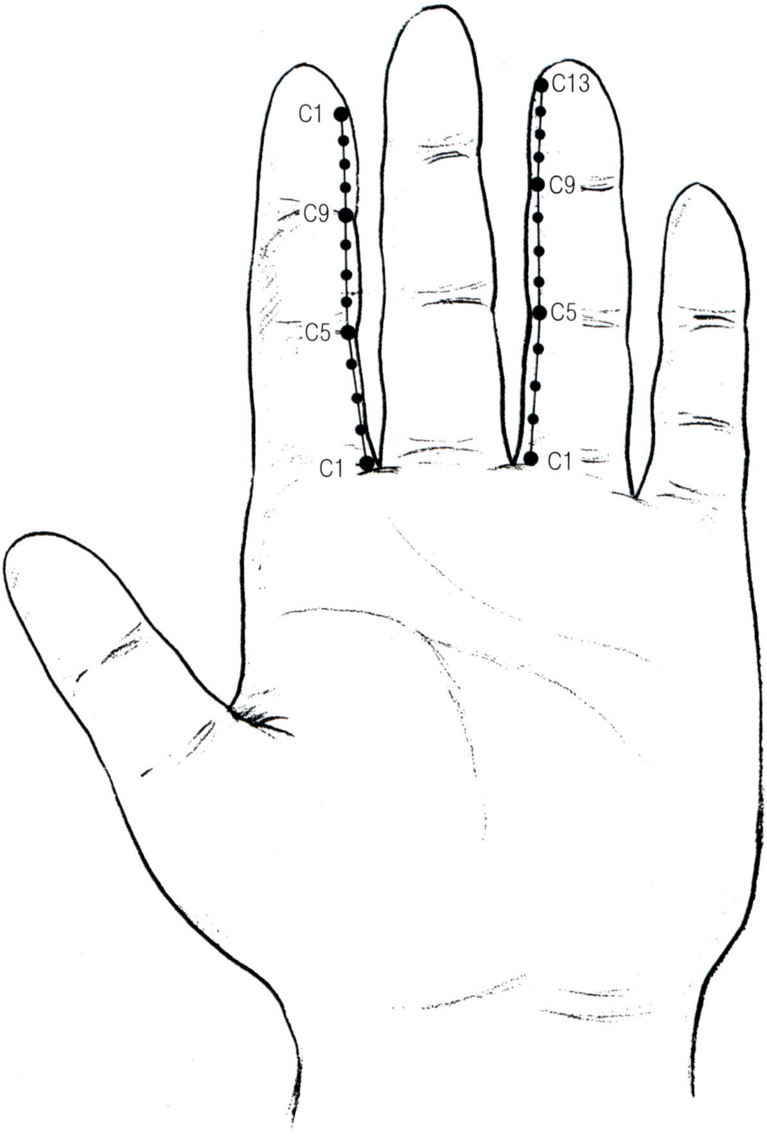

그림 3-9. 폐기맥(肺氣脈)

6. 대장기맥(大腸氣脈)

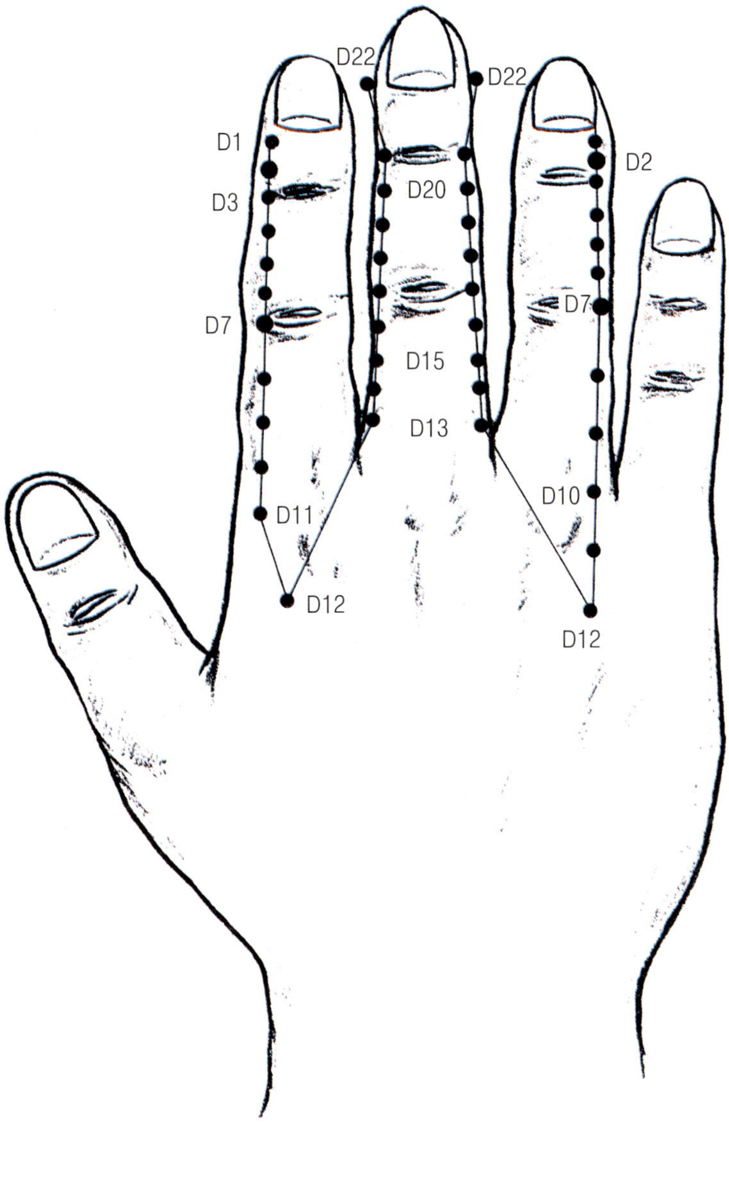

그림 3-10. 대장기맥(大腸氣脈)

7. 위기맥(胃氣脈)

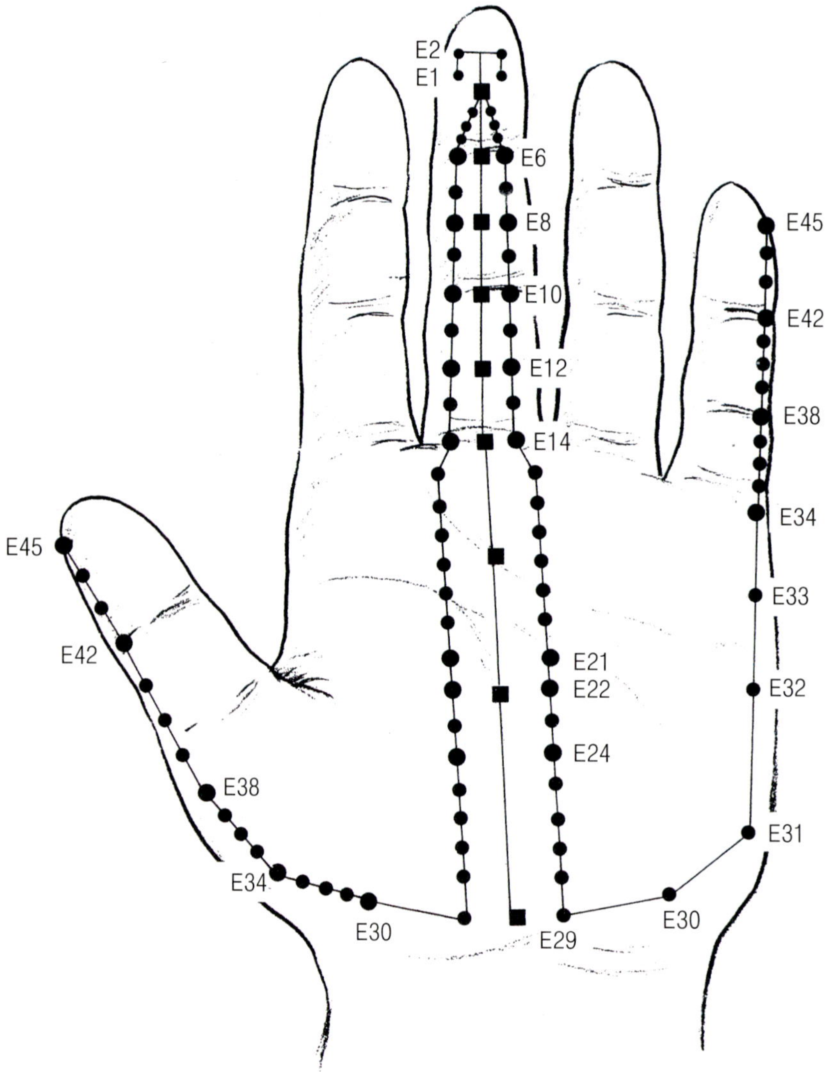

그림 3-11. 위기맥(胃氣脈)

8. 비기맥(脾氣脈)

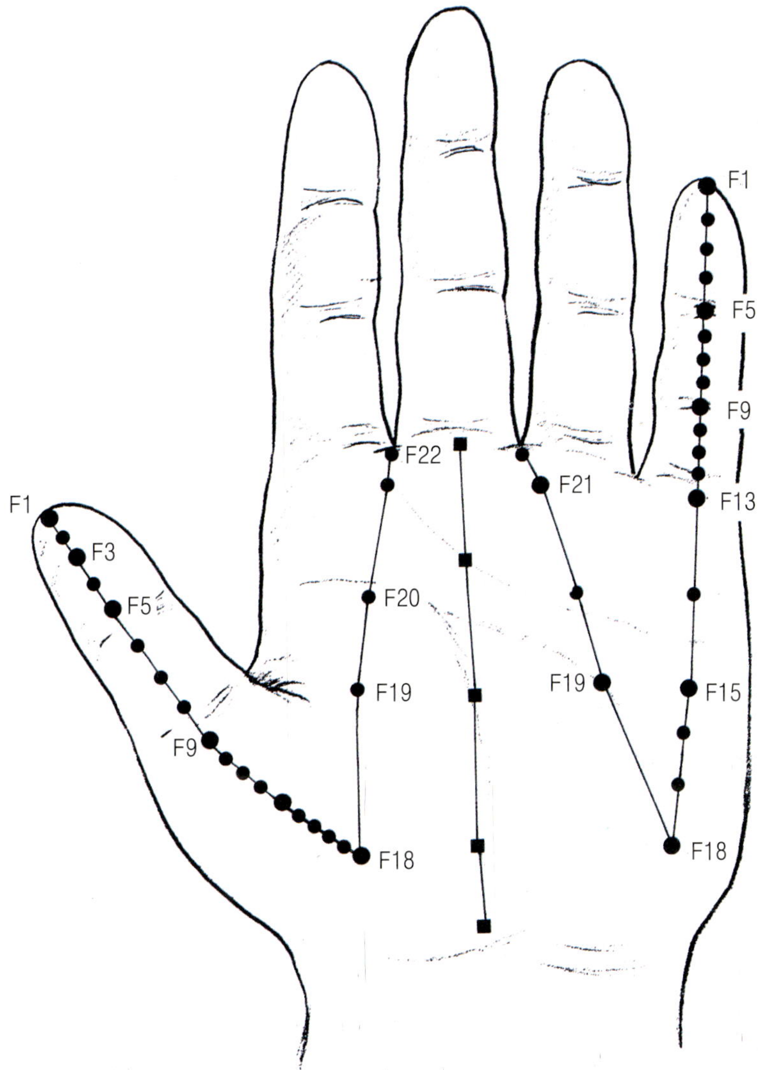

그림 3-12. 비기맥(脾氣脈)

9. 심기맥(心氣脈)

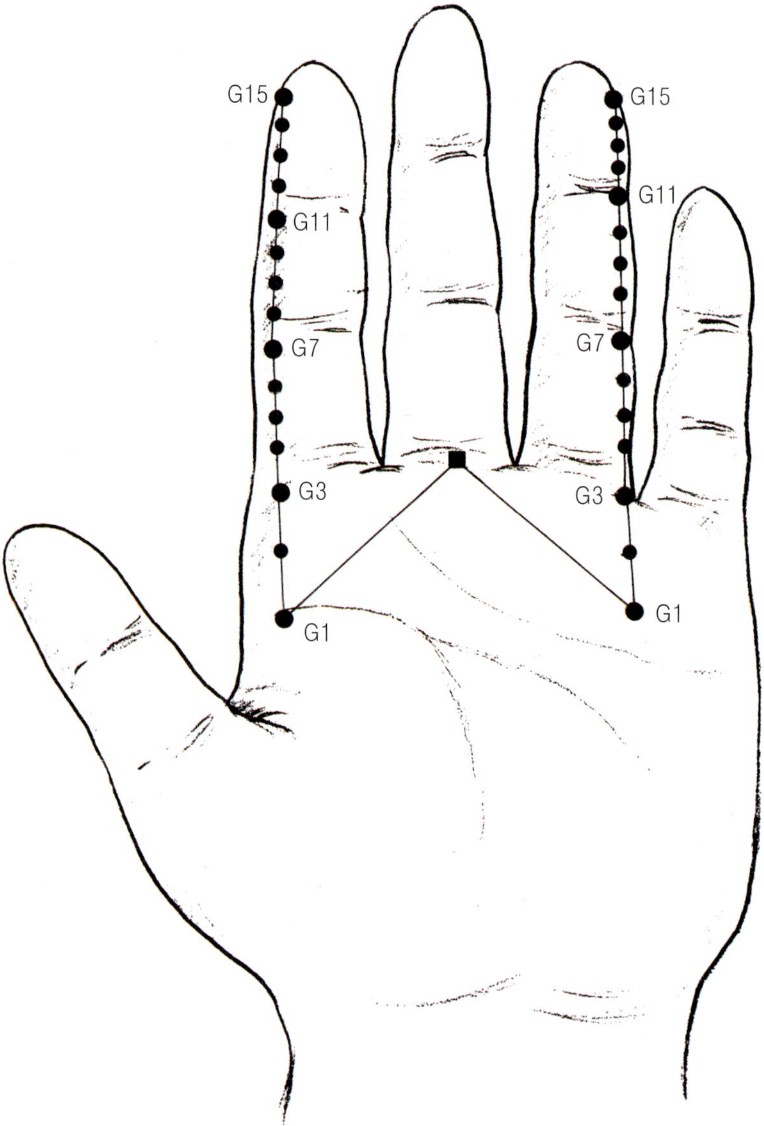

그림 3-13. 심기맥(心氣脈)

10. 소장기맥(小腸氣脈)

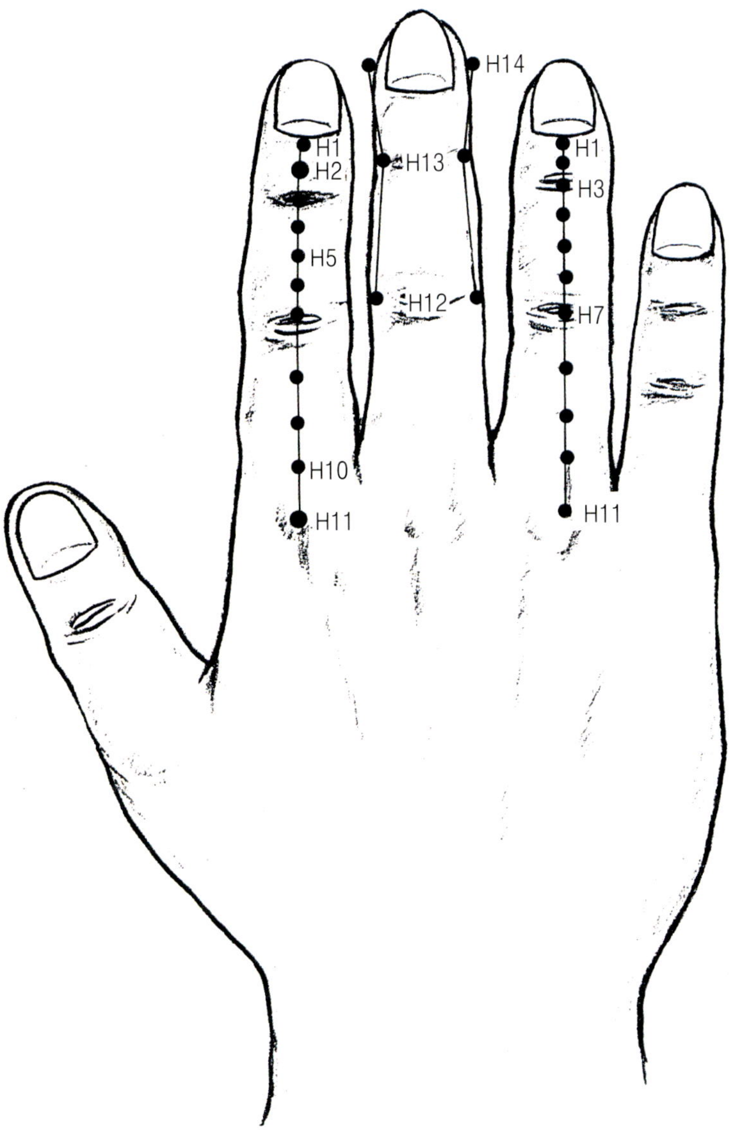

그림 3-14. 소장기맥(小腸氣脈)

11. 방광기맥(膀胱氣脈)

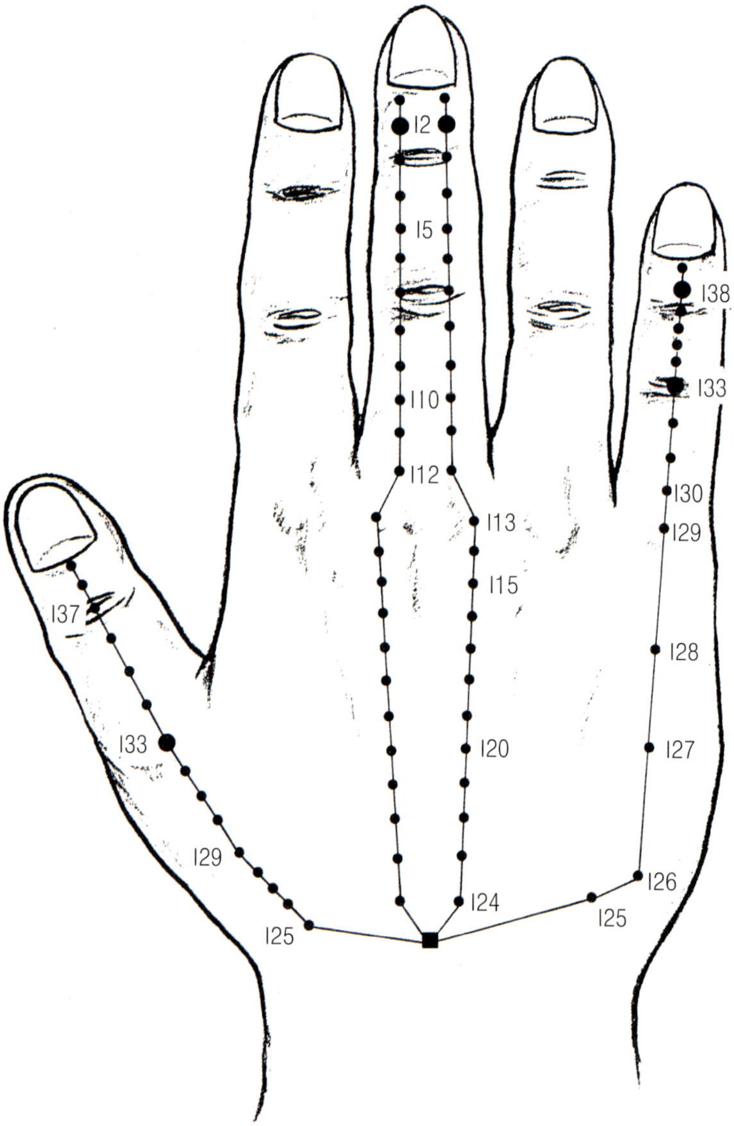

그림 3-15. 방광기맥(膀胱氣脈)

12. 신기맥(腎氣脈)

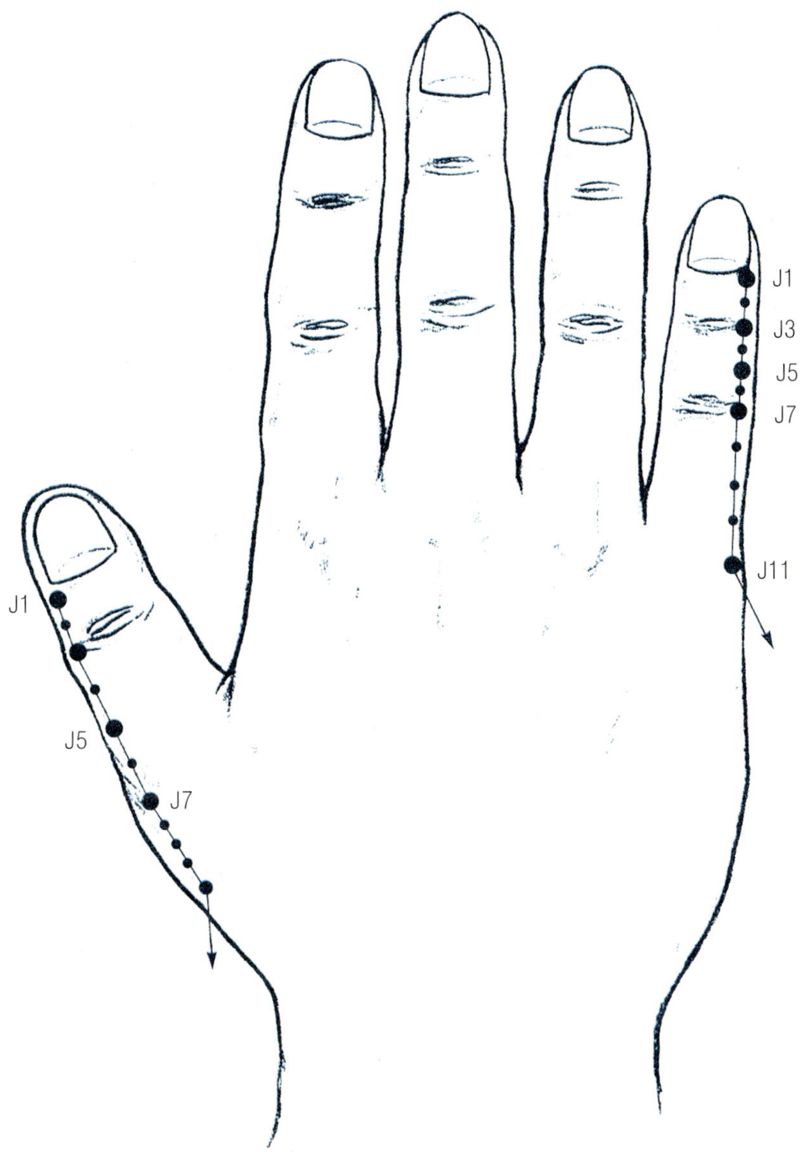

그림 3-16. 신기맥(腎氣脈)①

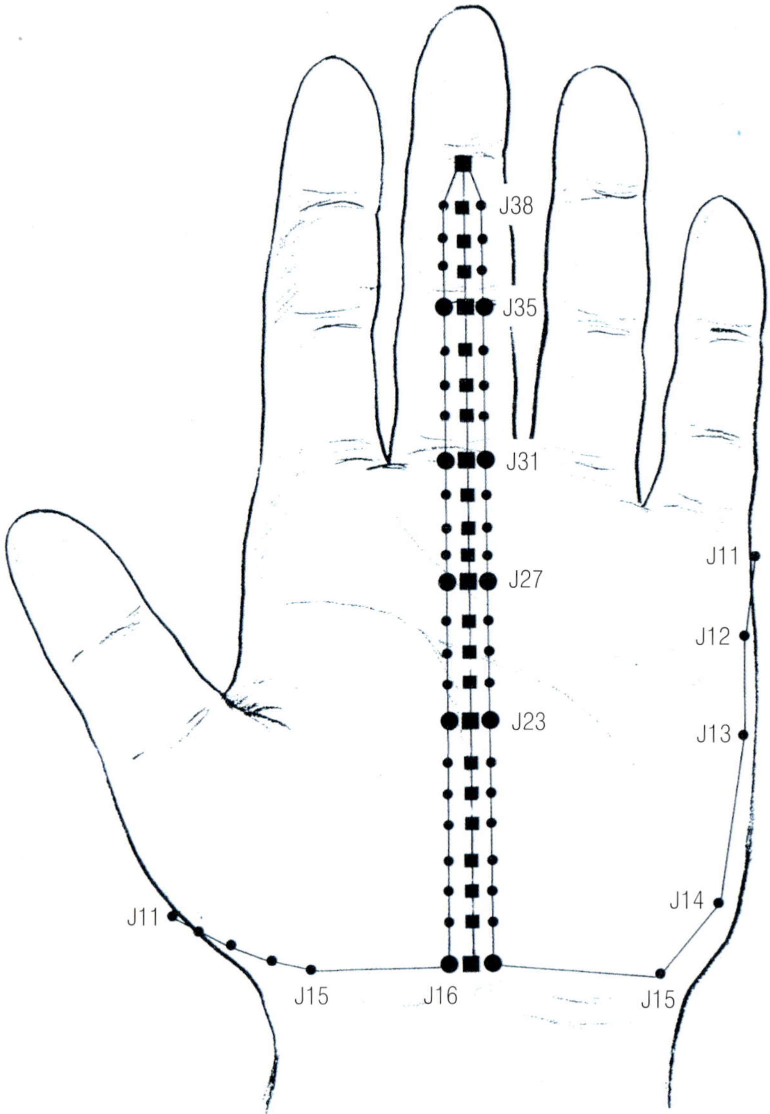

그림 3-17. 신기맥(腎氣脈)②

13. 심포기맥(心包氣脈)

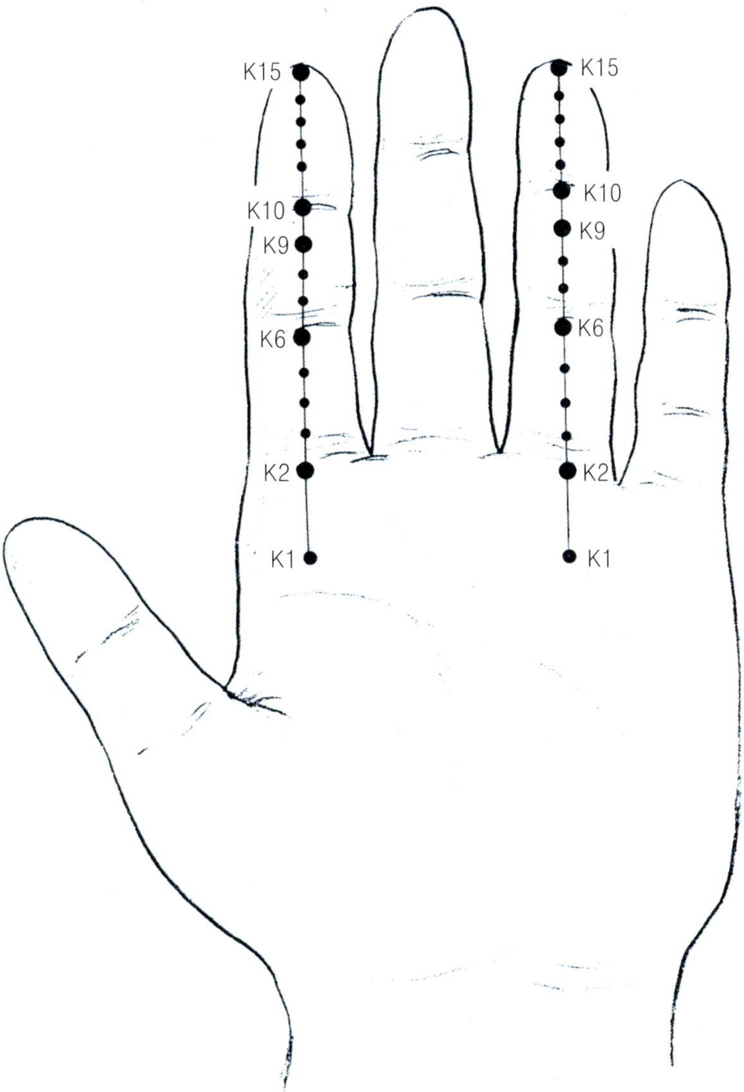

그림 3-18. 심포기맥(心包氣脈)

14. 삼초기맥(三焦氣脈)

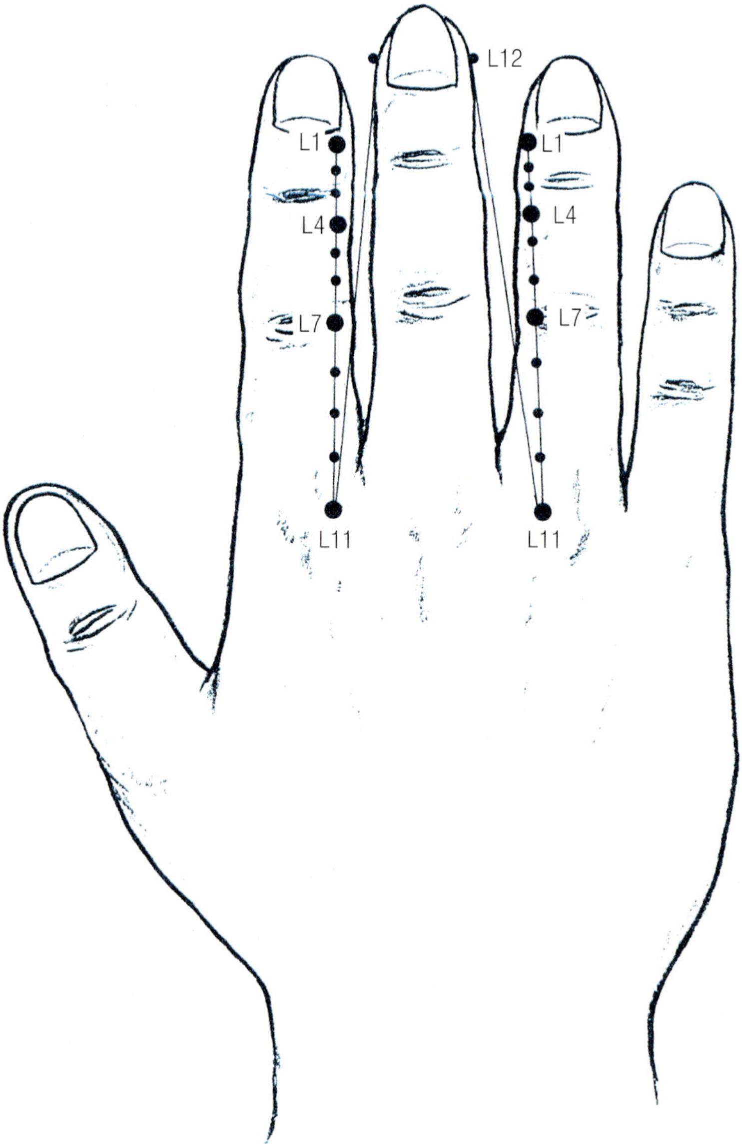

그림 3-19. 삼초기맥(三焦氣脈)

15. 담기맥(膽氣脈)

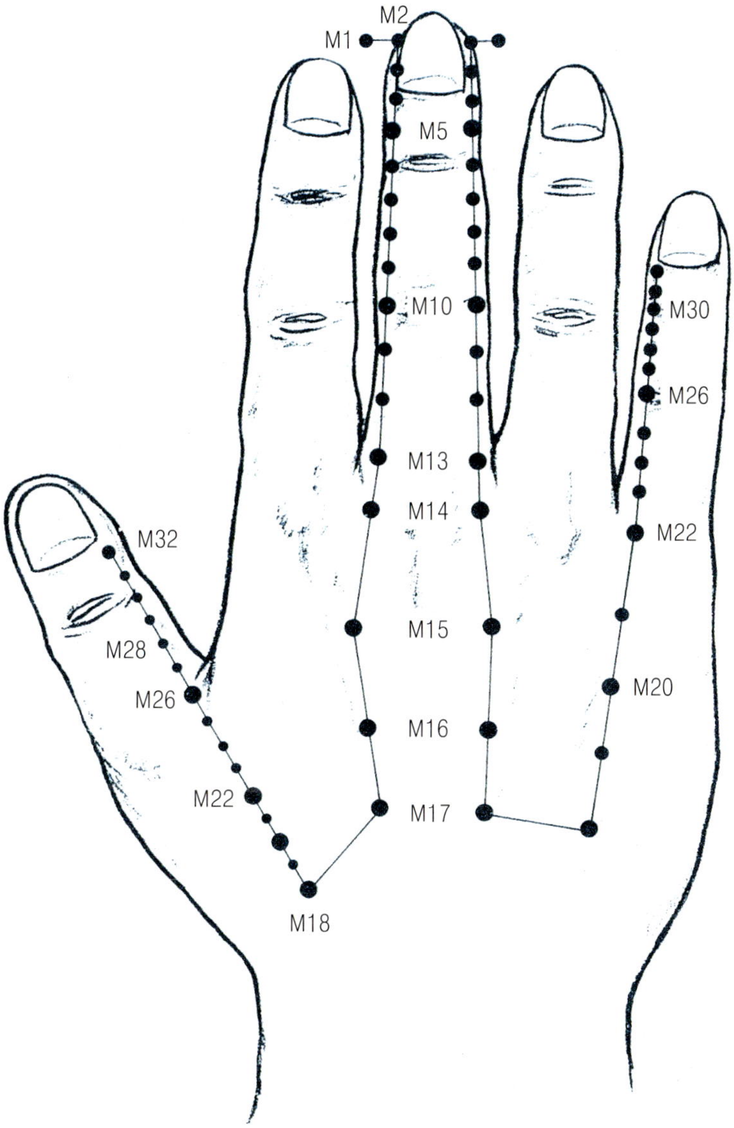

그림 3-20. 담기맥(膽氣脈)

16. 간기맥(肝氣脈)

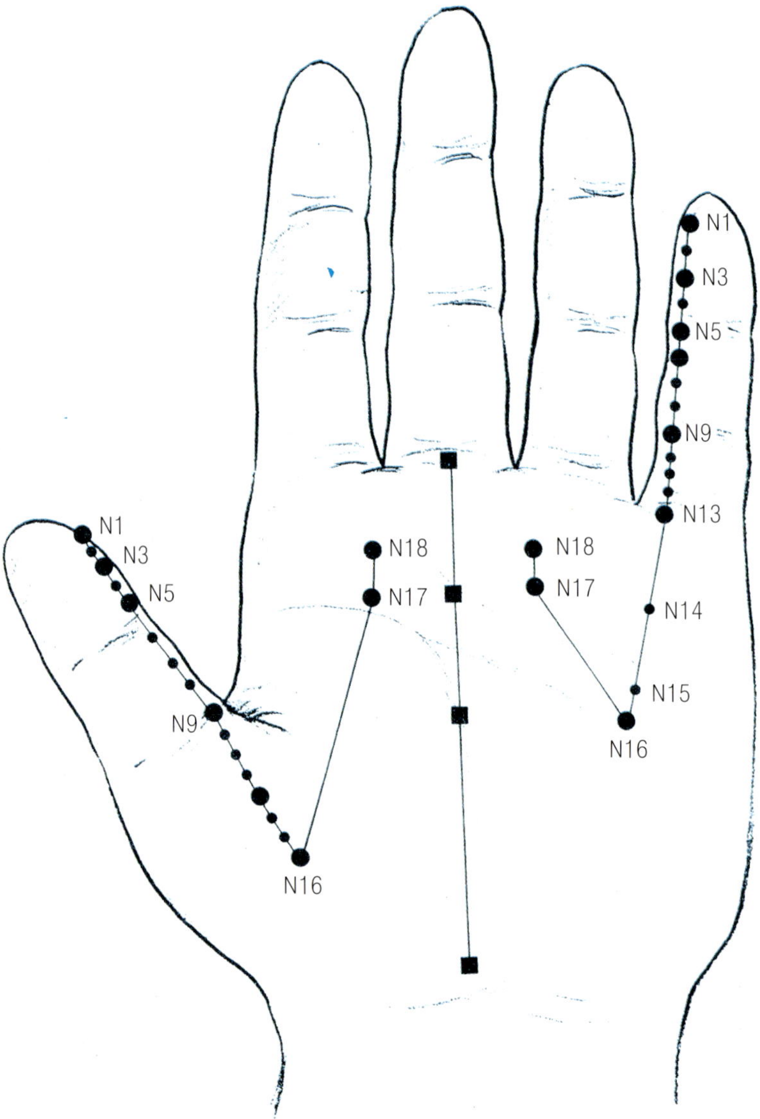

그림 3-21. 간기맥(肝氣脈)

17. 증상별 치료점

피부건강을 유지하기 위해서는 원활한 영양공급과 노폐물의 배출이 가장 우선되어야 할 것이며 그러기 위해서는 소화기계와 내분비계를 비롯한 심혈관계와 호흡기계는 물론 근골격계와 신경계 등 인체의 전반적인 계통이 모두 원활히 작용해야 할 것이다.

여기서는 피부건강을 유지하기 위해 필수적으로 응용되는 각 계통별 수지침법을 간략히 소개하기로 한다.

1) 소화기계

① 소화불량 : A8, A12, A16
② 만성 소화불량 : A8, A12, A18, K9, F4, E42
③ 위장질환 : A8, A12, A16, D1, M28
④ 간질환 : A8, A12, A16, N17, N18, C7, N7
(+ N3, G13)
⑤ 비장과 췌장질환 : A12, F19, K9, F4
⑥ 담낭질환 : A12, A16, N17, F19
⑦ 하복부통 : A5(상하좌우), A12
⑧ 소장질환 : J3, H3
⑨ 대장질환 : A5, A8, A12, E22
⑩ 변비, 설사 : C6, E15~E22
⑪ 구내역(구취) : A4, A6, A8, A12, A18
⑫ 구강건조증 : A8, A12, A16, A20, A24, A26, K9, F4, E43
⑬ 혓바늘이 섰을 경우 : A8, A12, A16, A18, A26, E8, E43, I2
⑭ 하악관절통 : E8, E22, E43, I2, D3
⑮ 구순염 : F1, F3, G13, N1

2) 내분비계

① 갱년기 증후군 : A1, A3, A5, A12
② 생리통 : A1~A5, B2~B7, A1, A3, A8, A12
③ 연주창 : E43, A12, A18, A1, A3, A8, A12
④ 갑상선종대 : A1, A3, A8, A12
⑤ 편도선염 : J1, D1, I38, H2

3) 호흡기계

① 폐질환 : C1～C8, G13, F5, I10
② 감기 : A8, A12, A33, E8, H2, I2, I38
③ 인후통 : A12, A20, C8, F5, N18
④ 기관지염 : A4, A6, A8, A12, A18, A20, C8, C7, F5, I10
⑤ 비염 : B24
⑥ 상기도염 : C8, C7, A4, A6, A8, A12, A18, A20, I10, F5
⑦ 기관지 건조증 : E8, E43, I2, A4, A8, A12, A18, A26, A33, J7, G7

4) 비뇨생식기계

① 신장질환 : A5, J23, A12, E42, J3
② 방광질환 : A3, J23
③ 요도질환 : A4, A5, A8, A12, A16

5) 신경계

① 신경성질환 : D2, N3
② 구안와사 : A4, A5, A8, A12, A18, A24, A26, A33, E8, E43, I2
③ 두통 : A1, A3, A8, A12
④ 신경성 불면증 : A12, E8, A33, E42, N5, G11, I2
⑤ 피로회복 : A1, A3, A5, A8, A12, I38, H2

6) 순환기계

①심장질환 : A8, A12, A16, A18, G10, K9
② 수족냉증 : A1, A3, A5, A8, A12, D3, E42, H3

7) 골관절계

① 뒷목이 아플 때 : B19～B24
② 견비통 : H10, H11, M12, M13, M14, M15, L9, L10, L11
③ 견관절통 : E8, E42, I2, I38, H2
④ 류마티스성견관절통 : L4, L7, H4, H7, D4, D7, I38, H2

⑤ 관절통 : ㉠ 팔꿈치 : H7 주위
㉡ 손목 : H3 주위
㉢ 무릎 : I33 주위
㉣ 발목 : I37 주위

⑥ 척추통증 : A4, A5, A8, A12, A18, H27, I38, E38

⑦ 요통 : H2, I38, A4, A6, A8, A12

⑧ 천추혈압통 : I38, H2, E20, E21, E22, E43, I17~I20

⑨ 하지전측통 : I18, I19, I21, I38, H2, E22, E23, E24

⑩ 하지외측통 : I19, I20, I21, I38, H2, E22, E23, E24, H6, D2, D6

⑪ 하지후측통 : I38, H2, H7, A4, A6, A8, A12, A18, B1, B3, B5, B7, E38

⑫ 슬관절통 : I38, H2, H6, D2, D6

8) 기타

피부미용 : A5, L3, J3, I18, I19
기미, 주근깨 :I18, I19, I37, I3
안면미용 : A16, A12, A17, L3

이론편

제4장

한방과 피부양생

제4장.. 한방과 피부양생

1. 양생이란

"養生"이란 말은 수천년 역사를 지녔는데 醫書인 「양생방(養生方)」, 「도인도(導引圖)」 전의 서책(書策)에서 보인다. 내경(內經)에서는 '도생(道生)'이라 하였는데 후세의가(後世醫家)가 「내경(內經)」을 정리(整理)할 때 '양생(養生)'이라는 말로 책머리에 배열하였다.

「천금방(千金方)」에서는 "양생(養生)"이라는 편(篇)에서 양생을 논(論)하였는데 '도생(道生)', '양성(養性)', '양생(養生)'의 개념은 일치한다. 養生이란 존귀한 존재물(存在物)인 人間이 일상생활을 자연의 법칙에 맞게 하여 정・기・신(精・氣・神)을 보양(保養)하고 병(病)을 예방하여 오래 사는 것으로 養生法의 의미까지 포괄한다. 養生方法으로는 환경, 기공, 식이, 기거, 활동, 방사 등이며 넓게는 침구(鍼灸), 약물(藥物)까지 포함된다.

넓은 의미의 醫學은 예방위주의 醫學이고 좁은 의미의 醫學은 치병(治病)위주의 醫學인데 양생은 그 목적이 生命力을 길러 무병장수(無病長壽)하는데 있으므로 넓은 의미의 醫學이라 할 수 있다. 개인 養生의 범위는 넓게는 父母가 교합할 때부터 죽을 때 까지지만, 좁게는 자신이 성장하여 스스로 판단하고 행동하는 시기부터 죽을 때 까지로 볼 수 있다.

대개 이 질병은 인체정기(人體正氣)가 허약할 때, 기후변화(氣候變化), 과도한 감정변화(感情變化), 지나친 식사, 무리한 노동과 성생활(性生活)

등이 인체에 영향을 줄 때 발생하므로 질병이 발생 한 다음 약이나 침구(鍼灸)등으로 치료하기 보다는 일상생활을 양생법(養生法)에 맞게 예방하여야 한다.

2. 오행과 피부 양생과의 관계

1) 오행

고대인은 자연계를 구성하고 있는 여러가지 물질을 종합 분석하여 자연계에는 오행이라고 하는 다섯 가지의 기본 물질로 구성되어 있다고 생각하였다. 오행이라고 하는 것은 金, 木, 水, 火, 土의 다섯 가지를 말하는데 이것의 하나를 行이라 부른다. 오행을 일명 오운(五運)이라고 하는데 '행' 이나 '운'은 다같이 고정불변한 것이 아니라 움직인다는 것을 의미하는 말이다. 오행의 다섯 가지 물질은 각각 다른 속성들을 가지고 있는 바 그의 내용은 대체로 다음과 같다.

이상에서 오행의 다섯가지 물질은 서로 각각 다른 성질을 가지고 있다는 것을 쉽게 알 수 있다. 그리하여 이러한 물질 상호간의 각각 다른 특성으로부터 그들 상호간에는 서로 조장, 자생시키는 상호관계가 있고 다른 측면으로는 그들 상호간에 서로 제약하며 타승하는 상호관계를 발생시킨다.

인체에서도 각 장기 계통 및 기능들이 생리 병리적으로 서로 밀접한 연관성을 가지고 있다. 한의학에서는 이러한 인체에서의 상호 제약하고 상호발생 조장시키는 연계 관계를 오행의 이론을 적용하여 설명하였고, 질병의 발생, 발전, 경과 및 치료에서 그들 사이의 상호 연계를 설명하는데 오행의 이론을 이용하였다.

목	부드럽고 잘 소통되어 있고 곧추 벋어나가는 성질을 가지며 동요하는 성질이 있는 물질
화	뜨겁고 작열하고 연소하며 그 기운이 위로 올라가는 성질을 가지는 물질
토	자양하고 성질이 온후하며 변동이 적은 성질을 가지는 물질
금	아름답고 차고 굳으며 두드리면 소리가 잘 나고 불을 두려워하며 불에 의하여 용해 될 수 있는 성질을 진 물질
수	차고 습윤하며 높은 데로부터 낮은 데로 흐르는 성질을 가진 물질

이상 오행의 상생과 상극이 한의학에서 구체적으로 적용되는 것을 실례를 들어 설명하면 다음과 같다. 즉 토생금이라고 할 때 토는 위나 비장을 대표하고 금은 폐와 대장을 말한다. 그런데 토가 금을 발생 조장시킨다고 하는 것은 인체에서 비나 위가 튼튼해서 영양물질을 전신에 잘 공급해야 폐가 건전할 수 있다는 의미인 것이다.

2) 금(金)과 피부 양생의 관계

오행의 상호 발생시키고 제약하는 관계를 자연계에서 관찰한 기초로부터 인체와 자연계에서 사물과 현상의 속성과 형태들의 유사한 것을 종합분류하여 다음 표에서와 같이 다섯 가지 계통으로 분류할 수 있다.

이중 피부는 금의 성분에 해당하는 성질을 많이 가지고 있으며 인체 내부의 장기 중 폐장과 대장의 영향을 가장 많이 받게 되어서 서로 긴밀한 관계를 갖게 된다.

(1) 폐장(肺臟)

폐는 피모(皮毛)와 밀접한 관계를 가진다. 피부에는 몸을 외부로부터 보호하며 체온을 조절하는 양기(陽氣)가 분포되어 있기 때문에 이것이 외계온도의 변화에 대하여 체온을 조절하는 작용을 한다.

다시 말해서 외계온도가 차면 피부는 수축하여 치밀하게 되고 외계온도가 더우면 피부는 이완되고 송소하게 되므로 땀을 흘리게 된다. 이러한 피부의 적응기능은 주리(湊理)가 하는바 주리가 열리든가 닫히는 것을 위기가 주관한다.

범주	목	화	토	금	수
계절	봄	여름	늦 여름	가을	겨울
방향	동	남	중앙	서	북
과정	발생	성장	성숙	수렴	잠복
장	간	심	비	폐	신
부	담	소	위	대	방
오관	목	설	구	비	이
신체구조	인대	혈맥	살	피부, 털	뼈
동물	닭	양	소	말	돼지
감정	노	희	사	비	공

주리라고 하는 것은 땀구멍을 말하며 일명 현부(玄府)라고도 한다. 현부라고 하는 말은 땀이 어둡게 보이기 때문에 불리는 말이다. 일부 학자들은 피부와 피하 근육 사이에 있는 엷은 막을 주리라고 주장하기도 한다. 그런데 외부적으로 풍한(風寒)의 병인은 우선 피부를 침범하여 쉽게 감기 등을 일으키고 오한, 발열, 두통, 기침 등의 증상을 나타낸다.

일반적으로 폐 기운이 왕성한 사람에게는 피부가 윤택하고 광택이 있으며 폐 기운이 부족한 사람에게는 피부가 거칠고 광택이 없고 건조하다. 이러한 사실은 폐와 피부가 밀접한 관계를 가지고 있다는 것을 설명해 주는 것인 바 「소문」에서 이러한 관계를 폐의 배합은 피부이며 폐의 활동상태는 털에 잘 반영된다고 하였던 것이다.

폐는 코, 후두 및 음성과도 밀접한 관계를 가지는 바 일반적으로 폐에 병변이 있으면 이들 기관들에 영향을 미치게 된다. 그렇기 때문에 폐 기운이 코에 통한다고 하였다.

(2) 대장(大腸)

대장은 대변을 배출시키는 역할을 한다. 대장이 장애되면 변비 및 이급후중(裏急後重) 등 증상이 나타난다. 임상에서는 폐열이 잘 청열되지 않을 때 대변이 굳을 수 있는 바 이때 배변시키면 폐열이 내리는 현상을 종종 볼 수 있다. 이러한 것은 폐와 대장 사이에 밀접한 관계가 있다는 것을 잘 말해주는 것이다.

또한 비위가 허약하여 소화가 잘 안되어도 직접 대장에 영향이 미쳐 배변기능이 장애된다.

(3) 비장(脾腸)

동시에 비위와 신장의 병변도 역시 폐에 파급된다. 비위는 土에 속하고 土는 金의 母가 되므로 가령 비위가 허약하면 소화가 되지 않아 수곡에서 산생하는 정미가 폐에 잘 공급되지 않으므로 폐기로 하여금 허약하게 한다. 이것은, 즉 토가 금을 생성변화하지 못하므로 "모가 허약하면 자에게 영향을 미친다(母虛及子)"는 것과 같다.

비와 위의 증상은 비록 항상 같이 나타나지만 위는 음식을 들이는 것을 주로 하고 비는 소화를 주로 하기 때문에 비병의 증후는 대체로 소화가 되지 않아 수곡의 정미가 전신을 잘 영양하지 못하는 관계로 점차로 맥이 약해져 기운은 없고 말하기 싫어하며 얼굴이 창백하고 화색이 적으며 혹은 위황색이 나타나고 얼굴이 부석부석하다.

(4) 위장(胃腸)

위는 수곡을 들이는 장기이기 때문에 구토도 역시 위병에 많다. 외부 반응으로는 얼굴과 치아의 병변이 흔히 위에 반영되며 내부 장기들의 상호관계에서는 위장이 배와 가슴 중앙에 위치하고 있으므로 오장 육부의 병변이 모두 위완상구에 반영되게 된다.

(5) 피부 양생과 심리 양생

생활을 하다보면 여러가지 감정상의 정서변화를 겪게 되는데 이러한 변화들은 정신활동의 구체적 표현인데 각각 다른 사물과 각각 다른환경의 영향으로 시시각각으로 발생하게 되는 것이다.
그러나 정상의 조건에서는 그 변화가 조절이 되어 있기 때문에 건강에 하등 방해가 없지만 만일 어떠한 경우에 그 변화가 너무 지나쳐서 정신상 지나친 자극을 받게 되면 생리적 변화에 영향이 미치게 되는 동시에 질병이 발생하게 되는 것이다.
그러므로 「소문」 거통론에 "너무 성내면 기가 위로 오르고, 너무 기뻐하면 기가 해이해지고, 너무 슬퍼하면 기가 소실되고, 너무 두려워 하면 기가 아래로 내려가고, 너무 놀라면 기가 산란해지고, 너무 생각하면 기가 맺힌다"라고 하였다. 또 음양응상대론에 쓰여 있기를 "너무 기뻐하면 심을 상하고, 너무 성내면 간을 상하고, 너무 생각하면 비를 상하고, 너무 근심하면 폐를 상하고, 너무 두려워하면 신을 상한다"라고 하였다. 이것은 모두 감정의 과도와 편향은 인체 내장에 나쁜 영향을 준다는 것을 설명한 것으로, 예부터 궁중의 여인들에게 교육되었으며 감정을 드러내지 않고 잘 다스려야 함이 여인의 법도로서 강조되었다.
이상에서 살펴본 바와 같이 금의 성분과 피부양생과의 관계는 인체의 건강 상태가 매우 중요하며 내부 장기의 건강이 피부 양생에 있어서 무엇보다 중요하다는 것을 보여준다. 특히 폐와 대장은 피부와 밀접한 관계를 가지고 있으며 폐와 대장이 虛하면 피부와 모발은 윤기를 잃고 아름답지 못하게 된다.
따라서 아름다운 피부를 위해서는 건강한 섭생이 무엇보다 중요하며 일찍이 고대 왕실에서는 식의(食醫) 두어 건강한 섭생을 실천하였다. 또한 폐를 生하게 하는 것이 비장과 위장이며 이 또한 피부에 매우 중요한 역할을 한다고 볼 수 있다. 그 외에도 정서적인 측면의 심리 양생도 피부에 중대한 영향을 미치는 것으로 나타났다.

폐가 허하면, 즉 폐의 기혈과 음양이 부족하면 여러 가지 증상이 나타난다. 기침이 오랫동안 계속되고 가래가 나오며 숨결이 가쁘고 권태감이 심하면서 말하기조차 싫어한다.

또한 절로 땀이 많이 나거나 식은땀이 나며 온몸이 나른하고 얼굴이 붉고 미열이 나며 입이 마른다. 그리고 유정, 몽정, 월경불순 등이 있다. 이럴 때 폐를 보하는 자양식을 하면 된다.

3. 고대의 피부양생

하주(夏周) 시기에는 사람들이 이미 얼굴·손·발을 닦고 목욕을 하는 습관을 가지고 있었다. 1935년 하남(河南)시 안양에서 발굴된 은왕묘(殷王墓)에서는 세면도구 한 세트가 출토되었고, 「예기(禮記)」에 이르기를 "5일이 되면 물을 끓여서 목욕하시기를 청하고, 3일이 되면 머리를 감도록 준비한다. 그 사이에 낯에 때가 있으면 쌀뜨물을 끓여서 세수하시기를 청하고 발에 때가 있으면 물을 끓여 씻기를 청한다"고 하였는데 이는 주대(周代) 사람들이 이미 정기적으로 목욕하는 습관이 있었음을 설명해 준다.

우리나라의 경우 자연 지리적 조건이 좋으며 물이 맑아 곱고 아름다운 피부를 가꾸기에 더없이 훌륭한 조건이었으며, 예로부터 위생청결을 매우 중시하여 피부양생을 잘 해왔다. 그에 관한 기록들을 살펴보면, 송나라 사절단이었던 서긍(徐兢)은 "옛날 역사에 조선 사람들의 풍속이 다 깨끗하다 하였는데 지금도 그렇다. 매일 아침 일어나면 반드시 목욕을 한 후에야 외출하고 여름에는 두 번씩이나 목욕하는데 흔히 깨끗한 냇물에서 한다" 고 찬양하며 기록으로 남겼다.

이 밖에도 우리나라에 예로부터 많이 산재하여 있는 온천과 약수를 예방 치료에 이용한 기록은 무수히 많으며, 기원 18년 제 1대 온조왕 36년에 탕정성(湯井城)을 쌓았다는 기록이 있으며 현재까지도 많은 약수에 대한 전설이 전해지고 있다.

이조 시기의 저명한 의학자 노중례는 15세기에 벌써 전국에 분포되어 있는 온천들을 조사하였고 광천들에는 목욕탕이 건설되었다. 「동의보감」 소아문에 있는 어린이의 양생에 관한 내용에서는 "…어린이의 피부는 실하지 못하다. 때문에 지나치게 두껍게 입히고 덥게 하면 피부와 혈맥은 손상 받아 헌데가 나기 쉽다. 땀이 지나치게 흘러 땀구멍이 닫기지 않기에 풍사가 들어와 감기게 걸리기 쉽다."고 기록하고 있다.

또한 「동의보감」 내경 편에는 항상 목욕을 하고 머리를 자주 감으며 가래침을 아무데나 뱉지 않도록 하는 개인 위생에 대한 내용을 강조하고 있는 것을 볼 수 있다.

이와 같이 우리나라 도처에 분포되어 있는 온천과 약수들을 광범위하게 이용하여 질병치료 및 예방에 많이 이용하였는바 이것은 동의학에서 각곳에 분포되어있는 온천들을 얼마나 중요시하여 이용했는가를 알 수 있다.

4. 왕실의 피부 미용 양생법

1) 꿀을 이용한 피부미용 양생

궁중에서는 아름다운 피부로 가꾸기 위해 꿀과 인삼에 대단한 집착을 가졌던 것 같다. 백옥같은 피부를 유지하는 비법은 꿀이 그 열쇠를 쥐고 있다고 믿고 질 좋은 꿀의 확보에 비상한 관심을 보였다. 조선조 고종대의 내관 이 낭청에 의하면 궁중의 여인들은 꿀에 쌀겨를 개어 손쉽게 피부 윤택제를 만들어 썼다고 한다.

꿀과 쌀겨는 소위 보습제로 피부의 진피, 표피를 촉촉하게 한다. 팔꿈치나 무릎의 군더더기 같은 각질의 제거를 위해서는 수세미즙에 벌꿀을 약간 섞어 그 부위에 도포하였다. 그외에도 꿀은 다양하게 궁중의 여인들에게 피부미용 양생을 위해 사용되었으며 그 예로 창포물에 꿀 반 순갈을 타서 머리를 감으면 거친 머리카락이 명주실 같이 부드러워진다 하여 두루 사용되었다고 한다.

꿀의 복용으로는 고려 고종 때 대장도감(大藏都監)에서 발행된 향약구급방의 권말부록 방중향약목초부(方中鄉藥目草部)에 인삼이 네 번째로 올라있는데 인삼은 소금과는 상극이지만 꿀과는 잘 중화하고 약효를 높힌다고 적혀있다.

꿀과의 조화를 이용한 꿀의 음용으로는 유자꿀차를 들 수 있는데, 한 되 가량의 물에 꿀 2백 50g을 타고 유자나 귤 2~3개를 껍질을 벗기고 둥글게 썰어 뚜껑을 닫아 놓으면 2~3일 후면 유자가 발효가 된다. 이때 유자를 다시 개어 꿀물에 잘 저어 놓고 7~10일 후에 꺼내 차로 마시는 것이다. 이 유자꿀차는 오래두고 먹는 것이 아니라 차고 어두운데 보관하면서 보름안에 전부 먹어야 한다.

현대 과학적으로도 벌꿀에는 피부의 염증, 거칠어지는 것 등에 효과가 있는 비타민 B_2, B_6, 니코틴산이나 피부에 탄력성을 주는 규소·규산 등 미네랄이 듬뿍 포함되어 있어서 피부를 부드럽게 한다. 꿀맛 속의 아리고 매운 듯한 성분인 비타민 B_2, 니코틴산(나이아신), 판테논산 등은 피부에 더없이 좋은 순수한 자연 화장료로 작용하였다.

2) 쑥을 이용한 피부미용 양생

쑥은 뚱보를 날씬하게 만들고 거친 피부를 곱게 만든다 하여 예로부터 왕실은 물론이고 일반 민가에서까지도 천연 미용제로 사용하였다고 한다.

조선조 고종때의 이낭청 내관에 의하면 돼지를 기를 때 사료에 쑥을 섞어먹이면 돼지의 살 속 기름기가 현저하게 줄어들어 육질의 맛이 좋아질 만큼 쑥은 비만을 없애는 식품이라고 했다.

쑥은 궁중에서 피부 미용과 비만을 위해 다양하게 사용되는 데 이때 쑥은 사철쑥인 인진쑥이 아니고 봄철에 나는 약쑥을 의미한다. 하루 사용하는 분량은 물 한컵(300ml)분량에 말린 쑥 한 웅큼(약 20g)을 넣어 약한 불에 물이 절반 이상 졸도록 달인 것을 하루 2번씩 2~3개월만 마시면 몰라보게 체중이 줄어든다는 것이다.

쑥 말린 것을 베게 속에 넣고 자면 불면증과 두통을 다스린다. 볶은 소금으로 염수를 만들어 이를 끓인 데에 쑥을 담가 우려낸 물로 하반신 목욕을 하여 냉증·대하·요통 등을 다스렸다. 뿐만 아니라 쑥차는 생리통에도 효력을 거두어 궁녀들이 애용했다. 왕자나 왕녀를 출산한 비빈들이 어혈(瘀血) 등으로 비만기가 있으면 물 반되 가량에 말린 쑥 1백g을 넣고 반쯤 졸도록 달인다. 마실 때 물을 약간 타서 하루 2~3번씩 계속 마셔 비만(어혈)을 풀었다. 쓴맛이 심하면 생강을 약간 넣고 달이면 맛이 부드러워 진다. 나이 든 상궁들은 소화가 안되고 변비로 안색이 나쁜 때는 쑥을 넣고 찰떡을 해서 조금씩 오래 씹어 먹게 했다.

무엇보다도 쑥을 이용한 미용 양생에 있어 중요하게 사용된 방법은 역시 쑥목욕이다. 쑥목욕이란 헝겊주머니에 싼 말린 쑥을 욕탕물에 담가서 푹 우려내면 되는 것이다.

너무 뜨거우면 오히려 혈관을 수축시켜 역효과가 난다. 섭씨 38도나 40도 정도가 적당하다. 목욕물에는 볶은 소금이나 죽염 50~80g이나 바닷물을 타면 더 좋다. 쑥목욕물에 몸을 덥히면 피부의 모혈이나 땀구멍이 열리고 혈관이 확장되어 혈류가 부드러워진다.

욕탕에서는 아랫배·허리·팔 등 살찐 부분을 손으로 정성스럽게 마사지하면서 호흡도 두 번은 천천히 들여 마시고, 한 번만 내쉬는 연습을 하면 쑥향기에 머리도 맑아지고 냉한 신체가 중심에서부터 따뜻해진다.

싹이 안 난 생감자즙이나 어린 수세미즙, 감초를 묽게 만든 차를 마시면서 목욕을 하면 더욱 효과가 있다고 했다. 더욱이 팥이나 녹두 또는 메밀을 곱게 갈아 섞어 물에 불려 쑥물에 타서 뭉쳤다가 물이 마르고 굳어지면 비누가 된다. 이를 비누로 사용하여 쑥목욕을 하면 효과가 더욱 좋다하여 명성왕후는 임오군란 후 충주에 피신 중일 때에도 이 팥비누를 이용하여 쑥목욕을 하였다 한다.

3) 수세미를 이용한 피부미용 양생

궁중에서 미용제로 가장 아낌을 받았던 것 중의 하나가 수세미였다. 수세미는 박과에 딸린 1년생 만초로 원산지는 열대지방이다. 여름에 노란꽃이 오이호박과 같이 피고, 열매는 오이 모양으로 길쭉하다. 속의 알갱이 섬유질은 옛날부터 각종 그릇 닦기에 안성맞춤이었다. 줄기의 절단면에서 나오는 즙은 사과수(능금이 아님)라하여 궁녀들이 애지중지하였다고 전한다.

수세미는 오이만 할 때 껍질을 벗겨 삶거나 말려서 차로도 마셨다. 공주·예산·서산·논산 등 충남지방과 상주·고령·의성·문경 등 영남지방에서 많이 생산됐다. 능금 덕분에 경북지방에 미인이 많듯 수원·연안·해주 미인이 많은 것은 수세미 덕분이라고 한다.

수세미즙을 끓여 조청을 넣어 마시면 이뇨제로 그만이었고, 두통과 감기에 잘 들어 서민들 사이에도 인기품이었다. 궁중의 여인들 사이에서는 아침에 자리에서 일어나 얼굴이 부었다가는 미인 대열에서 탈락의 대상이 되었으므로 미인의 모습을 유지하는 묘방이 바로 수세미즙이었다고 한다.

수세미는 해독작용, 미용작용 때문에 궁녀들의 필수품이었다. 월경과다로 고민하는 젊은 여인들은 수세미 10g을 달여 마시게 했으며 나이든 여인들의 경우 무릎이 아프면 수세미의 잎을 식초에 담갔다가 불에 쬐여 붙였다.

보모상궁이 젖이 나오지 않을 때 수세미 씨를 씨째 태워 가루로 만들어 한번에 1~2돈중씩 술에 타먹고 땀을 내면 젖이 즉통한다고 했다. 세답방(왕실세탁소) 무수리가 허리가 아프면 수세미를 볶아 가루로 만들어 한번에 1돈중씩 술에 타 마시고 옆구리에 붙이기도 했다. 궁중의 여인들은 달덩이 같은 환한 얼굴을 위해 가장 인기 있는 수세미즙을 자기 전에 얼굴, 손목, 앞가슴에 바르고 잤다.

수세미 로션도 만들어 썼다고 한다. 수세미 줄기쪽(땅에서 10~13cm)을 잘라내면 수세미즙이 나온다. 흘러내린 즙의 3분의 2만큼의 정종술과 3분의 1에 해당하는 글리세린을 넣어 잘 섞으면 좋은로션이 된다. 이 자연 수세미 로션은 건성피부에는 적합하지 않다.

수세미팩을 할 땐 수세미즙과 쑥가루, 고운 진흙 그리고 계란 노른자를 섞어 개어 팩을 하면 된다. 부항으로 사용할 땐 수세미즙, 쑥가루, 다시마가루를 같은 분량으로 섞어 참기름으로 반죽하여 얼굴전체에 바르고 수세미 잎으로 얼굴을 얹고 반시간 가량 있다가 수세미잎과 팩을 떼어낸다. 그런 후 직경이 좁은 도자기 부항을 한 곳에 오래 붙이지 말고 살결에 밀착

시킨 채로 흡착부위를 옮겨 나가면 모공에 고였던 노폐물까지 얼굴의 낡고 엷은 각질과 함께 깨끗이 부항이 흡수한다.

주의할 것은 팩을 갤 때 사용한 참기름의 미끌미끌함을 그대로 둔채 부항은 붙여야 부항이 떨어지지도 않고 미끄러워 이리저리 쉽게 이동하게 된다. 한 부위에 30초씩 얼굴 전체에 골고루 부항을 이동시킨다. 부항은 진공을 이용한 피부자극 요법으로 침과 같이 아프지 않고 뜸과 같이 뜨겁지도 않은 경혈 자극법으로 옛 조상들의 지혜가 담긴 방법이다.

특히 젊은 여성들에게 환영을 받았다. 수세미즙에는 살결을 투명하게 하는 보습제 역할의 특수 사포닌이 함유돼 있다. 이 사포닌은 헤치마(Hechima)수라 하여 피부를 자연 그대로 유지하게 하고 장수에 으뜸이라고 한다.

4) 소금을 이용한 피부미용 양생법

소금은 기름때와 노폐물을 씻어내는 것은 물론 살갗의 기름기를 제거하고 피부를 싱싱하게 한다. 몸 전체 3백 60개 경락을 자극하여 싱싱하고 활력 있고 탄력 있는 몸매를 가꾸어 준다고 했다.

궁중에서도 쌀보다 규제가 엄격한 것이 소금이어서 임금의 내탕금 마련을 위한 내국지밀에서 직접 관리하는 염전도 있었다. 소금은 국가적으로 조미료뿐 아니라 위생건강을 지켜주는 버팀목이었다. 특히 궁녀들은 소금을 금쪽 같이 소중히 했다.

내시에게 은 반지, 은 노리개 등을 선물하여 막소금을 입수한 궁녀들은 해가 지면 살갗에다 소금을 문지르는 것을 행했다고 한다. 막소금을 곱게 빻아 군살 나온 곳을 집중적으로 문지르고 배, 팔, 허벅지, 종아리 등을 5분 정도에 걸쳐 전신 마사지를 한다. 닦아낸 후 한잠 자고 나면 그렇게 잠이 달고 몸이 가벼워 질 수가 없다는 것이다.

궁중에서는 아침 일찍 얼굴이 붓지 않고 눈꺼풀이 얇은 여인이 미인의 기준으로 눈꺼풀이 두텁고 잘 붓는 여인들은 눈두덩을 물에 적셔 불린 후 손바닥에 녹인 소금을 눈두덩에 듬뿍 바르고 얼굴 전체에 발랐다. 턱이나 귀 뒤쪽까지 속속들이 발랐다. 바를때 힘을 주면 피부가 상할 우려가 있으므로 사뿐히 바르도록 하였다.

다 바르고 나면 40을 셀 때까지 기다렸다가 따뜻한 물로 말끔히 씻어낸다. 마지막으로 냉수로 피부를 식히고 달랬다. 이 소금 요법을 계속하면 우선 혈액 순환이 좋아져 안색이 몰라보게 좋아지고 젊고 탄력있는 피부로 가꾸어진다.

5) 복령대환(茯笭大患)

왕비나 공주 등 궁중의 여인들은 또한 고운 피부를 유지하기 위해 복령대환을 복용하기도 했다. 복령은 버섯과로 검은 껍질에 속은 하얀 감자 같은 울퉁불퉁한 덩어리로 되어 있다. 1백년 이상 된 소나무뿌리 근방 흙 속 30~50㎝ 깊이에 묻혀 있다. 아무 소나무 밑이나 있는 것이 아니고 적송림이 우거진 흙밑에 있다.

제조법은 복령 두 푼(약 0.32g), 흰 국화 말린 것 세 푼, 창포 두 푼, 5년근 인삼 등 5가지를 갈아 곱게 가루를 낸 다음 이 5가지 가루에다 송진가루를 섞어 꿀에 개어 계란 만한 크기로 알을 만들어서 복용했다.

송진가루를 만드는 방법은 투명한 송진을 채취하여 뽕나무를 태운 재와 같이 물에 풀어 이를 쪄, 녹은 물을 냉수에 흘러내리게 하여 식힌다. 충분히 응고되면 이를 또 익혀 가루를 낸다. 법제된 송진가루는 백복령의 4배를 사용한다. 송진은 반드시 뽕나무로 법제해야 한다.

흰 국화는 관상용 큰 송이 국화가 아니라 꽃이 작은 흰 들국화를 말한다. 한 달에 두개씩 6개월을 먹으면 효력이 뛰어나다. 15세 전의 소녀에게 이 비방을 사용하면 성장을 멈추고 자라지 않는 다는 단서가 붙어 있다. 즉 노화의 정전 상태와 같아진다고 내관들의 비방으로 전해지고 있다.

6) 한약 재료를 이용한 피부 미용 팩

- 꿀과 녹혈(사슴피), 닭이 알을 품은 지 10일 넘는 부화중의 달걀을 입수해서 반숙한 후 꿀, 녹혈과 각각 3등분씩 섞어 얼굴, 목, 앞가슴, 정갱이, 허벅지에 개어 바른 후 30분~1시간 두었다가 마르기 전에 깨끗하게 씻어내는 방법도 있다.
- 곱게 빻은 적지(영지)가루와 석청(진짜 꿀)을 같은 분량으로 섞어 월수(생리) 마지막 날부터 3일간 10분간 얼굴, 목, 손, 정강이, 팔 등을 마사지 하였으며, 내명부에서 은밀하게 사용되었다 한다.
- 죽염수로 양치질은 물론이고 눈, 코, 귀를 닦고, 또 죽염수 담근 대야에 코를 파묻고, 죽염수를 코로 흡입하여 목구멍까지 약간 들여 마시는 궁녀의 얼굴은 촉촉하고 아름다웠다.

7) 궁내 내관들의 기록에 따른 왕실의 미용 양생법

조선조 고종조의 내관 이재우 낭청(郎廳)의 회록에 따르면 영친왕의 어머니 엄비는 초마늘을 즐겼다고 한다. 초마늘이란 초에 마늘을 절인 것이다. 양조 식초만으로도 회춘을 돕고 세포 노화 방지에 기여하는 데 여기에 약효가 뛰어난 마늘을 넣고 절여 초마늘을 만들었으므로 선식 중의 선식이었다고 전한다.

마늘의 약효성분인 알리신은 체내 조혈작용을 돕고 인삼 다음으로 게르마늄이 풍부하여 혈전을 예방하고, 혈액 순환이 좋아지게하여 피부의 낡은 각질이 떨어져 나가고 부드러운 새 피부가 생성되는 것을 도운다.

또 뇌신경이나 신경세포를 자극해 정신을 안정시키고 스트레스를 해소하여 주기 때문에 불면증을 다스려 호르몬분비를 촉진하는 작용을 한다. 영양의 흡수율은 남자보다 여성에게 높다고 한다. 이 원인은 여성호르몬이 영양의 흡수를 돕기 때문이라는 것이고 초마늘은 남자보다도 여성에게 더 효력이 있다는 것이다. 피부 표면에는 약산성의 성분이 있다.

초마늘은 이것을 돕는다. 식초성분인 구연산이 최근 각광을 받아 피로회복, 당뇨병 개선, 류머티즘 등 교원병의 치유, 여성호르몬 분비촉진 작용이 인정되어 여성의 뼈를 튼튼하게 하고 요통의 아픔도 멎게 한다는 임상보고가 나오고 있다.

조선조 궁중에서는 이미 경험방을 통해 이런 사실을 알고 정미술이 발달하지 않아 덜깎여진 현미로 약주를 빚은 다음 윗술을 따로 따뜻한 아랫목에서 발효시킨 현미식초를 이용하여 초마늘을 만들어 식이미용에 힘썼다고 한다.

8) 왕실목욕비방(王室沐浴秘方)

(1) 난국화목욕탕(蘭菊花沐浴湯)

난초는 일명 향수초라고도 하는데 난초의 기미가 맑은 향기를 뿜어주고 비와 위 두 경맥에 작용하여 기혈을 조절해준다.

그리고 근육을 윤활하게 해 주고 피부를 윤기있게 해 주는 효과가 있어서 옛사람들은 난초를 물에 끓여서 목욕을 하거나, 몸에 지니고 다니면서 몸을 향기롭게 하거나 피부를 청결하게 하고 질병을 예방하는데 썼다.

전국시대의 유명한 시인이었던 굴원은 '이소'에서 "난초는 허리에 달 수 있으며, 약고를 만들 수 있고 탕처럼 끓여서 목욕할 수 있으니 참으로 훌륭한 식물이다"라고 했다. 금・원나라 때의 저명한 의술가 이동원은 "물에 끓여서 몸에 바르면 풍을 치료한다"라고 하였다.

국화는 항균 소염작용이 있어 국화수로 목욕하는 것이 일찍이 한나라 시기에 기록이 있고 당나라의 '원화군현지'에 보면 한나라의 남양태수였던 왕창과 원외는 국화수를 마시고 그 물로 목욕하였다는 기록이 있다. 그러므로 난국화탕은 일종의 한약 보건 목욕 처방이라고 말할 수 있다.

[처방 · 재료] 난초 15g, 국화 186g

[만드는 법] 난초(짓찧어 부순 것)와 국화를 함께 조밀한 천 주머니에 넣어 잘 묶고 솥에 물 1000ml를 넣고 끓여서 욕탕에 넣고 더운 물을 적당히 붓는다.

[용법] 목욕 후 수건으로 몸의 물기를 닦아내고 바람을 피한다. 봄, 가을, 겨울철에는 주 2회, 여름철은 1~2일에 1회 목욕한다.

[효능] 몸에 향기가 베어나오고 피부를 청결하게 해 주며 장수할 수 있게 된다.

[주치] 나이가 들어 몸이 쇠약해 지거나 머리가 어지럽고 불면증이 있거나 고혈압 등을 치료한다.

[문헌] 의심방

(2) 국탕욕방(菊湯浴方)

국화가 울어난 물을 마시면 장수할 뿐만 아니라 국화는 약성이 한하고 맛이 매우며, 은은한 향이가 난다. 또한 폐, 비, 간신 등의 경맥에 작용하고 풍사를 쫓고 청열하여 해독, 소염의 작용이 있다.

이시진은 국화는 모든 부분이 약으로 사용되며 약용국화는 백국, 황국과 야국이 있는데 어떤 종류의 국화도 물에 끓여 목욕하면 그 효과가 모두 좋다. 경상적으로 국탕으로 목욕하면 약의 유효성분이 피부와 호흡계통을 통하여 체내에 들어가 마음과 몸이 시원해지며 건강하게 오래 살 수 있다.

[처방 · 재료] 국묘(菊苗;국화싹), 국경(줄기), 국화(꽃), 국근(국화 뿌리)

[만드는 법] 위의 4가지 약재중 봄철에는 국묘, 여름철은 국경, 가을철에는 국화, 겨울철에는 국근을 사용하는데 매회 150g씩 잘게 썰어서 얇은 천주머니에 넣어 꼭 묶고 1000ml의 물을 붓고 10분동안 끓여서 국탕을 욕조에 붓고 끓인 물을 적당히 섞는다.

[용법] 목욕한다. 봄 · 가을 · 겨울철에는 3일에 한번, 여름철에는 매일 목욕하고 목욕수건으로 몸의 물기를 닦아내고 바람을 피해야 한다.

[효능] 신을 튼튼하게 해주고 장수할 수 있게 해준다.

[주치] 나이가 들어 몸이 쇠약해 지거나 고혈압, 관상동맥경화증

[문헌] 의심방

(3) 환동탕(環童湯)

이 처방은 몸을 씻거나 배꼽에 붙이는 두 치료 방법을 결합시킨 외치법으로 그 목적은 신을 보양하고 몸을 튼튼히 하는 것이다. 그래서 환동탕(環童湯)이라고 불린다.

육종용 토사자는 신을 보양하고 양기를 북돋아주며, 육계 건강은 원기를 보충시키고 양기를 북돋아 주며, 백부자 천남성은 풍과 습을 없애고, 광향잎 영릉향은 몸을 향기롭게 해 주고 탁한 것을 없애주며, 오수유는 노쇠함을 막아주고 예방해 준다.

약탕으로 몸을 씻으면 피부가 깨끗해 지고 향기로우며, 풍을 없애고 가려움을 멎게 해주며, 피로를 풀어주고 체질이 증강된다. 배꼽은 신궐(神闕)이라고도 부르는데, 경락이 모두 모이는 곳이며, 바깥으로는 몸의 표면에서 안으로는 장부에까지 통하므로 약물을 배꼽에 부치면 원기(元氣)와 양기(陽氣)가 강해질 수 있으며, 경락을 통하여 기와 혈이 잘 운행되도록 하며, 장부를 튼튼하게 해 주고 전신기능을 개선시키고 더욱 더 신을 보양하고 몸을 튼튼하게 해 주어, 다시 젊음을 되찾게 해 준다.

[처방 · 재료] 곽향잎, 오수유, 육계(껍질을 벗긴 것), 건강(불에서 말린것), 육종용, 각 18g, 백부자, 선세(蟬稅), 천남성, 토사자 하룻밤 술에 담가둔 것, 향부자 각 1g, 영릉향 3g

[만드는 법] 위의 11가지 약재들을 갈아서 가루를 만들고 병에 넣고 밀봉한다.

[용법] 약재들을 천 주머니에 싸서 질그릇에 넣고, 물 500ml을 붓고 끓여서 3~5분 지나 천 주머니가 뜨끈뜨끈 할 배꼽 위에 고정시키고 흐르는 약물은 욕조의 뜨거운 물과 섞이게 하면서 목욕한다.

[효능] 신(腎)을 보온하고 양기(陽氣)를 강하게 해주며, 체질을 증강시키고, 다시 젊음을 되찾게 해 준다.

[주치] 노년에 신징과 양기(陽氣)가 허하여 체력이 약해 지거나 피부의 가려움증 등을 치료한다.

[문헌] 성제총록

(4) 환동산(環童散)

이 처방은 원나라 황실의 세조건신(洗藻建身) 비방이다. 처방 중 정향 사향엽 영릉향 장뇌는 오물을 청소하고 향기롭게 해 주는 동시에 향균작용이 있다.

관계는 양기를 튼튼하게 해 주고 신을 보온하며, 모려는 수렴 삽정(澁精)하여 정력을 강화시키며, 노봉방 천초는 風을 없애고 기려움증을 밎게 하며, 목별자는 피부병을 치료하며, 반회사상자는 습을 없애고 살충작용을 한다. 마린화는 열을 식히고 해독작용을 하며, 자소화는 양기를 이롭게 해 주고 삽정한다.

중년나이에 양기가 허한 자가 이 처방으로 늘 몸을 씻으면 腎을 튼튼하게 해 주고 양기를 강화시키며 뇌세포를 자극하여 정신력을 높여 줄 수 있다.

[처방 · 재료] 정향 백리향잎, 관계(官桂:껍질을 벗긴 것), 노봉방(露蜂房:완전히 태운 것), 천초(川椒:하얀 것을 벗겨내고 살짝 볶은 것), 모려(태운 것), 오수유(볶은 것), 영릉향 목별자(껍질을 벗긴 것), 마린화(馬藺花:타래붓꽃), 장뇌(따로 갈아 놓는다), 백반회 각 37g, 자소화(紫消花), 사상자 각 75g

[만드는 법] 위의 약재들을 갈아서 가루를 만들고, 병에 넣어 밀봉하여 사용한다.

[용법] 매회 75~100g의 가루를 조밀한 천 주머니에 넣고 3000ml의 물에서 3분간 끓인 다음 적당량의 뜨거운 물을 붓고 몸을 씻는다. 봄 · 가을 · 겨울철에는 매주 1~2회, 여름철에는 주 3회 몸을 씻고, 목욕수건으로 신체를 잘 닦아내고 바람을 피한다.

[효능] 신기(腎氣)를 굳혀 양기를 강화해 주며, 다시 젊음을 되찾게 된다.

[주치] 중년으로 들면서 양허체약(陽虛體弱)으로 인한 피부 소양증, 성교불능, 유정

[문헌] 어약원방

(5) 백화산(百花散)

이 처방은 원나라 어의인 허국정이 수록한 비방이다. 처방 중 주약인 노봉방은 봉와 또는 백화과라고도 부른다. 노봉방은 약성이 순하고 맛이 쓰며, 간 등의 경맥에 작용하여 風을 없애고 가려움증을 치료하며, 살충작용과 피부병 등을 치료한다.

사상자는 습을 없애고, 가려움증을 멎게 하고 살충작용을 하며, 진균(mycosis)증과 트리코모나스증을 치료하고, 영릉향은 약성이 따뜻하고 맛은 맵고 향기로우며 폐경에 작용하여 풍을 없애고 더러움을 제거하며 감기를 예방하고 치료한다. 사향초엽(백리향)을 외용하면 피부병, 방성균증 등에 효과가 있고 방부에, 세탁용제로 상용한다.

이 처방으로 몸을 씻으면 양기를 튼튼하게 하고 혈액순환을 도우며, 몸을 향기롭게 하고 피부를 청결하게 해 주고 항병력을 증가시켜 감기를 예방하여 몸을 건강하게 하여 장수할 수 있게 해 준다.

[처방 · 재료] 노봉방(완전히 태워 재가 된 것), 사상자(누렇게 될 때까지 볶는다) 각 75g, 영릉향, 사향초잎(백리향) 각 37g

[만드는 법] 이상 4가지 약재들을 갈아서 만들어 병에 넣고 밀봉한다.

[용법] 약가루 100g을 물 1000ml에 넣어 5분간 끓여서 여과시키고, 찌거기는 버리고 끓인 물을 적당히 섞어 욕조에 붓고 수면 전에 몸을 씻고 신체를 잘 닦아내고 풍(바람)을 피하면 된다. 봄 · 가을 · 겨울철에는 매주 2회, 여름철에는 매주 3회 몸을 씻는다.

[효능] 신(腎)을 보양하고 양기(陽氣)를 강화시키며, 몸을 따뜻하게 하여 혈맥이 잘 통하게 해 주며, 감기를 예방해준다.

[주치] 중년 나이에 신체가 허약해 지고 양기가 부족하며, 피부의 가려움증, 어혈, 감기등의 증상

[문헌] 어약원방

(6) 조세약(藻洗藥)

이 처방은 원나라 황실의 목욕방으로 그 특징은 몸을 향기롭게 해 주고 더러움을 씻어내며 風을 없애고 가려움증을 가라 앉히며, 몸을 건강하게 해 주고 장수할 수 있게 해 준다.

처방 중 하엽 고본 위령선은 풍을 없애고 가려움증을 멎게 하며 또한 살을 빼주고 몸을 가볍게 해 주며 장수할 수 있게 해 주고, 탕으로 끓여 몸을 씻으면 피부염증과 부스럼, 가려움증 등의 증상을 치료한다.

모향, 곽향, 백지, 영릉향, 감송은 몸을 향기롭게 해 주고 더러움을 씻어 내며, 피부에 윤기를 주며 근육을 부드럽게 해 준다. '개보본초(開保本草)' 의 기록을 보면 '모향의 꽃, 묘, 잎은 모두 탕을 만들어 사용할 수 있으며, 몸의 나쁜 기운을 없애고, 신체에 향기를 스며들게 해준다.' 라고 하고있다.

[처방 · 재료] 간라엽 1200g, 위령선(흙을 털어낸 것), 고본(흙을 털어낸 것), 곽향엽(藿香葉), 영릉향, 모향(茅香:떡숙) 각 600g, 감송(흙을 털어낸 것), 백지 각 300g

[만드는 법] 위의 약재들을 갈아서 가루를 만든다.

[용법] 약가루 100g을 조밀한 천 주머니에 넣고 꼭 묶어서 1000ml의 물과 같이 3번 끓인다. 다시 끓인 물 적당량을 넣고 욕조에 부어 몸을 씻는다. 여름철에는 매주 3~4회, 봄 · 가을 · 겨울철에는 매주 2~3회 목욕후에 신체를 잘 닦아내고 바람을 피한다.

[효능] 풍을 없애고 가려움증을 멎게 하며, 몸을 향기롭게 하고 피부를 청결하게 해주며, 몸을 튼튼하게 해 주어 장수할 수 있게 된다.

[주치] 노년성 피부 소양증

[문헌] 어약원방

(7) 전구기 목욕방(煎拘杞沐浴方)

구기탕으로 몸을 씻는 것은 당나라 때에 기록되었는데 "구기전탕으로 목욕하면 안색을 밝게 해 주고 팔구십세에도 안색이 소년처럼 밝고 환하며 늙거나 병이 나지도 않는다."고 하였다.

구기엽을 물에 끓여서 몸을 씻으면, 깨끗해 지고 향기가 나며, 근육을 부드럽게 해 주고 피부에 윤기를 준다. 또한 병을 치료하여 몸을 건강하게 해주고 피부에 윤기를 주며 병을 치료하여 몸을 건강하게 해 주고 다시 젊음을 되찾게 해 준다. 구기전수(枸杞煎水)로 목욕하면 얼굴빛이 환해지고 아름다워지며 몸이 가벼워지고, 피부에 윤기가 생기고, 장수할 수 있게 된다.

[처방 · 재료] 어린 구기자 잎과 구기자

[만드는 법] 봄, 여름철에는 구기나무의 잎 250~500g을 잘게 부셔 놓고, 가을, 겨울철에는 구기자 100g을 조밀한 천 주머니에 넣고 1000ml의 물에 5~10분간 끓인 다음 끓인 물을 적당히 넣는다.

[용법] 몸을 씻는다.

[효능] 근육을 부드럽게 해 주고 피부에 윤기를 주며, 간과 신을 자양시켜 주고, 병을 치료하여 몸을 튼튼하게 해 주며 다시 젊음을 되찾게 해 준다.

[주치] 간과 신장, 음기가 허약하여 몸이 쇠약해 지거나 고혈압, 당뇨병, 만성 간염, 간경화증, 피부의 종기 등을 치료한다.

[문헌] 산거사요(山居四要)

(8) 자희 목욕일방(慈禧沐浴一方)

이 처방은 청나라 자희태후가 사용한 목욕약방이다. 처방 중 곡정초는 풍과 열을 없애고 두통과 눈병을 치료한다. 인진은 열을 식히고 습을 조절하며, 초결명은 간을 해독하고 눈을 밝게 해 주며, 상지는 풍을 없애고 경락을 잘 통하게 해 주며, 백국화는 두통과 눈병을 치료한다.

목과는 근육이 당기고 맥이 빨라지는 증상을 치료하고, 상엽은 풍을 없애고 열을 식혀 주며, 청피는 간을 잘 소통시키고 기를 조절한다. 원서에 보면 "이 처방으로 목욕하면 피부병을 방지할 수 있다."고 하였고 실제로 피부건강에 매우 효과적이다.

[처방 · 재료] 곡정초(谷精草), 인진, 석결명(石決明), 상지(桑枝), 백국화, 목과, 상엽, 청피(靑皮) 각 45g
[만드는 법] 위의 8가지 약재를 갈아서 가루를 만들고 조밀한 천 주머니 안에 넣고 꼭 묶은 다음 3000ml의 물에 넣어 10분간 끓인다.

[용법] 약액을 욕조에 넣고 적당량의 물을 부어 매2~3일 1회 몸을 씻고, 잘 닦아 말린 후에 바람을 피한다.

[효능] 풍과 열을 없애 주고, 머리를 맑게 해 주고 눈을 밝게 해 주며, 습과 열을 조절한다.

[주치] 풍열(風熱)로 인한 안통, 습열, 두통, 피선(皮癬)등

[문헌] 자희광서의방선의

(9) 자희 목욕이방(慈禧沐浴二方)

이 처방은 자희태후가 사용한 또 다른 세조약방으로 청나라 황실의 어의인 요보생이 창제하였다. 처방 중 '유련'이란 오수유탕에 담가둔 황련을 다시 볶아서 만든 것이다. '본초강목'에서 보면 황련을 "오수유탕에 담가두었다가 볶은 것은 습열을 전적으로 치료한다."고 하였다.

선퇴는 풍과 열을 없애고, 반진(班疹)을 가라 앉히며 황련은 습과 열을 없애고, 오수유는 녹농간균과 금황색포도구균에 대하여 모두 항균작용이 있다. 그러므로 이 처방으로 몸을 씻으면 풍열로 인한 눈병이나, 습과 열로 인한 두통, 피부종기, 무좀 등을 치료할 수 있다.

[처방 · 재료] 목과 의이인 상지 상엽 각 30g, 인진 20g, 감국, 청피, 선퇴 각 30g, 유련(오수유에 담근 황련) 12g

[만드는 법] 약재들을 욕조에 넣고 끓인 물을 적당히 붓고 몸을 씻는다.

[효능] 열을 가라 앉히고, 습을 제거하며 해독작용을 한다.

[주치] 풍열로 인한 눈병, 눈이 빨갛게 충열되거나 습열두통, 종기, 무좀

[문헌] 자희광서의방선의

(10) 사황 황후 목욕비방(沙皇皇后沐浴秘方)

이 처방은 황실에서 흔히 쓰던 목욕비방이다. 모향은 일명 떡쑥으로 그것을 끓여서 몸을 씻었는데 몸을 향기롭게 하고 풍을 없애며 피부 가려움증을 치료한다.

더러움을 씻어내고, 몸을 향기롭게 해 주며 사람의 심장과 비장에 스며들어 봉사는 몸의 분비물(때)을 없애 깨끗하게 해 주고, 영릉향을 가하면 감기를 치료할 수 있다.

[처방 · 재료] 황화초(黃化草 : 떡쑥), 의화판(花瓣), 봉사와 기타 향과 맛이 있는 화초를 각각 등량

[만드는 법] 위의 약재들을 조밀한 천 주머니에 넣고 꼭 묶어 1000ml의 물에서 5~10분간 끓인다.

[용법] 위의 약액을 욕조에 넣고 끓인물을 적당히 붓고 몸을 씻는다. 여름철에는 매일 1회, 겨울철에는 매주 2~3회 몸을 씻고 신체를 닦아서 말린 다음 바람을 피한다.

[효능] 피부를 청결히 해 주고 몸에 향기가 스며들게 하며 풍을 없애고, 피부 가려움증을 치료하고, 감기를 예방한다.

[주치] 체력이 약하여 쉽게 감기에 걸리는 사람이나, 피부소양증.

[문헌] 건미실요기교문답

9) 기타 다양한 왕실미용양생법(王室美容養生法)

왕실에서 사용되어 오던 한방 피부 미용양생법에는 이외에도 다양한 방법들이 은밀하게 구전되기도 하였는데 그 중 많은 부분들이 내관들에게 전수되어 왔다. 조선조 고종때의 내관 이 낭청의 회고에 따르면 이상에서 언급한 피부미용양생 이외에도 많은 비방들이 사용되었음을 알 수 있다.

- 옥을 몸에 지니기 : 내관들에게 구전되어 전해 오는 미용비법은 헤아릴 수도 없이 많았다. 당 현종을 매료시켰던 양국환(양귀비)은 늘 입 속에 옥구슬을 물고 있어 옥의 영기(零氣)로 절색으로 돋보였다 했고, 옥만 몸에 지니면 천한 신분의 궁녀일 망정 아름다운 자태로 변모하여 왕 스스로가 찾아올 정도였다는 옥과 미인과의 관계가 절묘했다고 한다. 그리하여 공주나 옹주도 노리개 장신구는 반드시 백옥(白玉)으로 된 것이었다고 한다.

- 옥판위에 손발을 마찰하거나 또는 제자리 걷기
- 해수목욕
- 쑥목욕
- 쌀겨 마사지
- 밥김 쐬기
- 여지 먹기
- 소금(죽염)목욕과 마사지
- 호도나 호박씨 또는 솔잎 먹기
- 팥이나 녹두를 갈아서 불린 후 메밀가루와 반죽하여 건조시켰다가 단시간 물에 불려 사용한 자연식 비누는 고운 피부로 이름난 명성왕후가 일인들이 호감을 사기 위해 갖다 바쳤던 서양비누를 제쳐놓고 애용했다고 전한다.
- 귤, 유자 목욕
- 석류, 유자차 마시기
- 순두부, 두부 먹기
- 외부에 노출되는 얼굴과 손, 발 등에 미역과 다시마를 물에 약간 불려 흐트러지지 않을 정도로 하여 피부에 된장을 두껍게 바른 후 소금 기운을 미역, 다시마를 겉에 붕대처럼 싸서 감고 30~60분 가만히 있는 방법이 있다. 이 방법을 무릎에 사용하면 신경통이나 관절염에 좋은데, 된장도 물에 약간 타서 흘러내리지 않을 정도로 염분을 제거한 뒤 사용했다는 것이다. 된장과 다시마, 미역을 떼어내 깨끗이 씻기를 여러 번 거듭(1개월 4회)하면 그 피부 부분이 고와졌다는 것이다.
- 직급이 높은 희빈은 막소금에 계란껍질 가루를 섞은 목욕물에 꿀 한 홉을 타서 목욕을 하여 피부를 곱게 하였다. 그러나 궁녀들은 약 1백g의 막소금을 곱게 빻은 계란 껍질과 함께 따뜻한 물에 섞어 저녁마다 발을 담가 발의 피로를 풀어 주었다고 한다.

10) 왕실의 한방 식이

(1) 피부에 이로운 자양식

앞에서도 살펴본 바와 같이 피부는 오행 중 금의 성분에 해당하며 폐와 대장과 밀접한 관계를 가지고 있으므로 폐장과 대장을 잘 다스려야만 아름다운 피부로 나타난다.

따라서 예로부터 왕실에서는 궁중의 의사들 중 食醫을 두어 질병을 예방하고 養生을 하였다. 〈주례천궁(周禮千宮)〉의 기록을 보면 당시의 궁정의사(宮廷醫師)들 중에는 이미 식의(食醫), 병의(病醫), 양의(瘍醫), 수의(獸醫)의 구분이 있었음을 알 수 있다. 그 중에서 食醫는 음식의 위생을 관리하였는데, "왕이 먹는 여섯 가지의 곡식, 여섯 가지의 음료, 여섯 가지의 고기, 백가지의 음식, 백가지의 장(醬), 여덟 가지의 진미요리를 담당하였다."고 한다.

이 책에서는 또한 "음식을 다스리면 신체가 다스려진다"고 하여 음식조절이 건강증진에 효과가 있다는 것을 강조하였다. 식의(食醫)들은 폐를 보하는 다양한 식이 양생법을 다음과 같이 기록하고 있다.

① 진군죽(眞君粥)

폐기와 폐음을 보하여 기침을 멎게 하고 진액을 자양하고 갈증을 풀어준다. 폐가 조기에 상해서 숨이 차고, 기침은 심하나 가래는 적게 나오고, 입이 마르고 갈증이 심하고 식욕이 떨어지는 등의 증상에 효과가 좋다.

재료

살구 10개, 멥쌀 100g, 얼음사탕(정제 설탕 또는 벌꿀을 대용해도 됨) 적당량

만드는 법

① 살구를 물에 넣어 흐물흐물 해지도록 삶아서 씨를 제거한다.
② 멥쌀죽을 쑤다가 죽이 거의 다 끓었을 무렵에 삶은 살구와 얼음사탕을 넣고 더 끓이면 된다.

먹는 법

식사 대용으로 하루 두 번씩 여러 날 계속 먹는다.

② 연근이탕(蓮根召湯)

폐음을 보호하고 비장을 튼튼하게 하며 정신을 안정시킨다. 가래는 적은데 마른 기침이 나고 일과 목이 마르며, 입맛이 없고 맥이 없으며 마음이 번거롭고 잠이 잘 오지 않는데 효과가 좋다. 또는 건강한 사람에게는 식욕을 더욱 강하게 하며 강장작용을 한다.

재료

흰 목이버섯(마른 것) 10g, 연밥(싱싱한 것) 30g, 닭국 1500g, 맛내기술, 소금, 백설탕 약간씩

만드는 법

① 깨끗이 손질한 흰 목이버섯을 큰 그릇에 담고 닭국을 150g 정도만 부은 뒤 시루나 솥에 넣고 약 1시간 정도 찐다.
② 싱싱한 연밥의 푸른 껍질과 머리 부분, 심을 제거한 후 끓는 물에 살짝 데쳐서 찬물에 잠깐 불려둔다.
③ 냄비에 나머지 닭국을 붓고 약한 불에 올려서 끓어오르면 맛내기술, 소금, 백설탕을 넣고 잠깐 더 끓인 후 ①의 흰 목이버섯, ②의 연밥을 넣고 불에서 내려 다른 그릇에 옮겨 담으면 된다.

먹는 법

식사 때 반찬으로 하는 데, 하루 두 번씩 계속 먹으면 된다.

③ 백합죽(百合粥)

百合은 백합의 비늘 줄기 조각을 건조 시킨 것으로 비늘 조각이 작고 두꺼운 느낌이 드는 것, 내용이 충실하고 속이 흰 것, 쓴맛이 있는 새것이 좋은 것이다. 전분, 지방, 단백질 등이 주성분으로 소염, 진해, 이뇨, 진정제로서 기침, 목마름, 허약증 등에 사용한다.
폐를 보하며 기침을 멎게 하고 정신을 안정시킨다. 폐가 건조해서 기침이 나고 피가래가 나오며 또한 마음을 진정하지 못하는 데 좋다. 이 밖에도 여성들의 갱년기 장애, 히스테리 등에도 효과가 있다.

재료

백합(또는 백합가루 20g) 30g, 찹쌀 50g, 정제 설탕 또는 벌꿀 약간

만드는 법

백합의 껍질과 수염같은 것을 제거한 후 짓찧어서 찹쌀과 함께 질그릇에 담고 물을 적당히 부은 다음 푹 익을 정도로 끓인 후 설탕 또는 벌꿀을 넣어 약죽의 맛을 낸다.

④ 흑지마고(黑脂麻膏)

폐의 기능을 윤활하게 하며 간, 위, 신장을 보한다. 노년기에 몸이 허약하고 가래가 끓고 기침이 나는 경우에 효과가 좋다.

재료

검은 참깨 250g, 생강즙, 벌꿀, 얼음사탕 각 100g 씩

만드는 법

검은 참깨를 가루낸 후, 생각즙, 벌꿀, 얼음사탕과 섞어서 시루나 찜통에 넣어 2시간 정도 푹 찌면 된다.

먹는 법

한 번에 한 숟갈씩 하루 3번 먹으면 된다.

⑤ 패모갑어(貝母甲魚)

폐의 음을 보하면서 기침과 열을 없애며 강장 작용을 한다.

재료

자라 1마리, 천패모 5g, 닭국 1000g, 소금, 맛내기술, 화초, 생강, 마늘 약간씩

만드는 법

자라를 몇 토막으로 자른 후 천패모, 소금, 맛내기술, 화초, 생강, 마늘 약간씩 담아 시루나 찜통에 넣고 약 1시간 정도 찌면 된다.

먹는 법

반찬으로 먹으면 된다.

⑥ 은행닭강정

폐를 보하여 호흡기능을 좋아지게 하고 가래를 없애고 기침을 멎게 한다.

재료

닭고기 13냥, 은행 5냥, 달걀 2개, 황주(또는 청주) 1큰술, 돼지 기름 13냥, 파 1뿌리, 얼레짓가루 약간, 수프 3사발

만드는 법

① 달걀 흰자위, 소금, 얼레짓가루, 토막난 닭고기를 한데 섞어 잘 버무린다.
② 은행은 껍질을 벗겨내고 기름에 튀겨 반쯤 익힌다.
③ 냄비에 돼지기름을 두르고 ①의 재료를 넣고 볶다가 ②의 재료를 넣어서 닭고기가 푹 읽을 때까지 볶아낸다.
④ 냄비(돼지기름이 약간 묻어있는 ③의 빈 냄비)를 약한 불에 얹어놓고 채친 파를 넣고 볶다가 황주, 소금 ③의 볶아낸 재료를 넣고 볶는다. 마지막으로 수프와 얼레짓가루를 풀어 넣고 잘 저은 후 참기름을 넣으면 된다.

먹는 법

식사 때 반찬으로 하면 된다.

⑦ 왕밤저육

폐를 보하고 가래를 식히며 폐열을 내리고 위의 기를 고르게 한다.

재료

돼지 살코기 13냥, 왕밤 6냥 반, 파 1뿌리, 생강 3조각, 소금 약간

만드는 법

① 돼지고기는 길쭉하게 썰고 왕밤은 껍질을 벗긴 후 두 조각으로 쪼갠다.
② 냄비에 기름을 두르고 채친 파를 넣고 볶다가 돼지고기, 왕밤을 넣고 푹 익을 정도로 볶은 후 소금, 생강과 함께 물을 적당히 붓는다. 이것을 약한 불에서 장시간 푹 끓이면 된다.

먹는 법

반찬으로 먹는다.

⑧ 빙단돈동과

폐를 보하며 가래를 식히고 기침을 멎게 하며 열을 내리게 한다.

재료

동아 8냥, 얼음사탕(정제 설탕 또는 벌꿀) 4냥

만드는 법

① 동아의 껍질과 씨를 제거하고 잘게 썬다.
② 잘게 썬 동아와 얼음사탕을 질그릇에 담고 물을 알맞게 부은 뒤 찜통에 넣어 동아가 흐물흐물 익을 때까지 푹 찌면 된다.

먹는 법

아무때나 먹으면 된다.

⑨ 이패돈저폐

폐를 보하며 기침을 멎게 하고 가래를 삭히며 숨이 찬 것을 없앤다.

재료

돼지 폐 2냥, 천패모 4돈, 배(속이 하얀 배) 2개, 얼음사탕(정제 설탕 또는 벌꿀) 약간

만드는 법

① 돼지 폐는 깨끗이 손질하여 길쭉하게 썰고, 배는 껍질을 발라서 납작하게 썰고, 천패모는 깨끗이 씻는다.
② ①의 재료를 질그릇에 담고 여기에 얼음사탕을 넣고 물을 적당히 붓는다. 센 불에 올려 펄펄 끓어오르면 불을 약하게 줄여서 약 3시간 정도 푹 끓이면 된다.

먹는 법

저녁에 먹으면 된다.

이론편

제5장

한방피부관리

제5장.. 한방피부관리

현대인들은 산업화로 인한 환경오염과 과중한 업무스트레스에 시달리고 있다. 그래서 요즘 한창 "웰빙(well-Being)"이란 단어가 온갖 산업에서 메가 트랜드가 되었다.

정신적 · 육체적인 건강함을 삶의 최우선 가치로 꼽는 웰빙은 한발 더 나아가 건강한 아름다움을 지향하는 "웰루킹(well-looking)으로 새로운 트랜드의 중심이 되고 있다. 그러나 건강이 뒷받침이된 아름다움이여야 진정한 아름다움이라 말할 수 있겠다. 현대인들인들의 적은 "성인병"이다.

우리몸의 질병의 원인을 크게 3가지로 분류해 보면 첫째, 정신적인 불균형 둘째, 몸밖의 세균에 의한 질병 침투 셋째, 음식(방부제, 중금속, 과음, 과식)등으로 혈액이 탁해지고 콜레스테롤에의한 혈관이 좁아져, 혈액순환 방해 촉진이 되고 우리몸의 불균형을 초래한다. 이것은 곧 비만으로 이어진다. 몸밖의 세균에 의한 질병침투를 막기 위해서는 우리몸의 기 · 혈순환이 원활해야 한다.

질병의 대부분의 원인은 기 · 혈순환 장애로부터 기인하는데 그 원인을 찾을수 있다. 요즘 일반 대중들에게도 경락마사지요법 등의 대체요법들이 인기를 끌고 있다(옛시절 배앓이를 하면 손으로 배를 쓸어 주시던 어머니의 약손요법처럼 사랑의 맘이 담긴 시술을 점차 갈구하게 될것이며 그에 피부미용은 21세 유망사업 임에 틀림이 없다). 80년대는 반도체, 90년대는 컴퓨터, 휴대전화, 현재 웰빙(well-Bing)사업이 호황을 누리고 있으며, 한방미용학은 가장 웰빙할 수 있는 피부관리법 중에 하나이다.

1. 한방미용학의 기원 및 특징

1) 한방미용학의 기원

동양의학(한의학)의 기원은 중국이고, 한의학의 최고 서적은 황제내경, 신농본초경(황제, 신농 중국의 전설적인 인물, 한의학의 기원에 큰 영향)이다. 춘추전국시대 거치면서 원시적인 틀을 벗고 본격적인 이론과 기술 갖추게 되었다.

송나라이전은 처방 중심으로 의학의 대중화가 이루어졌고, 송나라이후 이론적인면 더욱 관심됨으로 인해 음양오행설 나옴, 한의학 체계가 과학적으로 정립되었다. 금원시대에 오면서 전쟁 끊이지 않고 전염병 크게 돌자 이것을 해결하기 위해 노력이 끊임없이 행하여졌다.

명나라에서 청나라를 걸치면서 "온병학" 전염병 해결(한의학의 일익 담당)을 하였으며, 우리나라 한의학의 전래가 되었다. 우리나라 서적 수입 최초 기록은 일본서기(고구려때 오나라 사람 지충 의약석 64 - 고구려 걸쳐 일본에 귀하)에서 볼 수 있다.

삼국시대 걸쳐면서 고려시대에는 우리나라 사람에 맞는 의학정립하고자 노력하여 조선시대에 이르러 고려시대 의학정리 종합 다시 새로운 의학이론 정립되 「향약집성방」, 「동의보감」 등은 중국으로 역수출하였고, 이후 우리의학, 한의학 탄생하였다 이처럼 고대부터 발달하여온 의약이 중국, 일본 등 한자 문화권 지역의 의약과 교류되면서 연구, 발전되 온 동양의학이며, 여기에 미용적으로 응용한 학문이 한방미용학이다. 그러므로 체계적이고 정리된 한방고서를 근원으로 정확하고 올바르게 사용하여야 할 것이다.

2) 한방미용학의 특징

첫째, 한의학은 종합 치료의학이다.
둘째, 한의학은 현상의학이다.
셋째, 한의학은 자연치료의학이다.

2. 한방 피부 미용사

화장의 기원은 인간의 3대 욕구 본능인 식용(食浴), 성욕(性浴) 그리고 타인에게 아름답게 보이고자 하는 미욕(美浴)으로 부터 시작된다. 옛부터 인간은 자신의 용모의 아름다움을 돋보이게 하기 위해 자신의 미적 취약점을 무엇인가로 보완하려 했다. 그의 증거로 문화사 연구가들은 북부 아프리카에서 발견된 흙으로 만든 나체 여인상을 예로 드는데 허리는 유난히 잘록하고 둔부와 가슴은 풍만하다. 이런 모양이 그 당시부터 여인의 이상형이라고 생각한 것이고 현대에 이르기까지 줄곧 인간의 꿈이었다고 한다.

이밖에도 신분계급, 종족, 남녀 성별을 구분하기 위한 치장이나 미화수단이 있는가 하면, 전투나 사냥시 자신을 보호하기 위한 것이나 위장, 은폐시키기 위한 수단이 있고, 고대 이집트 여인들은 눈밑에 파란색을 칠하여 사막에서 반사된 햇빛과 독충들이 눈으로 들어오는 것을 막았다. 위와 같은 것들로부터 화장품의 기원이 된 것이다.

우리나라에서는 삼한시대에 쪽풀로 파랗게 손과 발을 염색하여 바닷가에 들어가 고기를 잡고 산에 들어갈 때 손과 발에 역시 붉은 색을 칠하였다. 또 제사를 지낼때 향나무를 사르고 향 나무 잎으로 향을 채취하여 향수나 향료로 사용하였다. 이런 사실로 보아 우리나라의 화장의 역사도 오래되었음을 알 수 있다.

화장의 시작은 제사와 의학에 같이 사용되어오다 점차로 의학과 제사로부터 독립되기 시작하여 여인들의 치장과 연극과 같은 분장에 이용되었다. 화학약품이 제조되기 전까지는 천연재료를 사용하였는데 예를 들어 조개가루를 곱게 분말하여 얼굴에 바른다든지 천연식물의 즙을 짜거나 물에 달여 사용하였다.

1) 고조선시대의 미용

백의 민족으로 미(美)의 기준이 피부를 희게 함으로써 귀인으로 보이게 하였다. 이는 단군신화에도 나와 있듯이 쑥과 마늘을 이요하여 미백효과를 보았는데 읍루와 말갈에서 백색 피부손질을 중요시하였다고 한다. 특히 한반도 동북방 추운지방에 사는 읍루 사람들은 추위를 피하고 피부를 보호하기 위해 겨울에 돈고(돼지기름)를 불에 녹여 피부에 발랐다. 돼지기름은 피부의 온도에 의해 딱딱하게 굳지 않고 피부를 부드럽게 보호하여 동상이나 피부의 터짐을 방지하였다. 말갈 사람들은 오줌으로 세수하여 오줌으로 미백효과를 냈는데 이는 지금도 간혹 이용되고 있다.

2) 삼국시대의 미용

(1) 고구려

고구려는 중국과 가까이 있어 중국 및 아라비아, 인도 등의 화장술을 쉽게 받아들여 삼국중 화장술이 앞서간 것으로 보인다. 고구려 벽화에서 볼 수 있듯이 물감을 만드는 기술도 상당한 수준이었으리라 짐작된다. 뺨과 입술에 연지로 단장을 하고 옷고름도 왼쪽으로 달아 멋을 부리기도 했다.

(2) 신라

삼국을 통일하기 전에는 그렇게 화장술이 발달하지 않았으나 통일후 급속히 발전하여 일본에까지 승려가 건너가서 연분 제조술을 가르쳐 줄 만큼 발전하였고 의복 또한 비약적인 발전을 보였다.

(3) 백제

백제는 일본과 중국에 문물을 전할 만큼 문화가 발전해 있었다. 일본문헌에 화장품의 제조기술을 백제로부터 들여왔다고 되어 있고 중국 문헌에는 백제인의 화장은 시분무주, 즉 분은 바르되 연지는 바르지 않았다고 기술되어 있다. 다시말해 백색은 많이 사용하고 붉은 색은 자제하였다. 이는 백색만으로도 충분히 미의 효과를 낼 수 있었음을 알 수 있다.

3) 고려시대의 미용

고려시대의 화장술은 신라의 화장문화를 전래, 발전하여 더욱 사치스러웠을 것으로 보아진다. 고대 재가승의 출가법 팔계재 중에도 "도식향만, 부저화영락, 불향도신, 부저향훈의"등의 항목이 있는데, 이는 통일 신라시대에 화려하고 사치스러운 경향이 고려시대에 일부나마 더욱 사치스러워 이에 대한 반발이 적지 않았음을 말한다. 고려의 여인들의 화장경향이 이처럼 다른 까닭은 치장이 신분에 따라 달랐기 때문이다. 그 대표적인 예로 분대 화장을 들 수 있다. 기생들의 분대 화장은 분을 도포하듯이 하얗게 발라 눈썹을 가늘게 그리고 또렷하게 그리고 머릿기름을 반질거릴 정도로 많이 바르는 것이다. 가장 널리 사용되었던 백분은 기생을 총칭할 만큼 많은 기생들 사이에서 사용되었다.

4) 조선시대의 미용

조선시대의 초기에는 고려의 사치와 퇴폐풍조에 대한 반발 적용으로 근검, 절약을 강조하고 화장에 대한 금지령까지 내린바 있다. 그것은 지배층의 생활사상 탓이지만 기생과 궁녀 등 직업여성의 상징이 된 분대화장의 기피현상이다. 내면의 아름다움과 외면의 아름다움을 동일시하는 조선의 여인들은 흰 피부를 호상하며 동시에 단정한 몸가짐과 청결함을 간직하고자 하였다. 일찌기 고조선에서부터 생겨난 백색 피부는 기미, 주근깨와 흉터가 없는 투명한 피부를 희구하여 미안수를 만들어 사용하였고 꿀찌꺼기를 펴발라 일정시간 후에 떼어내는 미안법을 하는거 하면 손 쉬운 방법으로 오이 꼭지를 안면에 문지르기도 하였다. 또 "규합총서"에는 여러가지 두발의 형태, 열가지 눈썹을 그리는 법, 갖가지 입술연지 찍는 법도 기록되어 있다.

5) 개화기 시대의 미용

개항 이후에는 주로 일본과 청나라에서 유입되었으나 1920년대에는 수입선이 유럽방면으로 확산되었다. 외국에서는 주로 크림, 백부, 비누, 향수 등이 유입되었다. 이 화장품들은 예전과 다른 포장과 품질이 우수하고 사용법이 훨씬 간편했기 때문에 대단한 인기를 끌었다. 이와 같은 화장품의 인기는 우리나라 화장품의 산업화를 촉진시켜 외제에 다소 떨어지긴하나 포장과 품질개량에 힘써 결국 전국에 인기리에 판매하게 되었다.

6) 현대화장

1945년의 8·15 광복을 계기로 한국의 화장품의 전환기를 맞게 된다. 화장품의 생산과 판매 기록을 거의 독점하다 시피한 일본의 철수로 원료의 생산도 적고, 수입도 용이하지 않아 화장품의 산업이 위축되었다. 반면 수입화장품, 밀수화장품, P.X 유출품의 범람이 가속화되었다. 우리나라 화장품의 생산활동은 이 때문에 1960년에서야 본격화 되었다. 광복이후의 화장품의 변화는 화장품의 기능이 세분화되고 바니싱 타입의 크림과 백분의 소비량이 격감하는 반면, 액상 색분의 수요가 급증하였다. 아울러, 연지도 고형(스틱)으로 변모하고 소비량이 증가하였다.

3. 한의학적인 관점에서 본 피부

한의학에서는 '피부는 오장육부의 거울'이라고 하여 피부 문제를 단순히 피부에서만 생각하는 것이 아니라 피부의 상태는 오장육부, 기, 혈과 밀접한 관계가 있다고 생각했다. 또한 인체의 정상적인 생리활동을 돕는 미량물질은 모두가 경락을 통해 전신에 연결되므로 기혈이 막힘없이 운행되어야 피부가 윤택하게 된다고 생각하였다. 여드름, 주근깨, 기미, 건조증상 등이 경락이 막히고 어혈이 정체된 것과 깊은 관계가 있다고 하고, 외적요인으로는 열(熱)과 풍(風)을 들 수 있다. 즉 피부는 외부로 드러나는 부위이기 때문에 열과 풍에 민감한 반응을 보이는데 이것들은 혈액에 침투하여 혈액을 뜨거워지게 하거나 반대로 차가워지게 하여 피부트러블을 일으킨다. 그러므로 궁극적으로 한방피부관리에서 가장 중점으로 생각해야 할 부분은 무엇보다도 열을 내리고, 해독하여 기와 혈이 잘 통하게 하여 어혈이 쌓이지 않도록 잘 풀어주는 것이다.

1) 사기는 피부로부터 들어온다.

피부는 사기가 가장 먼저 침범하는 곳으로 신체에는 12경락이 존재하여 이를 막아준다. 피부에는 주리(腠理)가 있는데, 진액이 스며나가는 곳을 '주'라고 하고, 살의 무늬가 모인 곳을 '리'라고 한다. 다른 말로 현부(玄府)라고도 한다. 땀의 색깔이 검거나 붉어서 '현'이라고 하고, 땀이 피부 속에 숨어서 모여 있다가 구멍을 따라 나오기 때문에 '부'라고 부른다.

피부와 털은 오장 중에서 폐에 속하는데 『동의보감』에 따르면 '肺主皮毛'라고 하여 피모란 체표를 말하며 외부에 대한 방어작용과 체온변화에 적응하는 작용을 말하며 곧 폐의 변화는 피부, 모발, 땀을 통해 나타난다. 그러므로 사기가 폐에 머물면 피부가 아프게 된다. 사기가 처음 피부에 들어오면 추위를 느끼면서 피부의 솜털이 일어나고 주리가 열리면, 낙맥으로 들어가면 낙맥의 색깔이 변하게 된다.

2) 피부에 생기는 질병

(1) 반진

부분적으로 점이 있고, 부풀어 오른 것을 '반(瘢)'이라 하고, 잘게 잘게 부풀어 오른 것을 '진(疹)'이라 하는데 반진은 대체로 열로 인해 생기는 질병이다. 심장의 화(火) 기운이 폐에 들어가 폐의 기운을 억누르기 때문에 붉은 점이 피부와 털 사이에 나타나는 것이다. 열증 뿐만 아니라 음증에도 반진이 생기는데 음증의 반진은 가슴, 콧잔등, 손발에 드물게 돋으며 열증으로 생긴 반진에 비해 약간 붉은 빛을 띤다. 이는 화가 제자리를 찾지 못하고 치솟아 가슴에 모이게 되고, 결국은 폐의 기운만 덥게 하여 피부에 전해서 모기, 이, 벼룩에 물린 것 같은 증상을 나타낸다.

반진이 돋으려 할 때는 대체로 땀이 나거나 설사를 해도 시원하지 않고, 발이 차가워지고, 가슴이 답답하며 구역질이 나며, 기침을 하게 된다.

(2) 은진

벌겋게 딱지나 부스럼 같은 것이 피부에 나타나지만 붓거나 아프지는 않고, 가렵기만 한 것을 은진(癮疹)이라고 한다. 은진이 돋는 것은 대부분 비장의 상태와 관련이 있고, 몸시 가렵거나 감각을 모른 것은 풍, 열, 습을 겸한 것이다. 온 몸에 흰색의 은진이 돋아 계속 가려운 경우도 있는데 이는 한사가 기육과 피부에 잠복해 있다가 생긴 때문이다.

(3) 단독

갑자기 몸에 연지를 바른 것 같이 벌겋게 된 상태를 단독(丹毒)이라고 한다. 나쁜 독과 열혈(熱血)이 명문(두개의 신장 중에서 오른쪽은 명문, 왼쪽은 신수라고 한다)에 몰렸다가 군화와 상화가 성할 때를 만나면 생긴다. 날씨가 더울 때에는 맵고 성질이 차가운 약을 써서 풀고, 추울 때에는 맵고 성질이 따뜻한 약으로 풀어준다.

(4) 비사, 뾰루지, 땀띠

뾰루지는 땀구멍에서 땀이 나와 피지와 엉겨서 생기고, 또한 여름철에 땀을 지나치게 흘려 피부에 붉은 색의 좁쌀만한 것들이 돋게 되는데, 이를 땀띠라고 한다.

(5) 마목

살이 뻣뻣해지면서 감각이 없어지는 증상이 마목(麻木)이라 한다. 마치 노끈으로 묶였다가 풀었을 때와 같은 느낌이다. 즉 병이 오래되어 경락이 때때로 통하지 않기 때문에 아프지 않으며 피부에 영양공급이 되지 않으므로 감각을 알지 못하게 되는 것이다.

기가 잘 돌지 않는 것은 기가 허약하거나 습담(濕痰)이나 어혈(瘀血)이 생겨 흐름을 막기 때문이다. 그러므로 기가 허약해서 저리는 것을 마라고 하고, 습담이나 어혈로 감각이 없는 것을 목이라 한다.

(6) 색택증

피부의 윤기나 윤택이 사라지는 증상을 말한다. 색(索)이란 없어진다라는 뜻으로 정혈이 말라들었기 때문에 피부의 윤택한 기운이 없어져 고기비늘처럼 까칠까칠해지면서 윤기가 없어지는 것이다. 몸이 허해서 몹시 야위고 몸 속의 피가 말라 피부가 마르고 거칠게 된다.

(7) 자전풍, 백전풍, 백철

몸의 피부색이 붉게 변한 증상을 자전풍(紫癜風)이라 하며, 하얗게 되는 증상을 백전풍(白癜風)이라고 한다. 백철(白驋)은 피부에 흰 점이 생겨 점점 커진 후 버짐 같은 증상을 말한다. 모두 풍사가 피부에 부딪쳐 혈기가 조화롭지 못해서 생기는 질병이다.

(8) 검은 사마귀와 기미

주근깨 중에서 빛이 검고 큰 것을 기미라고 한다.

4. 한방에서 보는 건조의 원인

한방에서는 건성피부를 크게 내적요인과 외적요인으로 나누는데 내적요인으로는 과조한 스트레스나 긴장, 과로, 간장, 신장, 비장 기능의 약화, 혈의 부족을 들 수 있고, 외적요인으로는 풍, 습, 한, 열 등의 나쁜 기운이 혈액에 침투하여 열독을 만들어 그 독이 얼굴로 나타나는 것으로 본다.

5. 한방에서 보는 노화의 원인

한방에서는 피부 노화를 신장과 폐의 기능이 저하되어 인체에 호르몬과 혈액을 공급하는 자음(滋陰)기능과 정신에 기를 나눠주는 선발(宣發)기능이 약해지면서 피부의 유・수분 발란스의 기능이 떨어지면서 생긴다고 본다. 또한 외부의 바람이나 열, 기・혈의 부족, 경락의 부조화 등도 원인이다.

6. 한방에서 보는 여드름의 원인

1) 비기허형(脾氣虛型)

비장의 기운이 허해서 생기는 것으로 뾰루지 같은 여드름이 군데군데에 나타났다가는 금새 사라지는 것으로 주로 입주변에 많이 나타나는 유형이다. 자주 체하고 위기능이 나쁜 사람에게서 볼 수 있다.

2) 습담열형(濕痰熱型)

몸 속에 열을 많이 가진 것으로 좁쌀만한 붉은 발진처럼 얼굴 전체에 분포되어 있으며 화농성여드름으로 주로 발전하는 유형이다. 상체에 열이 많아 얼굴이 붉은편이고, 입과 코가 건조하여 물을 자주 찾고 또한 변비를 동반하는 경우가 많다.

3) 어혈형(瘀血型)

기와 혈이 잘 통하지 못하여 어혈이 생겨 얼굴빛이 탁하고 생리 전·후로 여드름이 생기거나 심해지는 유형이다. 생리혈이 검으며, 생리통이 심하고 또한 생리주기가 불규칙한 경우도 많다. 항상 몸이 무겁고 손발이 붓거나 저린 경우를 자주 동반한다.

7. 한방에서 보는 기미의 원인

한의학에서는 기미를 간반(肝斑)이라고 하는데 원인은 위장과 심장을 중심으로 혈액순환에 이상이 생겼을 때 그 기관과 연결된 얼굴부위에 기미가 생긴다. 다른 원인으로는 외부로부터 차가운 바람이나 열 등을 자주 접하게 되면 외부의 나쁜 기가 기와 혈의 순행을 깨뜨려 기미가 생긴다.

8. 한방피부관리법

1) 한방재료를 이용한 피부관리법의 목적

한방미용에서는 화장품이 사용되어지는 피부를 단지 '피부' 하나로만 보는 것이 아니라 인체를 구성하는 오장육부, 기, 혈, 진액 등의 각 조직기관이 구조적으로 또는 생리기능적으로 상호작용하고 서로 영향을 미친다. 이러한 생리기능의 바란스가 깨졌을 경우에 각종 질병과 피부트러블이 발생 한다고 보는 것이며, 건강을 회복하면 피부트러블이 자연적으로 없어지는 원리이다.

예를 들어 간기능이 떨어지거나 신장에 이상이 생기면 얼굴에 기미가 끼고 심하게 붓는다. 이럴 경우 간장이나 신장을 튼튼하게 해주는 치료를 해야 아름다움을 되찾을 수 있다.

2) 과거 한방미용재료가 인기를 끌지 못한 이유

① 한방재료의 효능이나 문제성에 대한 전문적인 지식 부족
② 대중 광고매체 활용 미비
③ 신세대방식 신상품만 고집, 고전적 방식 소극적
④ 한방관리는 관리 즉시 효과를 바라기 힘든 점

3) 한방미용재료를 이용한 피부관리법의 장점

① 우리나라 사람들의 피부체질에 적합
② 한방재료의 탁월한 효능
③ 한방은 부드럽고 순하게 작용
④ 한방재료는 가격이 비교적 저렴하고 사용이 간편
⑤ 한방은 부작용이 없다.

4) 한방미용재료를 이용한 관리시 주의점

① 각 한방재료의 효능을 알고 사용한다.
② 한방재료 및 자연재료는 신선한 것을 사용한다.
③ 만든 즉시 사용하고 남기지 않는다.
④ 피부가 빨갛게 되거나 가려움증이 생기면 곧 멈추고 닦아낸다.

5) 한방팩 사용 순서

(1) 세안(청결)

맥반석(지성피부) 카오링(건성피부) + 물 /거즈 (15분)스팀타올

(2) 1차 한방팩 (문제피부제거)

피부의 문제점을 제거하기 위한 팩

(3) 2차 보조팩 (야채즙팩, 우유,감초팩)

피부를 정돈하고 기장완화시키며 비타민 이나 미네랄 공급

(4) 노화팩(조직재생팩)

6) 천연한방생약미용의 효과 및 특성

(1) 맥반석 - 피부질환, 여드름, 기미, 무좀, 비듬, 지방제거 (악건성, 민감성피부피함)
(2) 카오링 - 여드름에 특효
(3) 해초류 - 모세혈관 유통기능활발, 미네랄공급 , 필링, 영양공급, 수분공급, 유연막형성
(4) 복신 - 소나무뿌리, 노화방지, 피부재생효과
(5) 숯팩 - 피부정화, 독소제거, 항균
(6) 감초 - 진정, 재생, 해독
(7) 행인 - 윤택, 노화, 건성, 탄력
(8) 율무 - 주근깨, 기미, 영양, 미백
(9) 녹두 - 독소, 땀띠, 미백, 항염
(10) 진피 - 여드름, 화농, 항염
(11) 천궁 - 재생, 탄력, 윤택, 혈액순화
(12) 당귀 - 재생, 노화, 윤택
(13) 고삼 - 피지, 살균, 여드름
(14) 애엽 - 항균, 정혈, 노화
(15) 백강잠 - 기미, 주근깨, 노화, 표백, 검은피부
(16) 토사자 - 여드름, 기미, 주근깨, 잡티윤택
(17) 백봉령 - 노화, 기미윤택, 혈액순환

(18) 율피 - 미백, 노화, 모공수축
(19) 작약 - 항염, 항균, 여드름
(20) 모과 - 고단위 VitC 공급
(21) 어성초 - 정혈해독, 항균, 항염, 여드름
(22) 솔잎 - 잔주름, 항염, 항균, 탄력
(23) 상엽 - 노화, 혈액순환, 소염, 항염
(24) 삼백초 - 여드름, 해독, 항염, 항균
(25) 녹차 - 미백, 독소제거, 정혈
(26) 도인 - 가려움, 기미, 주근깨
(27) 산약 - 윤택, 기미, 주근깨
(28) 흑축 - 미백, 기미, 정혈
(29) 박하 - 청량감, 혈액순환
(30) 백지 - 화농, 모공수축, 여드름
(31) 한련초 - 소염, 주름살, 버짐, 윤택
(32) 구기자 - 노화, 영양
(33) 금은화 - 살균, 해독, 화농
(34) 백부자 - 표백, 기미, 주근깨, 굳은살, 주름살
(35) 당근 - 노화, 붉은 피부, 실핏줄
(36) 시금치 - 모세혈관 강화 건성
(37) 밀배아 - 지루성피부조절, 모든피부 영양공급, 건성
(38) 송진 - 주름, 여드름
(39) 현미 - 미백, 중화작용
(40) 석고 - 미백, 유연, 보습, 잔털제거

7) Pack의 종류

(1) 건조피부, 거친피부

① 계란 노른자

ㄱ. 건조피부, 정상피부
ㄴ. 성분 : 단백질, $VitB_2$, 레시틴, 콜레스테롤
ㄷ. 효과 : 충분한 영양공급으로 피로회복, 피부윤택, 탄력을 줌
ㄹ. 방법 : 노른자 + 밀가루 또는 분유 + 오일(1~2방울)

② 참깨

ㄱ. 건조한 피부, 거친피부, 영양결핍피부

ㄴ. 참기름, 땅콩, 들깨, 해바라기씨

ㄷ. 성분 : VitB_1, VitB_2, VitF, 단백질, 지방, 당질, 칼슘, 철분

ㄹ. 효과 : 피부에 영양을 공급하고 윤택, 탄력성을 준다.

ㅁ. 방법 : 참깨 간 것을 증류수나 화장수에 섞어서 거즈로 덮고 밀가루 또는 분유를 섞어서 크림상태로 사용

③ 딸기

ㄱ. 거친피부, 피로한 피부(상쾌한 느낌)

ㄴ. 성분 : VitC, 당분, 수분, 유기산

ㄷ. 방법 : 딸기 4-5개 으깨어 즙 + 밀가루 또는 분유

④ 시금치

ㄱ. 여드름 피부(검은피부), 건성피부, 주근깨

ㄴ. 성분 : 카로틴, VitC, B_1, B_2, E, Ca, Fe, 엽록수

ㄷ. 효과 : 표백작용도 있으나 알레르기 체질은 사용금지

ㄹ. 방법 : 시금치즙 + 밀가루 또는 오이즙

⑤ 올리브유

ㄱ. 거친피부

ㄴ. 성분 : VitE

ㄷ. 효과 : 매끈하고 윤기있는 피부로 만듬

ㄹ. 방법 : 올리브유를 섞어서 거즈를 담그었다가 얼굴에 올려 놓는다.

⑥ 피망

ㄱ. 거칠고 피로한 피부

ㄴ. 성분 : VitC, 규소

ㄷ. 효과 : 강판에 갈아서 즙+밀갈루 또는 분유

⑦ 부추

ㄱ. 여드름, 거친피부

ㄴ. 성분 : VitA, VitC, Fe, 마그네슘, 칼슘, 살균력이 있다.

ㄷ. 방법 : 찧어서 + 밀가루 + 꿀

⑧ 무우

ㄱ. 거친피부, 건성피부, 거의 모든 피부에 좋다.
ㄴ. 성분 : 수분, Na, Fe, Mg, P, VitA, C, 효소
ㄷ. 방법 : 즙 + 밀가루

⑨ 바나나 팩

ㄱ 거칠고 푸석푸석한 피부
ㄴ 성분
ㄷ. 방법 : 바나나 + 밀가루
바나나(1/2개) + 달걀노른자 + 영양크림(1/2tsp)

⑩ 해초팩

ㄱ. 건성, 예민피부
ㄴ. 성분 : 알긴산
ㄷ. 방법 : 해초가루 + 증류수

(2) 지성피부

① 계란흰자

ㄱ. 모공이 넓고, 지성피부
ㄴ. 효과 : 세척력이 강해, 번들거리는 얼굴에 상쾌감을 줌
ㄷ. 방법 : 거품을 내어 맛사지하듯 문지르며 모공 속의 이물질을 제거하는데 좋다.

② 사과

ㄱ. 모든 피부에 사용(지성피부)
ㄴ. 성분 : 수분, VitC(소량), 당분
ㄷ. 방법 : 사과 간 것 + 꿀 + 밀가루

③ 양파

ㄱ. 지방성 피부, 항균작용
ㄴ. 방법 : 강판에 갈아서 그래로 + 밀가루

④ 율무

ㄱ. 검은피부 + 주근깨 + 지성피부
ㄴ. 방법 : 율무 2스푼 + 계란 흰자 + 오이즙

⑤ 토마토

ㄱ. 조직세포 강화, 수분공급 - 진정팩으로도 좋다.

ㄴ. 지방분비샘의 작용을 조절 - 지성피부에 좋고 늘어진 피부에 좋다.

ㄷ. 성분 : 단백질, 당질, 카로틴, $VitB_1$, B_2, C

ㄹ. 방법 : 즙은 그대로 발려 주거나 갈아서 + 밀가루 + 꿀

(3) 햇볕에 탔을 때

① 알로에

ㄱ. 거칠고 햇볕에 탄 피부, 염증, 여드름 피부

ㄴ. 효과 : 피부조직 재생효과, 소염작용, 수렴작용

ㄷ. 무좀에 좋다.

ㄹ. 방법 : 알로에즙 + 밀가루

② 당근

ㄱ. VA, 피부 윤택, 혈액순환, 햇빛에 탔을 때

ㄴ. 방법 : 갈아서 그대로 or 즙을 내서 + 밀가루 + 꿀

③ 감자

ㄱ. 여름에 햇빛에 탔을 때

ㄴ. 효과 : 얼굴이 부어 올랐을 때, 화상에 진정작용
(수축제로 효과 좋음)

ㄷ. 성분 : $VitB_1$, VitC

ㄹ. 방법 : 강판에 갈아 그대로 밀가루에 넣어 사용

④ 벌꿀

ㄱ. 거의 모든 피부에 사용한다(특히 임산부에 좋다).

ㄴ. 벌꿀의 부작용 주의(귀뒤끝이나 팔안쪽에 발라본다)

ㄷ. 벌꿀은 반드시 중탕하고 직접 바르지 않는다.

ㄹ. 성분 : 당질(포도당), $VitB_1$, B_2, B_6, 효소, 미네랄

ㅁ. 방법 : 벌꿀(소량) + 밀가루 + 물(증류수) 또는 우유

(4) 여드름 피부

① 맥반석

ㄱ. 여드름, 기미, 잡티예방

ㄴ. 성분 : 규소, 칼슘, 불소, 미네랄, 유기물질로 분해, 흡착해 미네랄을 공급

ㄷ. 방법 : 증류수에 타서 얼굴에 바른다.
ㄹ. 여드름 --> 소염작용, 기미 -- > 미백작용

② 살구씨 : 여드름, 기미, 혈액순환 촉진

ㄱ. 1주일에 2번 정도 하면 좋아짐
ㄴ. 방법: 살구씨 1스푼 + 밀가루 2수푼 + 계란흰자 + 오이즙(레몬즙) 30분 경과후 떼어냄

③ 녹두

: 여드름 제거 효과, 비듬, 피부에 생기와 해열, 해독작용

④ 감초

: 보호작용, 자외선, 환경오염으로부터 피부가 보호된다.
부신피질 호르몬의 조절에도 우수

⑤ 쑥가루 팩

ㄱ. 지성, 염증성 여드름
ㄴ. 방법 : 쑥 + 알긴산 + 쑥(2tsp) + 박하(1tsp) + 우유

⑥ 살구씨 팩

ㄱ. 여드름 자국 완화
ㄴ. 방법 : 살구씨가루 + 달걀흰자

⑦ 포도즙 팩

ㄱ. 여드름자국 완화, 예민성 여드름 피부
ㄴ. 방법 : 포도즙 + 녹두가루

⑧ 현미가루 팩

ㄱ. 지성 & 여드름 피부, 화장독으로 손상된 피부
ㄴ. 방법 : 현미가루 + 포도즙(or 야채즙)

⑨ 그 외

녹두팩(여드름, 진정 및 피부살균작용, 지성피부)
송진팩(모공 수축, 염증 제거 여드름 흉터 제거에 효과적)

(5) 노화피부

① 마 · 살구씨 팩

ㄱ. 피부탄력, 재생을 요하는 모든 피부
ㄴ. 방법 : 마와 도라지는 믹서기에 갈고 + 녹두, 현미, 살구씨

② 율피팩

ㄱ. 기미제거, 탄력증진
ㄴ. 방법 : 율피가루 + 달걀노른자 + 꿀

③ 찹쌀팩

ㄱ. 잔주름 피부
ㄴ. 찹쌀 + 흰자거품 + 꿀

④ 그 외

살구씨팩(잔주름 제거, 피부에 탄력, 맑고 윤기있게)
감초팩(진정 작용, 세포재생효과, 알레르기 피부)

(6) 색소침착 피부

① 해초, 백강잠, 백봉령, 흑축, 감초와 물, 오이즙, 달걀흰자 중 택1

② 흑축(1/3티스푼), 감초(1큰술), 백봉령(1큰술), 해초가루 적당량

③ 상백피 팩

ㄱ. 미백, 모든 피부
ㄴ. 성분
ㄷ. 방법 : 상백피가루 + 달걀흰자 + 정종

④ 그 외

율무팩(기미, 잡티를 없애주고, 미백 효과)
백봉령팩(혈액순환촉진, 기미 · 노화 피부에 미백 효과)
백강잠팩(기미 주근깨, 노화 피부와 미백 효과에 탁월)
감자팩(햇볕에 그을린 피부의 진정 및 미백 효과)
녹차팩(기미 · 진정 모발 윤기 탈모 방지)

9. 화장품의 유래

1) 분(粉)

분은 백분과 색분으로 대별되며 분말(粉末), 고형(固形), 액상(液狀) 등 여러가지의 형태가 있으며 살갗이 희어 보이게 하는 효과를 나타내므로 주로 얼굴에 도포하는 화장품이다.

기원전 2200년경 중국의 하(夏)나라에서 처음으로 분을 사용하기 시작했다고 하며 우리나라에서는 신라의 한 승려가 서기 692년 일본에서 연분을 제조한 일로 보아 신라 이전부터 사용되었으리라고 보고 또 고대부터 흰 피부를 가꾸고자 힘썼으므로 훨씬 이전부터 사용되었으리라고 본다. 분은 쌀을 가루내어 서속과 3:2로 배합하여 만들고 분꽃씨, 조개껍질, 활석, 백토 등으로 만들어 자가 사용 대중화되었다.

이러한 분은 구하기 쉬운 반면에 사용하기가 어려웠다. 일단은 얼굴에 쉽게 밀착되지 않아 분을 바르기 전 솜털을 다 뽑아내야 했고, 접시에 담아 물과 섞어 바르면 20분 정도 가량 누워 있어야 했다. 수면 중에는 피지분비가 왕성하여 분이 피지에 배어 잘 부착되어 화장이 더 잘 되었다. 오늘날에는 백분의 사용이 격감한 반면 액상 및 고형의 색분이 널리 사용되고 있다.

2) 연지

연지는 볼과 입술을 붉게 칠하는 화장을 말한다. 이마에 동그랗게 칠하는 것을 곤지라고 하는데 이것 역시 연지에 속한다. 연지 화장의 최초 기록은 기원전 1150년경 중국의 은나라 주왕때부터이며 우리나라는 확실치 않으나 신라의 여인들이 연지화장을 했다고 한다. 기원 후 5~6세기경 축조되었던 수산리 소재의 고구려 벽화에서 볼과 입술이 붉게 칠해져 있어서 아마도 1천 5백~2천년이 되었으리라고 보아진다. 그리고 샤머니즘 문화권에서는 주색금기로 많이 비롯되었고 중국에서는 후궁이 생리중에 임금을 모실 수 없다는 뜻으로 볼에 연지를, 단오에 비녀 끝에 연지를 발라 제액을 물리치고, 산간지방에서는 전염병의 예방으로, 신부들의 볼에 사용되는 것은 젊음의 상징으로 사용되었다. 연지의 재료는 신라에서는 홍화로 고구려에서는 주사로 만들었다.

3) 미목

검은색의 안료로서 눈썹과 속눈썹에 바르는 화장품을 말하는데 언제인지 정확히는 모르나 신라시나 고구려 벽화상에서 눈썹이 가지런한 것으로 보아 삼국시대에도 이미 보편화되어 있었다는 것이다. 한국인의 눈썹에서는 인상이 좌우되므로 매우 중시하였다.

4) 화장수

화장수는 얼굴 및 손, 팔 등에 발라 살갗을 부드럽게 하는 동시에 뒤이은 화장이 잘 되게 하기 위해 사용되는 액체 상태의 화장품이다. 화장수란 말은 원래 일본식한자로 개방 이후에 들어온 것이며 우리나라의 고유어로 미안수(美顔水)이며 화장수와 개념을 다르게 하여 사용되었다. 종래 우리나라에서의 미안수는 피부를 부드럽게 하는 동시에 윤기있게 하는데 이용되어 윤안(潤顔)이라고 별칭되기도 했다. 또 그것으로 화장을 마무리한 예가 많았다. 우리나라의 미안수의 제조기술은 알려진 바는 없으나 아주 뛰어난 것 같다. 구전되어 오는 자가제조 방법만을 알 수 있는 것이다. 미안수의 재료로는 수세미의 끈적이는 성분을 이용한 것도 있고, 박을 잘라 병에 받아 즙을 낸후 이용하거나 그리고 가장 효과가 좋다는 오이 등이 있다.

5) 크림

로마황제시의 갈레노스가 만든 바르면 시원해지는 연고가 콜드크림으로 제조된 이후 여러가지 크림이 제조되었다. 우리나라는 개화기 이후에나 전해졌고 전해지자마자 인기를 얻었다. 가장 오래된 기록은 선사시대의 읍루인들이 사용했던 돈고(돼지기름)가 있다. 조선시대에는 달걀 노른자와 살구씨로 기미를 방지하고 밀납을 용해시켜 피부 연화제로 사용하였다.

6) 향수 · 향료

원시 고대시대에 종교의식에서 사용되는 향료는 한국인의 첫거주지가 단목 근처였다는 것으로 보았을때 매우 신성하게 여겼다. 신라 19대 눌지왕때 향으로 병을 고침으로 질병치료에 널리 이용되었고 고려시대에는 수출, 수입이 많았고 또 귀부인들은 향낭을 많이 차는 수에 따라 자랑스럽게 여겼다. 조선시대에는 향이 더욱 확대되어 재앙을 물리칠 때, 염원을 빌 때, 종교의식 등에 사용되었다.

7) 기름

식물, 동물의 여러가지 기름이 옛부터 화장품의 대용으로 혹은 화장품의 용해제로 사용되었다. 선사시대의 읍루 사람들은 돼지를 가공한 돈고를 피부의 보호제로 사용하였으며, 신라사람들은 수유, 동백, 아주까리의 열매, 씨앗으로 기름을 짜서 머리의 단장에 이용하였다. 이밖에도 참깨와 들깨, 살구씨, 목화씨, 쌀, 보리의 기름은 피부를 희게 하고 부드럽게 하는 미백제로 머리카락을 검고 윤기있게 하는 정발제로 사용하였다. 특히 복숭아씨와 살구씨의 기름은 안면의 기미와 주근깨를 제거하는 미백효과로 인기가 좋았다. 또한 화장품의 용해제로 연지와 미묵의 반죽에 사용한다.

8) 현대의 화장품

과거처럼 주술이나 신분표현의 목적이 아닌 현대의 화장품은 자기표현 방식이며 인간특유의 의지의 발로이다. 예전과 다르게 화장도 사회 기능으로 시대에 따라 변한다. 고대, 근대에서는 화장품의 필요성에 의해 일부만 사용되었으나 19세기 후반부터 20세기에 접어들면서 제품 생산이 공장규모로 성장했고 피부과학도 밀접한 관계를 갖고 발전하여 1950년 이후로 생산된 화장품은 원료와 기능성, 종류, 효과면에서 다양하고 전문화되었다.

화장품의 기초화장품(클린싱류, 화장수, 로션, 크림, 팩, 에센스 등), 메이크업 화장품(파우더, 아이펜슬, 마스카라, 립스틱, 샤도우 등) 바디 화장품, 두발용 화장품, 방향용 화장품, 구강제품 등으로 세분화하여 최대한의 효과를 발휘하게 되어 있다.

10. 한방화장품 만들기

1) 클렌저

(1) 다시마 곡물 클렌저

① 재료 : 불린 다시마 15g, 곡물가루 1/2큰술, 우유

② 만들기

- 다시마 가루와 곡물가루를 그릇에 담고 우유를 넣어 걸쭉하게 만든다.
- 가볍게 물을 묻힌 얼굴에 마사지하듯 문질러 세안한다.

③ 적용피부 : 모든 피부

④ 기대효과 : 모공수축, 각질제거, 잔주름 예방

(2) 감초물 딥 클렌저

① 재료 : 잘 말린 감초, 밀가루, 꿀

② 만들기

- 감초를 뜨거운 물에 끓여서 우려낸다.
- 여기에 밀가루와 꿀을 섞는다.
- 세안한 얼굴에 골고루 펴바른다.
- 20분후 미지근한 물로 세안한다.

③ 적용피부 : 건성, 민감, 기미, 여드름

④ 기대효과 : 모공 청소, 환절기 피부 보습, 미백, 항균, 소염, 진정 효과

2) 각질 제거

(1) 사과 스크럽

① 재료 : 사과 150g, 레몬즙 1작은술, 달걀흰자 10g

② 만들기

- 사과는 껍질을 벗기고 잘게 썬 뒤 레몬즙과 달걀흰자를 섞어 믹서에 곱게 간다.
- 손으로 만져보아 거침 입자가 없으면 완성된 것
- 사과 스크럽제를 바르고 10분 후 물을 묻혀 가볍게 마사지한다.

③ 적용피부 : 지성 피부

④ 기대효과 : 피지 제거

(2) 율피 스크럽

① 재료 : 율피가루, 꿀 적당량
② 만들기
- 율피가루와 꿀을 적당량 섞는다.
- 둥글게 환으로 만든다.
- 저녁에 바르고 자거나, 얼굴에 바른 후 10분 후에 제거한다.

③ 적용피부 : 건성, 노화피부
④ 기대효과 : 각질 제거, 안색 정화, 윤기 부여

(3) 소금 스크럽

① 재료 : 우유1/2컵, 미용소금 혹은 죽염 1/4컵
② 만들기
- 미지근하게 데운 우유 반컵에 미용소금이나 죽염을 넣고 완전히 녹인다.
- 피지가 많은 콧등, T존 부위에 마사지한다.

③ 적용피부 : 모든 피부에 가능(특히 지성 & 여드름 피부에 효과적)
④ 기대효과 : 살균, 피지제거

(4) 밀가루 · 우유 각질 팩

① 재료 : 밀가루, 우유
② 만들기
- 얼굴에 붙어 흐르지 않을 정도의 점성이 생길 만큼 밀가루와 우유를 섞어 반죽한다.
- 얼굴에 골고루 바른 다음 10-15분 후에 마지근한 물로 세안한다.

③ 적용피부 : 지친피부
④ 기대효과 : 각질제거, 보습

3) 화장수

(1) 브로콜리 화장수

① 재료 : 브로콜리, 샐러리, 정제수
② 만들기
- 위의 재료를 믹서기에 갈아 즙을 낸다.
- 거즈나 여과자에 걸러 냉장고에 보관한다.

③ 적용피부 : 모든 피부
④ 기대효과 : 보습, 노화방지

(2) 녹차 화장수

① 재료 : 녹차가루 3g, 청주 400㎖, 유자 2개
② 만들기
 · 중탕으로 데운 청주를 다시 식힌다.
 · 유자는 껍질 째 채를 썰어 넣고, 1과 함께 섞어 소독한 유리용기에 담아 밀폐시킨다.
 · 그 상태로 서늘한 곳에 한달 동안 보관한 후 사용한다.
③ 적용피부 : 지성피부
④ 기대효과 : 피지조절 및 미백, 각질제거

4) 영양크림

(1) 바나나 영양크림

① 재료 : 으깬 바나나 1큰술, 해초가루 1작은술, 꿀 1작은술
② 만들기
 · 해초가루는 정제수에 섞어 걸쭉하게 만든다.
 · 위의 재료에 으깬 바나나와 꿀을 섞는다.
 · 얼굴에 골고루 바른 다음 1분 후에 남은 여분은 티슈로 닦아낸다.

이론편

제6장

피부본초

제6장.. 피부본초

질병에 대한 치료와 예방을 할 수 있는 물질을 총칭하여 약물이라고 하는데, 약물에 대한 기원(起源), 성미(性味), 귀경(歸經), 효능(效能) 등을 연구하는 학문을 약물학이라 칭한다. 약물에는 생물체와 무생물체가 있는데 생물체, 즉 식물이나 동물의 전부 혹은 일부분 또는 삼출물(滲出物)이나 분비물(分泌物)을 채취한 것으로 간단한 가공이나 정제(精製)를 하지 않은 순품을 생약이라 칭한다. 가장 광범위하게 응용되고 있는 생약은 주로 식물성 생약으로 뿌리, 줄기, 잎, 과실, 씨앗 등이다.

우리가 이용하는 약물은 식물류, 동물류, 광물류의 3종류로 크게 분류하는데 그중 식물류가 절대다수를 차지한다. 위의 약물은 고(膏), 산(散), 탕(湯)등으로 만들어 피부에 발라 효과를 기대한다.

1. 본초의 기미(氣味)

피부본초를 연구함에 있어 가장 중요한 내용은 기미(氣味)이다. 기(氣)란 네 종류의 성질로서 한(寒), 열(熱), 온(溫), 량(凉)을 말하고 미(味)는 다섯가지 맛으로 산(酸), 고(苦), 감(甘), 신(辛), 함(鹹)을 말한다. 약성의 한, 열, 온, 량은 피부상태의 또는 신체상태와 반대로 쓰이는 경우가 대부분이다.

피부의 염증을 치료하는 약물을 모아보면 대다수가 한성이나 량성에 속하는데 이는 한성이 금은화나 연교 등으로 청열(淸熱)로서 해독작용(解毒

作用)을 하는 것과 같다. 한증을 치료하는 약물을 모아보면 대다수가 온성 혹은 열성인데 이는 열성의 건강, 육계 등으로 온열(溫熱)로서 제한(除寒)의 작용을 하는 것이다.

치법상 〈신농본초경〉에 열자한치(熱者寒治), 한자열치(寒者熱治)라고 한 것이 바로 약성의 근거로 말한 것이다. 그리고 한(寒)과 열(熱)이 같이 있는 경우는 한성, 열성약은 같이 쓰되 한열중 어느 한쪽에 치우친 경우 적절히 더 가미하면 된다.

한성(寒性)을 지닌 약물은 흔히 청열(淸熱), 사화(瀉火), 해독(解毒) 등의 작용을 가지고 있어 보통 양증, 열증에 쓰이며, 온열약(溫熱藥)은 온양(溫凉), 구역(救逆), 산한(散寒) 등의 작용을 가지고 있기 때문에 보통 음증, 한증에 응용한다.

그리고 미(味) 중에는 음과 양이 있는데 〈내경〉에 말하길 신감(辛甘)은 발산하는 효과로 양(陽)이라 하고 산(酸), 고(苦)는 용설(湧泄)하는 관계로 음(陰)이라 한다. 이러한 관계로 볼때 신(辛), 감(甘), 담미(淡味)는 양(陽)에 속하며 산(酸), 고(苦), 함미(鹹味)는 음(陰)에 속한 것을 알 수 있다.

미(味)가 산(酸)한 것은 수삽(收澁)작용을 하므로 과다한 한출(汗出)이나 설사 등에 또는 피부의 모공이 너무 크다거나 피부가 건조한 경우에 쓰인다.

미(味)가 고(苦)한 것은 설・조・견(泄・燥・堅) 작용을 하므로 열증, 습증에 그리고 두드러기, 뾰루지, 여드름이나 근육이 지나치게 연한 경우 탄력을 잃었을때 쓰인다.

미(味)가 감(甘)한 것은 보・화・완(補・和・緩) 작용을 하므로 허증(虛證)이나 동통(疼痛)에 그리고 피부건조와 영양결핍 등에 응용한다.

미(味)가 함(鹹)한 것은 하・연(下・軟) 작용이 있으므로 변비(便秘), 결핵(結核) 그리고 피부가 여기저기 멍울친 것처럼 여러군데가 딱딱한 경우에 쓰인다.

2. 본초의 유 · 무독

한방약물의 독(毒)이란 편성(偏性)을 가지고 있는 정도가 너무 지나칠 때 유독(有毒)이라 표현한다.

대개의 경우 질병을 공격하는 약물을 유독(有毒)이라 많이 표현하고 약이 보허(補虛)하는 약들은 무독(無毒)이라 표현했다. 그리고 작용정도의 강약에 의하여 대독(大毒), 소독(小毒), 상독(常毒) 등의 구별을 〈내경〉에서 하였다.

3. 본초의 효능별 분류

1) 보익약류(補益葯類)

인체의 기혈(氣血)이나 음양(陰陽)의 부족함을 보충해 줄 수 있는 약물로서 보기약물, 보혈약물, 보음약물, 보양약물을 통칭 보익(補益), 보양(補養)약물이라 부른다. 기허(氣虛)와 양허(陽虛)는 체내의 기화(氣化)의 부족함을 표시하는 것으로 양허가 기허보다 조금은 병의 깊이가 있는 것이고 혈허(血虛)와 음허(陰虛)는 체내의 진액(津液)이 부족한 것으로 음허가 혈허보다 병이 깊은 상태이다.

- 종류 : 인삼, 황기, 산약, 백출, 백편두, 대조, 감초, 봉밀, 호도, 두충, 복분자, 하수오, 당귀, 백작약, 구기자, 천문동, 맥문동, 석곡, 백복령, 택사.

2) 청열약류(淸熱葯類)

대개 청해리열(淸解裏熱) 작용을 하는 약물을 가리킨다. "열자한치(熱者寒治)"의 치료원칙에 의거하여 약물의 성미가 한량(寒涼)하다. 청열약물은 인체내부의 열독(熱毒)에 의한 제반 증상, 즉 발열, 이질, 종기, 발진 등을 치료한다. 청열약류는 청열사화(淸熱瀉化), 청열양혈(淸熱涼血), 청열조습(淸熱燥濕), 청열해서(淸熱解署) 약물 등 다섯가지 종류가 있다.

- 종류 : 석고, 치자, 죽엽, 결명자, 적작약, 금은화, 연교, 백선피, 토복령, 녹두, 활석, 익모초

3) 안신약류(安神葯類)

심장신(心藏神), 간장혼(肝藏魂)의 한방이론에 의거한 스트레스 및 신경성 질환에 응용하는 약물을 말한다. 심의 혈허(血虛)나 신경성에 의한 체내의 열을 효과적으로 보완하여 주면 심신이 편안함을 되찾을 수 있다. 그러므로 약물의 효과는 보혈(補血), 보음(補陰), 강화(降火)의 작용이 있다.

- 종류 : 산조인, 백자인

4) 이혈약류(理血葯類)

이혈(理血)의 뜻은 체내의 혈액을 바르게 한다는 뜻으로 출혈(出血)이나 어혈(瘀血)을 치료하는 것이다. 혈액이 내부로나 외부로 출혈이 됐을 때는 지혈(止血)시켜주고, 혈액이 잘 통하지 못할 때에는 원활하게 움직이게끔 하는 파어(破瘀), 거어(祛瘀), 행혈(行血) 작용을 하는 약물을 말한다.

□ 종류 : 삼칠근, 백급, 도인, 곤포, 해조

5) 해표약류(解表葯類)

땀분비를 촉진시켜 인체 표면에 있는 사기(邪氣)를 제거하는 약물을 말한다. 땀을 분비시키는 약물의 대부분은 신미(辛味), 즉 자극성이 강하므로 사용에 주의를 요한다. 피부에 약물을 붙였을 때 쉽게 발적을 일으킨다.

□ 종류 : 상엽, 감국, 대두황권

6) 사하약류(瀉下葯類)

대변과 소변을 잘 나오게 하며 내부장기에 뭉쳐있는 덩어리를 치료하는 약물로 변비증상을 치료함에 있어 설사를 일으킬 정도의 강력한 약물과 대변의 수분 부족을 보충시켜 부드럽게 나오게 하는 약물이 있다.

□ 종류 : 행인, 로회

7) 지사약류(止瀉葯類)

대변설사를 치료하는 약물로서 설사를 일으키는 원인은 비위허약(脾胃虛弱)으로 수분대사 작용이 저하됐을 경우와 대장의 수분흡수능력이 떨어졌을 때, 또는 대장의 염증으로 장운동이 약화됐을 때 설사를 일으킨다. 때문에 지사(止瀉)약물은 삼습(滲濕), 이수(利水), 건비(健脾), 온중(溫中)의 효과가 있다.

□ 종류 : 의이인, 적석지, 오미자, 백반

8) 삼습이수약류(滲濕利水葯類)

소변의 양이 줄어들어 몸에 부종현상이 일어났을 때 쓰이는 약물로서 소위 말하는 이뇨제라고 볼 수 있다.

- 종류 : 상백피, 적소두, 동과자, 동규자

9) 지갈약류(止渴葯類)

갈증을 일으키는 원인으로 인체내에 열(熱)이 많다든지 혈허(血虛), 음허(陰虛) 현상이 있으면 나타나는 현상으로 지갈 약물은 보혈, 보음, 청열 효과를 낸다.

- 종류 : 천화분

10) 화담지해약류(化痰止咳葯類)

담(痰)이란 호흡기계의 병변으로 인한 가래를 뜻하기도 하고 만성질환으로 생기는 인체내의 불필요한 대사산물을 의미하기도 한다.

- 종류 : 죽역, 죽여

11) 기타 약물

- 종류 : 구인, 백강잠, 대산

4. 피부본초의 피부종류별 분류

피부의 구분을 한방적 사고 아래 분류를 하여야 한방생약을 응용함에 있어서 크게 잘못되는 일이 없으리라 생각한다. 즉 한방진단, 한방치료를 하면 약물의 오·남용을 방지할 수 있다.

1) 습성피부약물(濕性皮膚葯物)

율무, 황기, 백출, 백복령, 토복령, 산약(마), 천화분, 석고, 활석, 택사, 곤포, 해조, 상백피, 적소두, 동과자, 동규자, 백강잠, 적석지, 오미자, 백반.

2) 열성피부약물(熱性皮膚葯物)

백편두, 백작약, 천문동, 맥문동, 석곡, 석고, 치자, 죽엽, 결명자, 금은화, 연교, 백선피, 녹두, 활석, 익모초, 감국, 로회, 죽역, 죽여, 감초.

3) 건조성피부약물(乾燥性皮膚葯物)

인삼, 당귀, 백급, 하수오, 백작약, 천문동, 맥문동, 구기자, 산수유, 용안육, 대추, 감초, 석곡, 죽엽, 결명자, 녹두, 산조인, 백자인, 도인, 행인, 로회, 죽역, 죽여.

4) 습열성피부약물(濕熱性皮膚葯物)

습성약과 열성약을 증상에 따라 적당량 배합하여 사용한다.

※ 피부미백효과가 있는 약물 : 율무, 산약, 백복령, 곤포, 천화분, 백급, 백선피, 해조, 백강잠, 금은화, 황기, 백작약.

※ 피부영양효과가 있는 약물 : 황기, 인삼, 대추, 천화분, 구기자, 산수유, 석곡, 천문동, 맥문동, 용안육, 감초, 하수오, 백자인.

5. 피부본초 각론

1) 감국(甘菊)

기원 : 국화과(엉거시과)에 속한 국화의 화뢰이다.

학명 : Chrysanthemum indicum Linne.

종류 : 백국화, 야국화, 황국화의 3종이 있으나 모두 약용한다.

채취시기 : 9~10월경에 채취하여 쇄건한다.

성미 : 감(甘), 고(苦), 미한(微寒), 무독(無毒)/야국(野菊) : 고(苦), 신(辛), 양(凉), 무독(無毒) 혹은 소독(小毒).

귀경 : 폐, 간의 2경.

수치 : 생용 혹은 주증한다.

효능 : 소산풍열(消散風熱), 청간명목(淸肝明目), 청열해독(淸熱解毒), 평간양(平肝陽).

2) 감초(甘草)

기원 : 두과에 속한 다년생초본인 감초의 근이다.

학명 : Glycyrrhiza uralensis Fischer.

채취시기 : 춘·추의 양계절에 채취하여 쇄건 혹은 홍건한다. 그러나 추계에 채취한 것을 양품이라 한다.

성미 : 감(甘), 평(平)(적후미온), 무독(無毒).

귀경 : 십이경 통행

수치 : 생용 혹은 밀적용하는데, 청열을 목적으로 할 때는 생용하고, 온중을 목적으로 할 때는 적용한다.

효능 : 보비익기(補脾益氣), 청열해독(淸熱解毒), 윤폐지해(潤肺止咳), 조화제약(調和諸藥).

3) 결명자(決明子)

기원 : 두과(콩과)에 속한 1년생초본인 초결명의 성숙한 종자이다.

학명 : Cassia tora Linne.

채취시기 : 9~10월경에 성숙한 과실을 채취하여 과곡을 제거하고 종자만을 채취해서 음건한다.

성미 : 감(甘), 고(苦), 함(鹹), 미한(微寒), 무독(無毒).

귀경 : 간, 담의 2경.

수치 : 미초하여 쇄용한다.

효능 : 청간명목(淸肝明目).

4) 곤포(昆布)

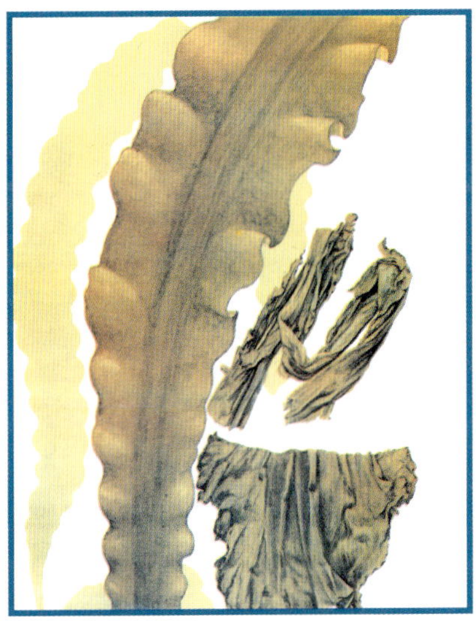

기원 : 곤포과에 속한 해초류의 다년생초본인 다시마(해대)의 엽이다.

학명 : Laminaria japonica Areschoung.

채취시기 : 전년에 모두 채취하여 쇄건한다.

성미 : 함(鹹), 한(寒), 무독(無毒).

귀경 : 간, 위, 신의 3경.

효능 : 소담결 (消痰結), 산영류(散癭瘤)

5) 구기자(枸杞子)

기원 : 가과(가지과)에 속한 낙엽관목인 구기자나무의 과실이다.

학명 : Lycium chinense Miller.

채취시기 : 7~8월경에 성숙한 과실을 채취하여 쇄건한다.

성미 : 감(甘), 고(苦), 평(平), 무독(無毒).

귀경 : 간, 신의 2경.

수치 : 주침일숙하여 사용하거나 주증 혹은 주세하여 사용한다.

효능 : 자보간신(滋補肝腎), 익정명목(益精明目).

6) 구인(蚯蚓)

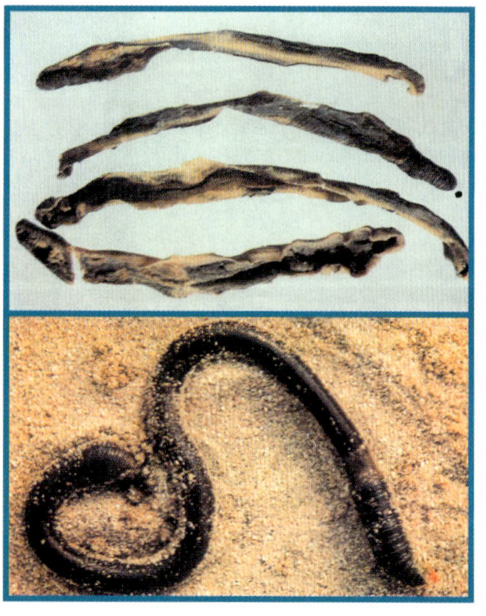

기원 : 환절동물인 구인과(지렁이과)의 지렁이의 충체이다.

학명 : Perichaeta sieboldii Horst.

채취시기 : 무시로 채취하여 내장을 제거하고 쇄건한다.

성미 : 함(鹹), 한(寒), 무독(無毒).

귀경 : 위, 비, 신, 간의 4경.

효능 : 청열식풍(淸熱息風), 통락(通絡), 평천(平喘), 이수(利水).

7) 금은화(金銀花)

기원 : 인동과(겨우살이덩굴과)에 속한 다년생 만성등본인 인동덩굴의 화관이다.

학명 : Lonicera japonica Thunberg.

채취시기 : 하절, 개화시에 채취하여 쇄건한다.

성미 : 감(甘), 한(寒), 무독(無毒).

귀경 : 간, 위, 심의 3경.

효능 : 청열해독(淸熱解毒).

8) 녹두(綠豆)

기원 : 두과(콩과)에 속한 1년생초본인 녹두의 종자이다.

학명 : Phasolus radiatus Linne.

채취시기 : 하・추계에 성숙한 종자를 채취하여 쇄건한다.

성미 : 감(甘), 한(寒), 무독(無毒).

귀경 : 심, 위이 2경.

효능 : 청열해독(淸熱解毒), 소서(消署).

9) 당귀(當歸)

기원 : 산형과(미나리과)에 속한 다년생초본인 승검초의 뿌리이다.

학명 : Angelica gigas Nakai.

채취시기 : 주로 추계에 상강후부터 동계 설강이전에 채취하여 건조한다.

성미 : 감(甘), 신(辛), 고(苦), 온(溫), 무독(無毒).

귀경 : 간, 심, 비의 3경.

수치 : 야외에 주세하고, 야상에 주증하고 야담에 강제하고, 토혈에 작초하며, 하행에 염수초하며, 비허에 미반초한다.

효능 : 보혈화혈(補血和血), 조경지통(調經止痛), 윤장통변(潤腸通便).

10) 대두황권(大豆黃卷)

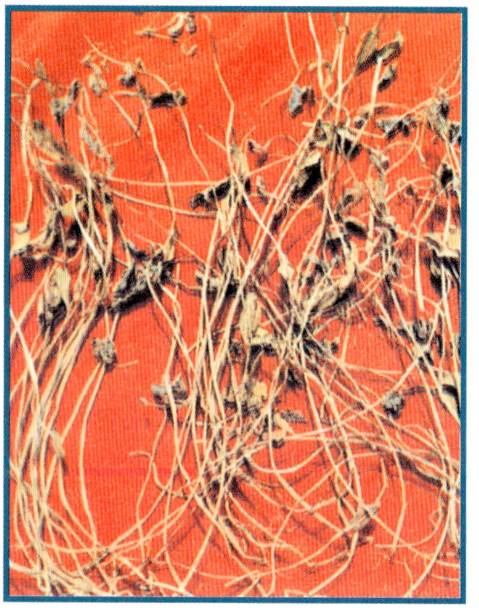

기원 : 두과(콩과)에 속한 1년생초본인 흑대두(검정콩)의 발아한 것이다.

학명 : Lathyus maritimus Bigel.

성미 : 감(甘), 평(平), 무독(無毒).

귀경 : 비, 위의 2경.

효능 : 청해표사(淸解表邪), 분리습열(分利濕熱).

11) 대산(大蒜)

기원 : 백합과(나리과)에 속한 1년생 혹은 2년생초본인 마늘의 지하린경이다.

학명 : Allium Sativum Linne.

채취시기 : 5~6월경에 채취하여 쇄건한다.

성미 : 신(辛), 온(溫), 무독(無毒).

귀경 : 위, 대장의 2경.

수치 : 생용 혹은 즙용한다.

효능 : 살충(殺虫), 소옹(消癰), 해독(解毒).

12) 대조(大棗)

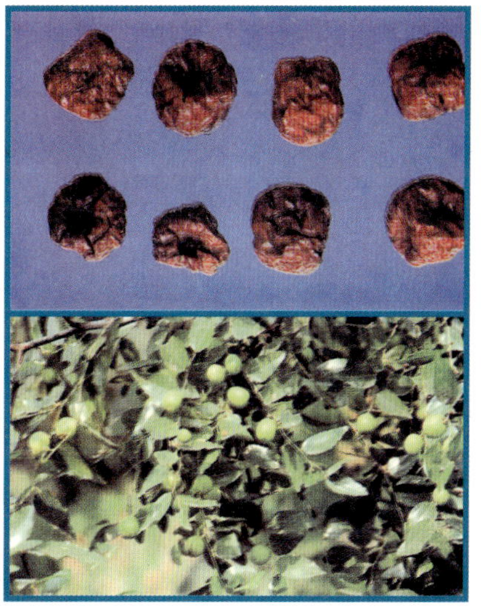

기원 : 서이과에 속한 낙엽관목 혹은 소교목인 대추나무의 성숙한 과실이다.

학명 : Zizyphus jujuba Mill.

채취시기 : 추계에 완전성숙한 과실을 채취하여 쇄건한다.

성미 : 감(甘), 온(溫), 무독(無毒).

귀경 : 비, 심의 2경

수치 : 증숙하여 취핵하고 사용한다.

효능 : 보비화위(補脾和胃), 익기생진(益氣生津), 안신(安神).

13) 도인(挑仁)

기원 : 앵도과에 속한 낙엽교목인 복숭아 나무 과실의 핵인이다.

학명 : Prunus Persica(Linne) Batsch.

채취시기 : 과실이 성숙한 때에 과핵을 수집하여 다시 그 인을 채취하여 쇄건한다.

성미 : 고(苦), 감(甘), 평(平), 무독(無毒).

귀경 : 심, 간, 대장의 3경.

수치 : 거피첨하여 사용한다.

효능 : 파혈거어(破血祛瘀), 윤조활장(潤燥滑腸).

14) 동과자(冬瓜子)

기원 : 호로과(박과)에 속한 1년생초본인 동아호박의 종자이다.

학명 : Benincasa hispida(Thunberg) Cogniaux.

채취시기 : 9~10월경에 채취하여 쇄건한다.

성미 : 감(甘), 한(寒), 무독(無毒).

귀경 : 폐, 위, 대장, 소장의 4경.

수치 : 미초하여 사용한다.

효능 : 청리습열(淸利濕熱), 화담배농(化痰排膿).

15) 동규자(冬葵子)

기원 : 규금과(아욱과)에 속한 1년생초본인 아욱의 종자이다.

학명 : Abutilon avicennae Gaertner.

채취시기 : 추계에 과실이 완전히 성숙했을 때에 채취하여 쇄건한다.

성미 : 감(甘), 한(寒), 활(滑), 무독(無毒).

귀경 : 대장, 소장의 2경.

수치 : 미초하여 도쇄하여 사용한다.

효능 : 이수통림(利水通淋), 윤장(潤腸), 하유(下乳).

16) 두충(杜沖)

기원 : 두충과에 속한 낙엽교목인 두충의 수피이다.

학명 : Eucommia ulmoides oliver.

채취시기 : 5~6월에 수피를 채취하여 쇄건한다.

성미 : 감(甘), 미신(微辛), 온(溫), 무독(無毒).

귀경 : 간, 신의 2경

수치 : 염수반초로 하는데 수피가 초혹이 될 정도로 하며, 생용은 극소하다.

효능 : 보간신(補肝腎), 장근골(壯筋骨), 안태(安胎).

17) 로회(蘆薈)

기원 : 백합과(나리과)에 속한 상록식물인 로회의 엽편기부를 절단하여 그 액즙을 유출하여 농축해서 건조한 것이다.

학명 : A;loevera L.

채취시기 : 무시로 채취하며 포제법이 없다.

성미 : 고(苦), 한(寒), 무독(無毒).

귀경 : 간, 위, 대장의 3경.

효능 : 사열통변(瀉熱通便), 살충(殺虫), 양간(凉肝).

18) 맥문동(麥門冬)

기원 : 백합과(나리과)에 속한 다년생초본인 맥문동의 괴근과 동과에 속한 대엽맥문동의 괴근이다.

학명 : ① Liriope graminifolia-Baker(맥문동)

② Ophiopogon japonicus Ker-Gawler (대엽맥문동).

종류 : 맥문동과 대엽맥뭉동의 2종이 있다.

채취시기 : 7~8월경에 채취하여 쇄건한다.

성미 : 감(甘), 미고(微苦), 미한(微寒), 무독(無毒).

귀경 : 심, 폐, 위의 3경.

수치 : 거심(불거심칙 영인번)하여 사용하는데 지보약에는 주침하거나 또는 미반하여 초황한다.

효능 : 자음청열(滋陰清熱), 윤폐생진(潤肺生津), 강심이뇨(降心利尿).

19) 백강잠(白殭蠶)

기원 : 잠아과(누에과)에 속한 곤충인 가잠의 유충이 백강균이 감염하여 죽은 잠체이다.

학명 : Batrytis bassiana Bals.

채취시기 : 춘・추에 채취하여 쇄건한다.

성미 : 함(鹹), 신(辛), 평(平), 무독(無毒).

귀경 : 간, 폐의 2경.

수치 : 생용 혹은 초용한다.

효능 : 식풍해경(息風解驚), 소산풍열(消散風熱), 화담산결(化痰散結).

20) 백급(白芨)

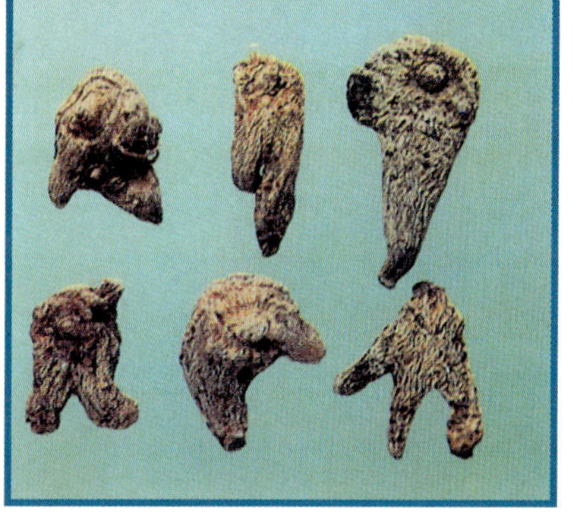

기원 : 난과(난초과)에 속한 다년생초본인 백급의 지하괴근이다.

학명 : Bletilla Striata Reichenbach fil.

채취시기 : 추계에 채취하여 쇄건한다.

성미 : 고(苦), 감(甘), 미한(微寒), 무독(無毒).

귀경 : 간, 폐, 위의 3경.

효능 : 수렴지혈(收斂止血), 소종생기(消腫生肌).

21) 백반(白礬)

기원 : 삼방정계의 명반석을 가공제련하여 만든 것이다.

성미 : 산(酸), 한(寒), 무독(無毒).

귀경 : 비경.

수치 : 하용 혹은 생용하는데 혼이 연말하여 사용한다.

효능 : 지혈지사(止血止瀉), 거담(祛痰), 외용(外用)으로는 조습지양(燥濕止痒)

22) 백선피(白鮮皮)

기원 : 운향과(산초과)에 속한 다년생초본인 백선피의 근피이다.

학명 : Dictamnus dasycarpus Turez.

채취시기 : 5월경에 채취하여 쇄건한다.

성미 : 고(苦), 한(寒), 무독(無毒).

귀경 : 비, 위의 2경.

효능 : 청열해독(淸熱解毒), 제습거풍(除濕祛風).

23) 백자인(柏子仁)

기원 : 편백과(측백나무과)에 속한 상록침엽교목인 측백나무 과실의 종인이다.

학명 : Biota Orientalis (L.) Endlicher.

채취시기 : 추계에 완전성숙한 과실을 채취하여 외곡을 제거한 종인을 취하여 쇄건한다.

성미 : 고(苦), 미감(微甘), 평(平), 무독(無毒).

귀경 : 심, 간, 신, 비의 4경.

수치 : 주침일숙하고 중쇄초연하여 거유하고 사용한다.

효능 : 양심안신(養心安神), 윤장통변(潤腸通便).

24) 백작약(白芍藥)

기원 : 모량과(미나리아제비과)에 속한 다년생초본인 함박꽃과 산작약의 근이다.

학명 : Paeonia lactiflora Pallas. Paeonia obovіata Maxim(산작약).

종류 : 재배품종인 가작약과 야생종인 산백작약이 있는데 약효는 물론, 그 형태도 아주 차이가 많다.

채취시기 : 재배종은 재배후 3~4년 이후에, 야생종은 5~10년 이후에 채취하는데 계절은 대개 7월 이후가 적당하다.

성미 : 고(苦), 산(酸), 미한(微寒), 무독(無毒).

귀경 : 간, 비의 2경.

수치 : 보비와 피한에 주초하고, 지혈에 작초하며, 평간에 생용하고, 화영약과 후중과 혈열옹독약은 주세생용한다.

효능 : 유간지통(柔肝止痛), 양혈렴음(養血斂陰), 평앙간양(平仰肝陽).

25) 백출(白朮)

기원 : 국화과(엉거시과)에 속한 다년생초본인 삽주의 괴근이다.

학명 : Atractylis japonica koidzumi=A. Koreana Nakai.

채취시기 : 10~11월에 채취하여 세근 또는 경엽을 제거하고 항건 또는 쇄건하는데 항건한 것을 홍출이라 한다.

성미 : 고(苦), 감(甘), 미온(微溫), 무독(無毒).

귀경 : 비, 위의 2경.

수치 : 윤조 화비를 목적으로는 미감습침하고, 폐허구수에 밀초하고, 건비에 황토초하고, 소장에 부초하며, 사리허탈에 소존성으로 하고 풍비습답과 이수파혈약에는 생용한다.

효능 : 보위익기(補胃益氣), 조습이수(燥濕利水), 고표지한(固表止汗), 태기불안(胎氣不安).

26) 백편두(白扁荳)

기원 : 두과에 속한 1년생 만초인 변두콩의 종자이다.

학명 : Leguminosae 또는 Dolichos lablab Linee.

채취시기 : 추계에 성숙한 종자를 채취하여 쇄건한다.

성미 : 감(甘), 미온(微溫), 무독(無毒).

귀경 : 비, 위의 2경.

수치 : 생용 혹은 초용한다.

효능 : 화중화습(和中化濕), 보비지사(補脾止瀉).

27) 복령(茯苓)

기원 : 송수근에 기생한 부정형의 균체인 복령이다.

학명 : Polia cocos yalf(Pachyma hoelen Rumph).

종류 : 백・적의 2종이 있다.

채취시기 : 3~차년 8월 사이에 체취하여 음견한다.

성미 : 감(甘), 담(淡), 평(平), 무독(無毒).

귀경 : 심, 폐, 비, 위, 신의 5경.

효능 : 백복령(白茯苓)-이수삼습(利水滲濕), 건비보중(楗脾補中), 영심안신(寧心安神)/적복령(赤茯苓)-분이습열(分利濕熱)/복령피(茯苓皮)-이수소종(利水消腫)/복신(茯神)-영심안신(寧心安神).

28) 복분자(覆盆子)

기원 : 장미과에 속한 낙엽관목인 딸기나무의 미성숙한 과실이다.

학명 : Rubus Palmatus Thunberg.

채취시기 : 일반적으로 7~9월경에 과실이 미성숙하여 푸른 것을 채취해서 쇄건한다.

성미 : 감(甘), 산(酸), 미온(微溫), 무독(無毒).

귀경 : 간, 신의 2경.

수치 : 주증하여 사용한다.

효능 : 보간신(補肝腎), 삽정축익(澁精縮溺).

29) 봉밀(蜂密)

기원 : 봉와중에서 점차적으로 형성된 당류물질의 정제된 꿀이다.

학명 : Apis Chinensis

종류 : 재래종과 외래종의 2종이 있다. 이중에 재래종은 고산의 대수가 자연히 내부가 후패하여 공간이 된 곳이나 혹은 큰 암석극간에 수년을 경과한 봉소에서 얻은 것인데, 이것을 산봉, 석밀, 암밀, 석청, 백청이라 칭하여 상품으로 하고, 외래종은 인가 혹은 야외에 갑 혹은 통등을 설치하고 밀봉을 사양하여 양성한 것인데 이것은 사밀, 양밀 혹은 가밀이라 칭한다.

채취시기 및 제법 : 봉밀을 채취하는 때는 춘·추인데, 특히 춘기는 봉의 기력이 왕성하여 구소를 떠나 신소를 만들 시기이므로 밀을 저장한 것이 많이 이 시기를 적기라고 한다. 채취법은 봉방의 2/5로 취하여 사(체)에 넣거나 그물(망파)에 넣고 통상에 얹어 노변에 두거나 또는 일광에 폭쇄하여 밀액을 적하케 하는 것이니 이것을 생밀(백밀)이라 하고, 다음에는 소방을 포방에 담고 짜내는 것인데, 봉자등이 협잡되어 그릇에 넣고, 수 소허를 가하고 온하게 하여 포대에 넣고 짜내는 것도 있는데, 이것을 숙밀(황밀)이라 한다. 성조 착출한 당재(찌꺼기)는 황랍(밀)을 제조하는 재료로 한다.

성미 : 감(甘), 평(平), 무독(無毒).

귀경 : 폐, 비, 대장의 3경.

효능 : 윤폐보중(潤肺補中), 활장(滑腸), 완급(緩急), 해독(解毒).

30) 산약(山藥)

기원 : 서여과에 속한 다년생 만생초본인 서여(마)의 괴근이다.

학명 : Dioscorea batatas decaisne.

채취시기 : 추계의 상강후~동지에 채취하여 쇄건 또는 풍건하다.

성미 : 감(甘), 평(平), 무독(無毒).

귀경 : 비, 위, 폐, 신의 4경.

수치 : 조피를 제거한 후에 건조한 것을 생용 또는 부초 혹은 초탄용한다.

효능 : 보비위(補脾胃), 익폐신(益肺腎).

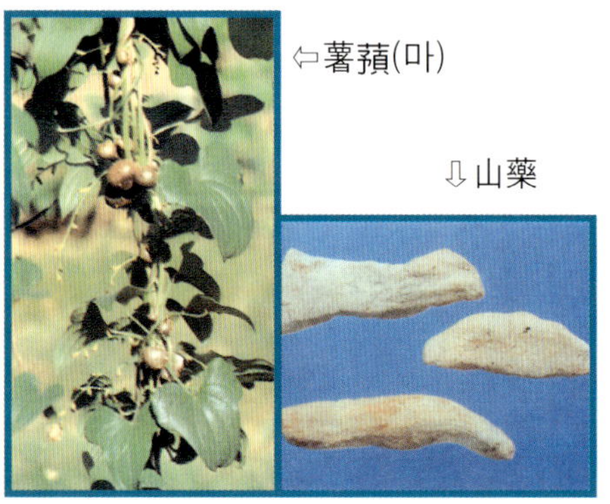

31) 산조인(酸棗仁)

기원 : 서이과(갈매나무과)에 속한 낙엽관목인 산조(멧대추나무)의 종자이다.

학명 : Zizphus Spinosus Hy.

채취시기 : 추계에 완전성숙한 과실을 채취하여 조육을 제거하고 전파핵한 뒤에 종자를 취해서 쇄건한다.

성미 : 감(甘), 산(酸), 평(平), 무독(無毒).

귀경 : 심, 비, 간, 담의 4경.

수치 : 생용 혹은 초용하는데 탕제에 넣을 때는 도쇄하여 사용한다.

효능 : 보간담(補肝膽), 영심안신(寧心安神), 렴한(斂汗).

32) 삼칠근(三七根)

기원 : 오가과에 속한 다년생초본인 삼칠의 근이다.

학명 : Panax Pseudo-ginseng Walich.

채취시기 : 추말~동초에 채취하여 쇄건한다.

성미 : 감(甘), 미고(微苦), 온(溫), 무독(無毒).

귀경 : 간, 위의 2경.

효능 : 활혈거어(滑血祛瘀), 소종지혈(消腫止血).

33) 상백피(桑白皮)

기원 : 상과(뽕나무과)에 속한 낙엽교목인 뽕나무의 상피이다.

학명 : Morus alba Linne.

채취시기 : 사계 모두 가능하나 동계에 채취한 것이 양품이다.

성미 : 감(甘), 한(寒), 무독(無毒).

귀경 : 폐경.

수치 : 외피를 박거하고 배건하는데, 생용 혹은 적용(해수)한다.

효능 : 사폐평천(瀉肺平喘), 행수소종(行水消腫).

34) 상엽(桑葉)

기원 : 상과(뽕나무과)에 속한 낙엽교목인 뽕나무의 엽이다.

학명 : 종류 : Morus alba Linne 외에 수종의 근록식물의 엽을 모두 약용한다. ① 꼬리뽕나무(M. bombycis Koidzumi var. caudatifolia Koidzumi), ② 가새뽕나무(M. b. k. F. dissecta Nakai), ③ 섬뽕나무(M. b. k. var. maritima koidzumi)

채취시기 : 추계의 강로후에 채취하여 쇄건해야 한다.

성미 : 감(甘), 고(苦), 한(寒), 무독(無毒).

귀경 : 폐, 간의 2경.

수치 : 생용 혹은 밀적하여 사용한다.

효능 : 소산풍열(消散風熱), 청간명목(淸肝明目).

35) 석고(石膏)

기원 : 본품은 황산염류강에 속한 천연의 함수황산 칼슘인데 연·경의 2종이 있으나 내복으로는 연석고를 사용하고 있다.

성미 : 신(辛), 감(甘), 대한(大寒), 무독(無毒).

귀경 : 위, 폐, 삼의 3경.

수치 : 내복에는 생용하고, 외용에는 하용한다.

효능 : 청열강화(清熱降火), 제번지갈(除煩止渴)

36) 석곡(石斛)

기원 : 난과(난초과)에 속한 다년생 상록초본인 석곡 또는 동속식물의 경이다.

학명 : Dendrobium monile Kraenzy.

채취시기 : 춘말~추계에 채취하여 신선한 것을 사용하고자 할 경우에는 세사내에 보존하며, 그 외는 쇄건 또는 홍건한다.

성미 : 감(甘), 담(淡), 미한(微寒), 무독(無毒).

귀경 : 폐, 위, 신의 3경.

효능 : 자양위음(滋養胃陰), 청열생진(清熱生津), 선자(鮮者)는 청열자음(清熱滋陰)의 효가 더욱 양호하다.

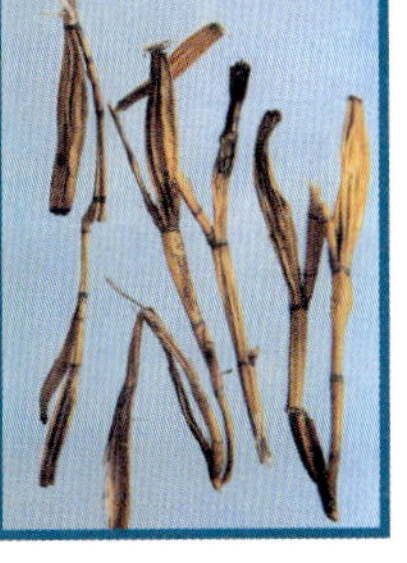

37) 연교(連翹)

기원 : 목서과(물푸레나무과)에 속한 낙엽 관목인 개나리나무과의 과실이다.

학명 : Forsythia Koreana Nakai.

종류 : ① 광엽연(만리화 : F. ovata Nakai)
② 장수연(장수만리화 : F. densitolra Nakai)
③ 암연(산개나리 : F. Saxatilis Nakai)

채취시기 : 추계에 성숙한 과실을 채취하여 쇄건한다.

성미 : 고(苦), 미한(微寒), 무독(無毒).

귀경 : 심, 담의 2경.

수치 : 자실을 세서하고 사용한다.

효능 : 청열해독(淸熱解毒) 소옹산결(消癰散結).

38) 오미자(五味子)

기원 : 목란과(목련과)에 속한 다년생 낙엽 만목인 오미자 또는 개오미자, 흑오미자의 성숙한 과실이다.

학명 : Schizandra chinensis Baillon.

채취시기 : 9~10월경 과실의 성숙시에 성숙한 과실을 채취하여 쇄건한다.

성미 : 산(酸), 온(溫), 무독(無毒).

귀경 : 폐, 신의 2경.

수치 : 증숙 혹은 초하여 사용한다.

효능 : 렴폐자신(斂肺滋腎), 생진렴한(生津斂汗), 삽정지사(澁精止瀉).

39) 용안육(龍眼肉)

기원 : 무환수과에 속한 상록목인 용안나무의 과육이다.

학명 : Euphoria longana Lamark.

채취시기 : 8~11월경에 성숙한 과실을 채취하여 쇄건한다.

성미 : 감(甘), 평(平), 무독(無毒).

귀경 : 심, 비의 2경.

수치 : 거핵하여 쇄건해서 사용한다.

효능 : 보심안신(補心安神), 양혈익비(養血益脾).

40) 의이인(薏苡仁)

기원 : 화본과에 속한 1년생초본인 율무의 종인이다.

학명 : Coix Lachryma-Jobi Linne.

채취시기 : 9~10월경에 채취하여 쇄건후에 거곡한다.

성미 : 감(甘), 담(淡), 미한(微寒), 무독(無毒).

귀경 : 비, 위, 폐의 3경.

수치 : 건비지사에 초용하고 그 외는 생용한다.

효능 : 이수삼습(利水滲濕), 제습비(除濕痺), 청폐배농(清肺排膿), 건비지사(健脾止瀉).

41) 익모초(益母草)

기원 : 숭형과(꿀풀과)에 속한 1년생 혹은 2년생초본인 익모초의 전초이다.

학명 : Leonurus Sibiricus Linne

채취시기 : 6~8월경 개화시에 채취하여 생용(선자) 혹은 쇄건한다.

성미 : 신(辛), 미고(微苦), 미한(微寒), 무독(無毒).

귀경 : 심포, 간의 2경.

효능 : 행혈거어(行血祛瘀), 소수해독(消水解毒), 선자해서(鮮者解署).

42) 인삼(人蔘)

기원 : 오가과에 속한 다년생초본인 인삼의 근원이다.

학명 : Panax Schinseng Ness(=Panax Ginseng C.A. Meyer).

종류 : 야생삼(산삼)과 재배삼의 2종이 있다.

채취시기 : 7월 전후에 채취한다.

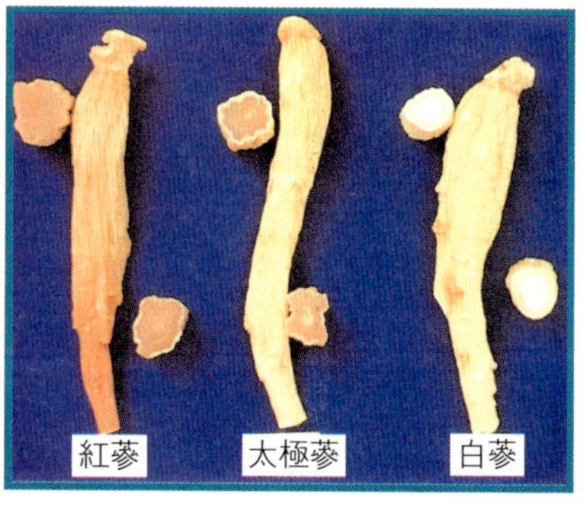

성미 : 감(甘), 미고(微苦), 미온(微溫), 무독(無毒).

귀경 : 비・폐의 2경.

수치 : 노두를 제거하고 사용한다.

효능 : 대보원기(大補元氣), 보비익기(補脾益氣), 생진(生津), 영신익지(寧神益智).

43) 적석지(赤石脂)

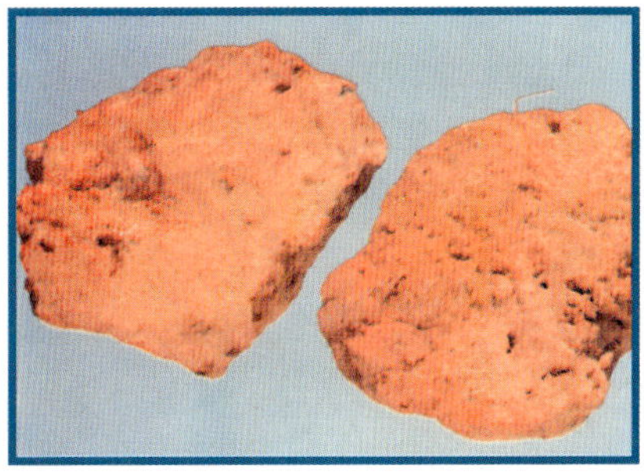

기원 : 고령토 즉 도토의 일종인데, 장석의 열과 탄산 함유의 수에 의하여 침습을 받아 분해되어 생기는 찰흙이다.

성미 : 감(甘), 산(酸), 삽(澁), 온(溫), 무독(無毒).

귀경 : 위, 대장의 2경.

수치 : 수비 3차후 쇄건 혹은 하하여 초용한다.

효능 : 삽장지사(澁腸止瀉), 수렴지혈(收斂止血).

44) 적소두(赤小豆)

기원 : 두과(콩과)에 속한 1년생초본인 이팥의 종자이다.

학명 : Phaseolus angularis Wight.

채취시기 : 추계에 종자가 완전성숙시에 채취하여 쇄건한다.

성미 : 감(甘), 산(酸), 평(平), 무독(無毒).

귀경 : 심, 소장의 2경.

수치 : 행수소종(行水消腫), 해독배농(解毒排膿).

45) 적작약(赤芍藥)

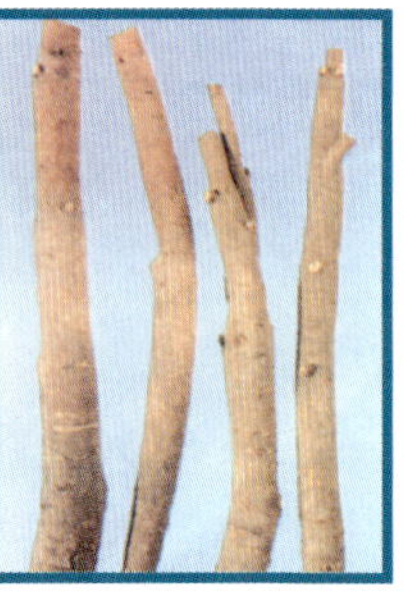

기원 : 백작약과 같은데 내색이 적색을 띤 것을 말한다.

학명 : Paeonia lactiflora pallas.

성미 : 고(苦), 미산(微酸), 미한(微寒), 무독(無毒).

귀경 : 간, 비의 2경.

수치 : 미초 또는 주세하는데, 혈체에는 작초한다.

효능 : 양혈활혈(養血活血), 소옹산종(消癰散腫).

46) 죽여(竹茹)

기원 : 죽과에 속한 다년생 상록식물인 담죽의 녹색외피를 먼저 제거하고 경의 중간층의 것을 긁어 모은 것이다.

학명 : 청열사화약류의 죽엽참조.

성미 : 감(甘), 미한(微寒), 무독(無毒).

귀경 : 폐, 위의 2경.

수치 : 생용 혹은 강즙초(한성이 경감하고 지구작용이 강해짐)하여 사용한다.

효능 : 청열화담(淸熱化痰), 강역화위(降逆和胃).

47) 죽역(竹瀝)

기원 : 죽과(대나무과)에 속한 다년생식물인 신선한 담죽을 적하여 출된 즙액이다.

성미 : 감(甘), 한(寒), 무독(無毒).

귀경 : 심, 위의 2경.

효능 : 청열화담(淸熱化痰), 진경(鎭警).

48) 죽엽(竹葉)

기원 : 죽과(대나무과)에 속한 다년생식물인 솜대의 연엽이다. 우리나라에서는 솜대의 엽외에 죽과에 속한 조릿대(Sasa-morpha Purpurascens var. borealis Nakai)의 엽의 공용한다.

학명 : Lophatherum gracile Brongniart.

채취시기 : 6~7월경 어린입을 채취하여 말린다.

성미 : 감(甘), 한(寒), 무독(無毒).

귀경 : 심, 위 2경.

효능 : 청열제번(淸熱除煩).

49) 천문동(天門冬)

기원 : 백합과(나리과)에 속한 다년생 만성 초본인 천문동의 괴근이다.

채취시기 : 추계에 채취하여 쇄건한다.

성미 : 감(甘), 고(苦), 한(寒), 무독(無毒).

귀경 : 폐, 신의 2경.

수치 : 생용 혹은 주증하여 사용한다.

효능 : 양음청열(養陰淸熱), 윤조생진(潤燥生津).

50) 천화분(天花粉)

기원 : 호로과(박과)에 속한 다년생만초인 하늘타리의 괴근이다.

학명 : Trichosanthes kirilowi Maximowicz.

채취시기 : 춘·추의 양계절에 채취하여 쇄건한다.

성미 : 감(甘), 미고(微苦), 산(酸), 미한(微寒), 무독(無毒).

귀경 : 폐, 위의 2경.

효능 : 청열생진(淸熱生津), 청폐화담(淸肺化痰), 소종배농(消腫排膿).

51) 치자(梔子)

기원 : 서초과(꼭두서니과)에 속한 치자나무의 성숙한 과실이다.

학명 : Gardenia jasminoides Ellis.

채취시기 : 하·추계에 성숙한 과실을 채취하여 건한다.

성미 : 고(苦), 한(寒), 무독(無毒).

귀경 : 심, 간, 폐, 위, 삼의 5경.

수치 : 상초·중초에 연곡용하며, 하초에 거곡하고, 혈병에 초흑하여 사용한다.

효능 : 사화제번(瀉火除煩), 설열이습(泄熱利濕), 지혈(止血).

52) 택사(澤瀉)

기원 : 택사과에 속한 다년생 소택식물인 침택사 또는 길경이 택사의 근경이다.

학명 : Alisma Plantago L. var. Parviflorum Torr.

채취시기 : 동계에 채취하여 발근 또는 조피를 제거할 후에 미화로 공건한다.

성미 : 감(甘), 담(淡), 미한(微寒), 무독(無毒).

귀경 : 신, 방광의 2경.

수치 : 염수반초 혹은 주침하여 사용한다.

효능 : 이수삼습(利水滲濕), 설열(泄熱).

53) 토복령(土茯苓)

기원 : 백합과(나리과)에 속한 반록성관목인 청미래덩굴의 근이다.
학명 : Smilax china Linne.
채취시기 : 추말~동초에 채취하여 생용 혹은 쇄건한다.
성미 : 감(甘), 담(淡), 평(平), 무독(無毒).
귀경 : 간, 위의 2경.
수치 : 생용 혹은 〈동의보감〉에서 초용하거나 염수자후 배건한다.
효능 : 청열해독(淸熱解毒), 제습(除濕), 이관절(利關節).

54) 하수오(何首烏)

기원 : 요과(여뀌과)에 속한 다년생만초인 하수오의 괴근이다.
학명 : Polygonm multiflorum Thunberg.
종류 : 적・백의 2종이 있다.
채취시기 : 추에는 엽이 고된 뒤와 춘에는 발아전에 채취하여 쇄건한다.
성미 : 고(苦), 삽(澁), 미온(微溫), 무독(無毒).
귀경 : 간, 신의 2경.
수치 : 죽도로 거피하고 미감에 1일 침하였다가 절하여 박편을 만들고, 흑두를 반하여 구증구서하여 사용한다.
효능 : 제숙(製熟) 능보간신(能補肝腎), 익정혈(益精血) ; 생용(生用) 능통편(能通便), 해창독(解瘡毒).

55) 해조(海藻)

기원 : 마미조과에 속한 해초류인 다년생초본인 해자의 건조된 전초이다.

학명 : Sargassum tortile C. Agardh.

채취시기 : 하계에 채취하여 담수에 씻어서 쇄건한다.

성미 : 고(苦), 함(鹹), 한(寒), 무독(無毒).

귀경 : 간, 위, 신의 3경.

효능 : 소담결(消痰結), 산영류(散癭瘤).

56) 행인(杏仁)

기원 : 장미과에 속한 낙엽교목인 살구나무의 과실인 살구의 핵인이다.

학명 · 종류 : Prunua armeniaca Linne외에 개살구나무(P. Mandshurica)와 털개살구나무(P. M. Koehue)의 과실의 핵인을 모두 약용한다.

채취시기 : 6~7월경에 채취하여 행핵을 파쇄하고 인을 취해서 쇄건한다.

성미 : 감(甘), 고(苦), 온(溫), 유소독(有小毒).

귀경 : 폐, 대장의 2경.

수치 : 비수에 포하여 피첨을 제거하고 파쇄하여 사용한다.

효능 : 지해정천(止咳定喘), 윤장통변(潤腸通便).

57) 호도(胡桃)

기원 : 호도과에 속한 낙엽교목인 호도나무 과실의 핵인이다.

학명 : Juglans regia L. Var. Sinensis De Candolle.

채취시기 : 10월 경에 성숙과실을 채취하여 피육을 제거한 핵이다.

성미 : 감(甘), 온(溫), 무독(無毒).

귀경 : 폐, 신의 2경.

수치 : 양혈을 목적으로는 거피하고, 렴삽을 목적으로는 연피용한다.

효능 : 보신강요슬(補腎强腰膝), 렴폐정천(斂肺定喘).

58) 활석(滑石)

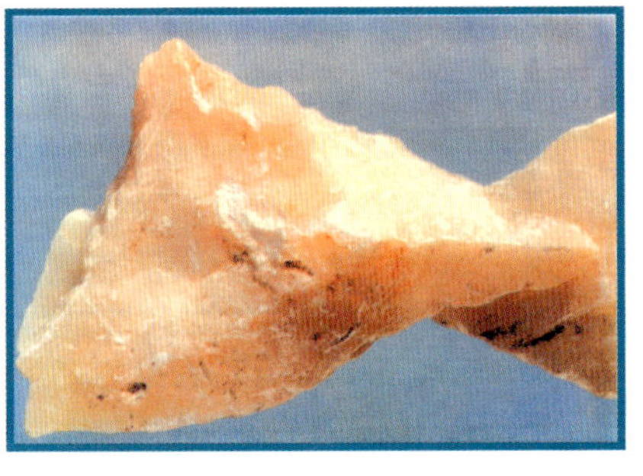

기원 : 단사정계의 린편상 혹은 사방주상의 일종인 광석, 즉 곱돌이다.

성미 : 감(甘), 한(寒), 무독(無毒).

귀경 : 위, 방광의 2경.

수치 : 수비하여 사용한다.

효능 : 이수통림(利水通淋), 청해서열(淸解暑熱).

59) 황기(黃芪)

기원 : 두과에 속한 다년생초본인 단너삼의 근이다.

학명 : Astragalus membranaceus Bunge.

채취시기 : 춘계 혹은 추계 9~10월에 채취하여 쇄건한다.

성미 : 감(甘), 미온(微溫), 무독(無毒).

귀경 : 비 · 폐의 2경

수치 : 두와 모근을 제거하고 생용, 또는 화위익기와 고표지한에는 밀적한다.

효능 : 보기승양(補氣升陽), 고표지한(固表止汗), 탁독배농(托毒排膿), 이수퇴종(利水退腫), 소아백병(小兒百病).

60) 계피(肉桂)

① 성미

- 신, 감, 열
- 비경, 신경, 간경, 심경

② 효능

- 양기를 보한다.
- 산한지통, 경맥을 소통시킨다.

③ 응용 및 처방

- 사지냉증, 성기능 저하
- 통증(복통, 관절통, 흉통, 생리통)

61) 진피(陳皮)

① 성미

· 신, 고, 온

· 비경, 폐경

② 효능

· 비기를 운화촉진, 지통

· 습과 담을 제거한다.

③ 응용 및 처방

· 위완 답답하고 팽창, 통증 등

· 가슴이 답답하고, 해수

62) 홍화(紅花)

① 성미

· 신, 온

· 간경, 심경

② 효능

· 활혈, 생리조절

· 어혈을 제거, 지통

③ 응용 및 처방

· 생리통, 산후 복통

· 외상통, 근육 통증

63) 산사(山孩)

① 성미

· 산, 감, 미온

· 비, 위, 간경

② 효능

· 식체를 소화

· 기를 운행, 어혈을 제거

③ 응용 및 처방

· 완복창만통, 딱국질, 설사

· 기혈정체로 인한 통증

64) 마치현(馬齒莧)

① 성미

· 산, 한

· 간, 대장경

② 효능

· 청열해독

· 양혈(凉血), 설사를 멎게 한다.

· 임증(淋症)을 치료

③ 응용 및 처방

· 이질

· 옹기, 부스럼, 습진, 피부염

· 임질

65) 포공영(蒲公英)

① 성미
- 고, 감, 한
- 간경, 위경

② 효능
- 청열 해독
- 습열을 제거함

③ 응용 및 처방
- 종기, 유옹, 장옹, 폐옹
- 임질, 황달, 인후종통, 눈이 붓고 아프다.

66) 길경(桔梗)

① 성미
- 고, 신, 평
- 폐경

② 효능
- 폐기를 통하게 한다.
- 담, 농을 제거한다.
- 인후를 맑게 한다.

③ 응용 및 처방
- 해수, 담이 많은 증상, 가슴 답답
- 인후종통, 실성

67) 자소엽(紫蘇葉)

① **성미**
- ·신, 온
- ·폐경, 비경

② **효능**
- ·풍한 사기를 없앤다.
- ·행기, 중초 조화
- ·어류, 게 등의 독을 제거

③ **응용 및 처방**
- ·풍한 감기증 : 오한, 발열, 두통 등
- ·가슴 답답함, 구토
- ·해물중독

68) 생강(生薑)

① **성미**
- ·신, 미온
- ·폐, 비경

② **효능**
- ·풍한사기를 없애고
- ·폐를 따뜻하게 한다.
- ·중초를 따뜻하게 한다.

③ **응용 및 처방**
- ·풍한 감기, 기침
- ·각종 구토증, 소화불량, 중독

69) 박하(薄荷)

① 성미
· 신, 량
· 폐, 간경

② 효능
· 풍열 사기를 발산
· 간기를 소통, 울증을 없앤다.

③ 응용 및 처방
· 풍열로 인한 감기, 두통, 눈의 충혈, 인후 종통, 풍진
· 간기울체 흉민, 협통

70) 갈근(葛根)

① 성미
· 감, 신, 량
· 비경, 위경

② 효능
· 감기 치료
· 양기 상승시킨다.
· 진액을 보충한다.

③ 응용 및 처방
· 감기 발열, 두통, 경항 경직
· 설사
· 소갈증

71) 연자(蓮子)

① 성미

· 산, 한간, 대장경

② 효능

· 청열해독

· 양혈(凉血), 설사를 멎게

· 임증(淋症)을 치료

③ 응용 및 처방

· 열독 설사, 혈변

· 옹기, 부스럼, 습진, 피부염

· 붕누

· 열과 혈의 임증(淋症)

④ 주의

· 비위 허한 한 자와 임신부는 조심.

72) 오매(梅實)

① 성미

· 산, 삽, 평

· 간, 비, 폐, 대장경

② 효능

· 폐기수렴

· 정을 수렴, 설사를 멎게 한다.

· 진액을 만든다.

③ 응용 및 처방

· 만성 해수

· 만성 설사

· 허열 소갈증

73) 산수유(山茱萸)

① 성미

· 산, 온미

· 간경, 신경

② 효능

· 간신을 보한다.

· 정을 고삽, 땀을 수렴

③ 응용 및 처방

· 현기, 눈흐림, 인포텐츠

· 유정, 활정, 유뇨, 빈뇨, 붕누

· 다한증

이론편

제7장

사상체질분류

제7장.. 사상체질분류

1. 태양인(폐대간소)의 개요

- 호흡계 기능이 좋고, 간(담)기능이 약함.
- 장군형, 소대장형, 보스형 기질을 가장 많이 갖고 있는 체질인.
- 사상체질 중 가장 다혈질이다.
- 남성으로는 어깨가 발달하고 다리가 가는 사람이 많고, 여성으로는 유방이 발달하였으나 골반 발달이 빈약하여(엉덩이가 작아) 자손이 귀하다고 한다. 골반 내 장기가 약하여 잔뇨감, 빈뇨 등의 증상이 있기 쉽고, 생식계통이 약하다. 일반적으로 먹으면 토하는 증세가 있다. 입이 짧아 많이 먹는 사람이 드물다. 다리에 힘이 없는 것이 특징적(아무 이유 없이 다리에 힘이 빠지는 증세가 있음)으로 일을 시작함에 두려움이 없으나 뒤처리를 잘못하는 경향이 있다. 원래 건강한 체질이어서 잔병 치레가 거의 없으나 큰 병에 맥없이 쓰러지는 경우가 많다.

2. 태음인(간대폐소)의 개요

간담기능이 좋고 호흡계 기능이 약하다. 감기 등의 호흡기 질환에 잘 걸리며, 순발력은 부족하나 지구력이 있다. 서구형의 미인이 가장 많은 체질인이기도 하지만 잘못 관리하면 비만이 가장 되기 쉬운 체질이다. 남자로선 의외로 한복이 가장 잘 어울리는 체질인 기획자형, 감독형, 코치감독형, 사장형 분위기를 많이 띄고 있다.

남성은 어깨가 둥글고 대퇴부가 발달한 사람이 많고, 여성은 상체는 말랐으나 둔부(엉덩이)가 발달하고 대퇴부가 굵은 사람이 많다. 주 증세로는 숨이 차고 부종이 있으며, 혈액순환이 잘 안되고 몸 안에 정체되기 쉽다. 대소변의 배설이 잘 안되는 사람이 많다. 과식을 하는 사람이 많다.

3. 소양인(비대신소)의 개요

소화기능이 좋고, 신장-방광-생식기 계통이 약함(소화계가 원래 좋게 타고 났지만 함부로 쓰면 위염, 위궤양 등의 위실증 증상이 생기기 쉽다.

운동신경이 발달하였고, 이타적이어서 봉사정신이 강하나 경솔하다는 평가를 받기 쉽다. 남성으로는 잘 발달된 운동선수형의 몸매를 가진 사람이 많고, 여성으로는 흉곽과 골반이 잘 발달하여 이르나 글래머형의 사람이 많으나, 하체와 허리가 약하다.

대개 소모형이므로 마른 체질이 많지만, 갑자기 활동량이 줄면 급격히 비만이 되는 경우가 많다. 화와 열이 생기기 쉬워서 가슴이 답답하고 소변의 배설이 잘 안되고 생각이 많아지면 잘 못 먹는 경향이 많다.

4. 소음인(신대비소)의 개요

신장기능이 좋고, 비장기능(비위 : 소화계)이 약하다. 소화계통에 문제가 생기기 쉬운 체질이다. 전형적인 한국여성형이며, 남자도 여성취향의 사람(여성적인 분위기)이 많다.

정열적이며 예술취향이 강하고 여성으로는 꼼꼼히 살림도 가장 잘하는 형으로 남성이나 여성이나 여성적인 몸매로 아담한 가슴과 적당히 잘 발달된 둔부를 남녀 공히 갖고 있다. 한국적 미인형의 여자에 많으며, 야무

진 인상의 사람이 많다. 몸이 차서 순환이 잘 안되고 담이 많은 체질이다. 소음인의 비만은 주로 몸이 차서 순환 부족으로 인한 비만인 경우다. 냉한 음식을 가리는게 현명하다.

5. 관상학적 오행 상담법

1) 체질별 오행상담법의 노하우를 알아보자.

관상학적 오행상담은 언제 어떻게 적용해야 하나? 상담시에는 어떤 형태의 상담이든 고객의 말을 들어주는 것부터 시작된다. 그리고 그 내용을 반영해 문제가 발생된 원인부터 해결방법까지 전문가적인 상담이 이루어져야 하는 것은 당연하다.

오행상담은 그런 과정에 추가로 병행될 수 있다. 갈수록 심리적인 부분을 사로잡지 않으면 상담에 성공했어도 관리 과정 곳곳에 고객과의 어려움이 따르게 된다. 서로간의 믿음을 만드는 과정이 무엇보다 중요하기 때문이다.

오행상담은 '어떻게 하면 고객의 마음을 알 수 있을까?' 하는 바램에서 시작된다. 예를 들면, 첫 상담 시 일단 먼저 체질관리체험으로 1회 관리를 무료 시술하여 서먹서먹한 분위기를 반전한다. 그리고 고객의 얼굴형태나 체형을 보고 체질을 구분한 후 준비해 놓은 오행자료를 보면서 몇 가지 질문을 통해 YES답변을 유도한다. 그 후에 챠트를 갖다놓고 티켓팅을 전수하면 실패할 확률이 적다.

예를 들어 목형인 경우

① 혹시 피곤할 경우 한숨 잘 쉬지 않나요? YES
② 일할 때 계획하면서 하는 것 좋아하시죠? YES
③ 혹시 화를 냈다가도 금방 후회하시죠? YES

체질분류표에 내용이 있다고 해도 어감이 좋지 않은 말은 바꾸어 질문해야 한다. 이렇게 몇 가지에서 긍정의 답변을 받으면 고객은 상담을 시작하지도 않았는데 내 마음을 알아주는 상담에게 왠지 기대고 싶은 심리가 생기기 마련이다.

이런 심리적인 것을 뒤로하고라도 각 체질이 지배하는 곳을 보면 그것을 지나는 인체순환계 경락, 림프 등과 관련되어 피부 또는 비만 등 문제가 나타나는 것이 대부분이다.

너무 지나치게 내적인 요인만을 강조해서는 안되겠지만 사람마다 기미나 여드름, 부분비만 등의 문제가 발생되는 위치를 살펴보면 이런 체질론적인 적용이 무시될 수 없는 것이 사실이다. 짧은 상담시간에 고객을 충분히 파악할 수 있는 풍부한 경험과 지식이 필요한 때이다.

<table>
<tr><th colspan="2">火(심장 / 소장)
火刑 체질 형태</th></tr>
<tr><th colspan="2">이마는 넓고 턱은 좁다</th></tr>
<tr><th colspan="2">정신적인 증상</th></tr>
<tr><th>정상적인 상태</th><th>병이 났을 때</th></tr>
<tr><td>· 행동력과 추진력이 빠르다.
· 예절이 바름
· 질서를 중시
· 밝고 명랑
· 환하고 화려함
· 환상적
· 탐구하고 용감
· 육감이 예민
· 체육을 좋아함
· 뜨겁고 정열적
· 희생적임</td><td>· 지나치게 잘웃음
· 화를 잘냄
· 깜짝깜짝 놀람
· 버릇이 없음
· 신경질적
· 딸꾹질을 자주함
(오전과 여름에 발병)
· 사생결단함
· 폭발적
· 열을 싫어함
· 쓴내, 단내가 남
· 가슴이 두근거림
· 꿈이 많다
· 사치스러워짐
· 야하고 존칭을 잘 안쓰고 교만하여 급하다.</td></tr>
<tr><td colspan="2">지배하는 곳 : 심장(음), 소장(양), 심경, 소장경, 독맥, 주관절, 얼굴, 상환, 혀, 피, 혈관</td></tr>
<tr><td colspan="2">장부의 대소 : 심/소장과 폐는 大, 신/방광은 小
직 업 : 예술가, 체육인, 언론인
기 호 식 품 : 매운 것, 짠 것
습 관 : 이상적인 미래를 말한다.
상 담 방 법 : 화(火)형의 고객에게는 칭찬을 아끼지 말고 좋은 부분의 극찬 뒤에 약간의 여운을 남겨 완벽한 미를 위해 작은 결점의 커버를 위한 관리의 필요성을 강조하는 상담법이 적합하다.</td></tr>
</table>

<table>
<tr><td colspan="2">水(신장 / 방장)
水刑 체질 형태</td></tr>
<tr><td colspan="2">턱이 넓고 이마는 좁다</td></tr>
<tr><td colspan="2">정신적인 증상</td></tr>
<tr><td>정상적인 상태</td><td>병이 났을 때</td></tr>
<tr><td>· 교양이 있음
· 매너가 좋다.
· 저장성
· 지구력
· 참고 견딘다.
· 지혜 있다.
· 예의바르다.
· 수학적, 과학적
· 생식능력이 좋음
· 내성적
· 발전적
· 연구하고 개발한다.</td><td>· 부정적
· 반대하고 저항함
· 안될 것은 된다고 생각하고, 될 것은 안 된다고 생각한다.
· 엄살을 잘부림
· 궁상을 떤다.
· 핑계를 잘댐
· 책임을 전가
· 고소공포승
· 겁이 많다
(밤과 겨울에 심함).
· 짠 것을 좋아한다.</td></tr>
<tr><td colspan="2">지배하는 곳 : 신장, 방광, 신경, 방광경, 양교맥, 음교맥, 뼈, 골수, 힘줄, 귀, 이발, 머리털, 음부, 겨드랑이 털, 수염(굵은 털), 허리(오리엉덩이)</td></tr>
<tr><td colspan="2">장부의 대소 : 신장/방광은 大, 심/소/비/위장은 小
직 업 : 과학자, 수학자, 음악가, 연구가
기 호 식 품 : 쓴것과 단것을 좋아한다.
습 관 : 의견제시 돌리고 꼬아서 말을 한다.
상 담 방 법 : 수(水)형의 고객은 약간의 과장된 공포심을 심어주면 설득력이 있다. 예를 들어, 고객이 갖고 있는 문제점을 관리하지 않았을 경우 생기는 부정적인 것을 어필하는 것이 효과적이다.</td></tr>
</table>

<table>
<tr><td colspan="2">木(간장 / 담낭)
木刑 체질 형태</td></tr>
<tr><td colspan="2">얼굴이 길다</td></tr>
<tr><td colspan="2">정신적인 증상</td></tr>
<tr><td>정상적인 상태</td><td>병이 났을 때</td></tr>
<tr><td>· 인자함
· 유순하다
· 색 분별력이 우수
· 꾀가 많음
· 시적, 문학적
· 교육적
· 따뜻하고 온화함
· 방어함
· 행정적
· 계획적
· 문필가 (간장은 음의 기운을 가진다)</td><td>· 결벽증
· 예민해짐
· 노하기를 잘함
· 폭력적
· 한숨을 잘 쉬고 쉽게 결단
· 바람을 싫어함
· 욕을 잘함
· 약을 잘 올림
· 심술 부림
· 신내, 노린내가 남
· 사람 무시한다.</td></tr>
<tr><td colspan="2">지배하는 곳 : (피부, 체형에 문제가 생기는 위치와도 연관이 있다) 간장, 담낭, 간경, 담경, 대백, 눈, 목과관절, 발편도선, 갑상선(신맛, 떫은맛), 근육(경련, 쥐가 난다)</td></tr>
<tr><td colspan="2">장부의 대소 : 간담은 大, 비/위/폐/대장은 小
직 업 : 교육자, 행정가, 문인, 미술가
기 호 식 품 : 단것과 매운 것
습 관 : 칭찬을 하며 희망적인 말을 씀
상 담 방 법 : 목(木)형의 고객을 상담할 시에는 쉽게 결단을 하는 성격, 교육적인면, 문학적인 면을 응용해 상담하는 분위기나 대접하고 있는 차, 친절함 등의 목형의 마음을 일단 긍정적인 면으로 이끌 수 있다.
상담내용은 여러 가지 자료나 설명으로 학구적인 분위기의 상담이 이루어지게 유도한다. 자존심이 강해 관리비용이 가장 저렴한 쪽보다는 중간 단계의 관리비용을 결정하는 경우가 많다.</td></tr>
</table>

<table>
<tr><td colspan="2">土(비장 / 위장)
土刑 체질 형태</td></tr>
<tr><td colspan="2">얼굴이 동그란 형</td></tr>
<tr><td colspan="2">정신적인 증상</td></tr>
<tr><td>정상적인 상태</td><td>병이 났을 때</td></tr>
<tr><td>· 확실하고 철저함
· 정확하고 틀림이 없음
· 외골수
· 신용있음
· 화합하고 결합
· 단단하고 굳건함
· 명령대로 시행
· 뭉치고 종교적
· 여자의 성격이 두드러신다.</td><td>· 공상하고 망상
· 호언장담
· 거짓말하고 의심함
· 의처증
· 미련하고 게으름
· 반복적임
· 트림을 잘함
· 단 것을 좋아함
· 습기를 싫어함</td></tr>
<tr><td colspan="2">지배하는 곳 : 비장, 췌장, 위장, 비경, 위경, 충맥, 비계, 배, 무릎, 대퇴부, 입술</td></tr>
<tr><td colspan="2">장부의 대소 : 비위는 大, 신장/방광/비경/위경/담은 小
직　　업 : 농업, 요식업, 생산직, 자영업자
기 호 식 품 : 짠것과 신것을 좋아함.
습　　관 : 비관적이고 슬프게 말함
상 담 방 법 : 토(土)형의 고객을 상담할 시에는 이치에 맞는 관리법에 대한 설명이 선행되어야 한다. 정확하고 약간의 종교적 성향이 강한 본성이 있어 상담자의 대안이나 제시가 논리적이고 의심의 여지가 없다라고 판단하게 되면 상담이 어려워도 일단 성공하면 절대적으로 따르고 신봉하는 성격의 고객이 바로 토(土)형의 고객이다. 단, 지금 관리하기로 결정을 해도 생각이 많아 그 다음날 취소하거나 관리내용을 바꾸는 경향도 있으므로 티켓팅을 하기 직전에 다시 한번 생각해 보도록 권하면서 다짐을 받아 두어야 하는 형이다.</td></tr>
</table>

<table>
<tr><td colspan="2">金(폐 / 대장)
金刑 체질 형태</td></tr>
<tr><td colspan="2">얼굴이 네모지다</td></tr>
<tr><td colspan="2">정신적인 증상</td></tr>
<tr><td>정상적일 때</td><td>병이 났을 때</td></tr>
<tr><td>지도력이 있고 다스리기를 좋아하고 의리가 있고 준법정신이 강하고 규칙적인 것을 좋아하고 획일성이 있고 승부욕이 있으며 상전의 기상이 있고 결실하고 정의하며 자존심이 강하다.</td><td>비관적이고 슬퍼하며 눈물이 많고 염세주의자여서 자살의 경향이 강하고 동정심이 지나치고 재채기를 잘하고(저녁과 가을에 더한다) 매운 것 비린 것을 좋아하고 몸에 비린내가 나며 건조한 것을 싫어하고 독재한다.</td></tr>
<tr><td colspan="2">지배하는 곳 : 폐장, 대장, 폐경, 대장경, 임맥, 피부, 코, 체모, 손목, 하완, 가슴, 항문, 맹장, 직장</td></tr>
<tr><td colspan="2">장부의 대소 : 폐/대장은 大, 신/방광은 小
직 업 : 군인, 경찰, 법관, 정치가, 지도자
기 호 식 품 : 신것과 쓴것
습 관 : 공격적이고 명령적이다.
상 담 방 법 : 금(金)형의 고객은 대단한 승부욕의 소유자이므로 스스로 다스리고, 규칙적인 준법정신 등을 응용해 길게 상담을 늘어놓은 것 보다 간단 명료하면서 정확히 내가 무엇을 줄 수 있는지 제시해 주고 예약제 또는 홈 케어 지도 교육 등으로 스스로 관리 할 수 있는 범위의 가능성 제시 등으로 상담을 유도한다.</td></tr>
</table>

이론편

제8장

보완대체요법

제8장.. 보완대체요법

현대 의약학의 발전에도 불구하고 현대의학으로는 완치가 불가능한 질환들이 계속 증가하고 있으며, 평균 수명의 연장, 노인인구의 증가, 만성질환의 증대, 각종 성인병 등으로 현대의학으로 모든 건강문제를 해결하는 데는 한계가 있다는 인식이 확산되고 있다. 이러한 인식으로 인해 정통의료에서 충족되지 못하는 부분에 대한 대안으로 건강관리의 한 축을 담당하고 있는 보완대체요법에 대한 관심이 증대되고 이에 대한 연구가 꾸준히 증대되고 있다.

보완대체요법은 인체의 정체적인 균형의 조화를 중요시하고 있어 환자를 신체의 일부나 질병자체만 보는 것이 아니라 총체적 관점으로 보는 견해와 같다고 할 수 있다. 우리나라에서는 1990년대 후반부터 보완, 대체요법에 대한 국민적 관심도가 급속히 높아지면서 대체보완요법을 적용한 중재방법의 중요성이 부각되고있다.

1. 정의

대체의학(Alternative medicine)이란 정통의학, 제도권의학(Orthodox medicine)을 대신한다는 의미로 만들어진 말인데 다른 명칭으로는 정통의학의 어떤 부분을 보충해준다는 의미로 '보완의학(Complementary medicine)', 서구적 전통의학, 또는 주류 의학(Conventional medicine)에 대비되기 때문에 '비전통 의학(비주류 의학, Unconventional medicine)', 제 3 의학(Third line medicine)이라고도 한다. 그리고 치유 방법의 특징이 사람의 전체를 보면서 치료하기 때문에 '전인의학(全人醫學, Wholistic or Holistic medicine)', 인간의 질병을 자연의 치유 능력에 맞추어 조율해 주고 복원시켜주는 의학이라는 의미로 '자연의학(Natural medicine)'이라고도 한다.

미국 국립의료원 산하 보완대체의학 연구소의 공식 명칭은 '보완대체의학(CAM, Complementary and Alternative Medicine)' 이라고 규정하고 있다.

2. 보완대체요법의 종류

1) 동양의학(東洋醫學, Oriental medicine)

우리나라에서는 한의학, 중국에서는 중의학, 일본에서는 후세방, 북한에서는 고려의학으로 불리는 분야이다.

2) 침술(鍼術, Acupuncture)

음양오행학설과 경락학설을 근거로 체표상의 일정 부위에 다양한 모양과 크기의 금속으로 만든 침을 이용하여 물리적 자극을 함으로써 생체에 반응을 일으키게 하고 질병을 예방, 완화, 치료하는 분야이다.

3) 양자의학(陽子醫學, Quantum medicine)

원자에서 방사되는 양자에너지(quantum energy)를 전자(electrons)군과 주위의 소립자 군에서 나오는 에너지를 구별하여 분석함으로써, 우리 몸을 정상적인 상태와 비정상적인 상태로 가려내고, 병적인 에너지의 원천을 미세 전자파(subtle electro-magnetic waves)로 자극함으로써 정상적인 상태로 되돌려 놓는다는 이론을 바탕으로 한다.

미국에서는 자기공명 분석기로 불리고 일본에서는 양자공명 분석기로 불리는 기기를 이용한다. 우리나라에도 최근에 도입되었다.

4) 아유르베다 의학(Ayurvedic medicine)

'모든 인간은 스스로 자신의 질병을 치유할 수 있는 능력을 갖고 있다.'는 기본철학 아래, 모든 인간은 '종교적 본능', '경제적 본능', '생식적 본능', '자유를 향한 본능'의 4가지 생물학적 또는 영적인 본능을 가지고 있으며, 이러한 본능들을 충족시키기 위해서 균형 있는 건강이 필요하다는 것을 강조하는 인도의 전통의학이다.

5) 동종요법(同種療法, Homeopathic medicine)

사람에게 어떤 물질을 투여해서 어떤 병에서 생기는 증상과 비슷한 증상이 발생한다면, 그와 같은 종류의 물질을 사용하여 그 병도 치료할 수 있다는 이론이다.

질병의 존재는 그것을 제거하려는 신체의 방어기제를 자극하며, 이러한 방어과정이 질병의 증상을 일으킨다는 것이고, 따라서 증상은 질병을 제거하려는 신체의 자구노력을 반영하는 것이라는 주장이다.

6) 자연요법(自然療法, Naturopathic therapy)

우리 몸에는 스스로를 낫게 하는 '항상성 에너지(Homeostatic Force)'가 존재하며, 자연의 힘을 빌어 이 자연 치유력을 활성화시킨다는 이론에 바탕을 두고 있다. 식이요법, 영양요법, 동종요법, 약초, 침, 운동치료요법, 수치료, 수기요법, 전기치료, 광선치료, 그 외 여러 형태의 물리치료등이 있다.

7) 명상요법(冥想療法, Meditation therapy)

명상이 신경조직을 평온하게 하고 심장박동과 호흡률을 낮추며, 혈압과 신진대사를 원활하게 해주기 때문에, 긴장과 관련된 질병들의 예방과 치료에 효과를 보인다는 이론에 근거한 방법이다.

8) 요가(Yoga)

인체에서 에너지 불균형은 심각한 병을 일으키기 쉬우므로 요가를 통해 불균형을 바로 잡고 조화를 유지함으로써 질병을 예방하려는 방법이다. 특히 자세와 호흡 그리고 명상을 통해 스트레스 감소와 혈압 강하 효과, 심장박동을 고르게 하는 효과, 노화를 막는 효과 등을 기대한다.

9) 최면요법(催眠療法, Hypnotherapy)

최면술로 잠재의식을 이끌어내 치료에 이용하는 것이다. 최면치료 방법에는 최면요법(Hypnotherapy), 전생치료법(Past-Life therapy/Regression therapy), 그리고 심상유도 치료법(Guided Imagery Therapy) 등이 있다.

10) 자발요법(自發療法, Autogenic therapy)

환자 자신의 창의력에 의식을 집중시켜 이완과 자각상태를 강화시킴으로써 전반적 건강증진 효과를 얻으려는 일종의 심리요법이다. 이를 통해 환자는 스트레스와 관련된 신체의 '투쟁' 체계를 끊고, '휴식과 이완, 기분전환'의 체계를 일으키게 된다는 것다.

11) 꿈치료법(Dream therapy)

꿈은 자기인식(Self realization)의 한 형태이기 때문에, 이 꿈의 내용을 잘 기억해서 깨어있는 의식세계와 연결시켜 행동하고 훈련함으로써 건강을 증진시킨다는 치료법다.

12) 심상유도 요법 (心想誘導療法, Guided imagery therapy)

완전한 이완에 이른 상태에서, 마음의 힘을 빌어 마치 질병이 몸에서 빠져 나가는 것처럼 상상함으로써 실제로 병이 없어지게 하는 치료방법이다.

13) 바이오피드백 요법(Biofeedback therapy)

특수한 기기를 이용하여 심신반응을 측정하고 이 측정된 정보를 소리나 광선이나 그래프의 형태로 환자에게 지각할 수 있는 형태로 feedback하며, 환자가 자신의 이완이나 긴장상태를 스스로 조절하도록 훈련시켜서, 통증의 감소, 스트레스 해소, 정신적 안정감, 전반적 건강증진을 도모하는 치료법이다. 이 치료의 일부는 재활의학 분야에서 통증치료와 근육이완법으로 사용하고 있다.

14) 오락치료(娛樂治療, Recreation therapy)

오락성을 띤 동작이나 운동을 통하여 치료효과를 도모하는 요법으로 그 일부 기술은 재활의학 분야에서 이미 많이 사용하고 있습니다. 환자의 소질이나 취미를 따라 미술, 서예, 도예, 음악, 무용, 운동, 꽃꽂이, 마술, 원예 등의 방법을 이용한다.

15) 무도요법(舞蹈療法, Dance therapy)

육체적 심리적 변화를 유도하기 위하여 몸의 율동을 이용하는 치료법이다. 신체장애에도 사용하지만 정신장애를 위해 더 많이 사용한다.

16) 음향(소리)요법(音響療法, Sound therapy)

17) 음악치료(音樂治療, Music therapy)

18) 예술치료(藝術治療, Art therapy)

19) 화초치료(花草治療, Flower remedies)

꽃의 긍정적인 이미지를 이용하여 직접 신체 및 정신의 상태를 호전시키고자 하는 방법다. 부정적인 감정이나 스트레스에 의한 불균형을 바로 잡아서 효과적으로 건강을 회복시키려는 것이다.

20) 원예요법(園藝療法, Horticulture therapy)

꽃을 피우고 채소를 가꾸고 식물을 키우는 원예행위를 통해 몸과 마음의 병을 고치고자 하는 것이다. 녹색식물을 눈으로 보고, 좋은 향기를 맡고, 식물을 기르면서 몸을 움직이고, 식물이 자라는 것을 보면서 성취감을 느끼는 것을 이용한다.

정신박약아나 정서가 불안정한 사람, 정신장애가 있는 사람에게 적용하여 두뇌를 자극하여 운동시키고 정서적인 안정감을 갖게 한다.

21) 마술 요법(魔術療法, Magic therapy)

마술(Magic)을 이용하여 치료효과를 얻는 방법이다. 마술 자체가 치료효과를 발휘하는 것이 아니라 치료적 운동(Therapeutic exercise)이 필요한 환자가 재미있고 신기한 마술을 배움으로써, 자발적으로 즐거운 마음을 가지게 되어 치료효과가 생긴다.

22) 생약요법(生藥療法, Herbal medicine)

약용식물을 이용하여 치료하는 방법이다. 동양에서는 한약재로서 주로 의료인들이 다루었지만, 유럽 여러 나라에서는 자연식품으로 일반인이 취급해왔다. 현대의학에서 사용되는 약품의 50%이상이 식물성분의 합성품이다.

23) 향기요법(香氣療法, Aromatherapy)

주로 향기나는 식물을 이용하여 질병의 치료와 예방목적으로 사용한다. 호흡기계통의 박테리아성 감염, 면역 결핍, 피부질환, 방광염, 단순성 헤르페스 등과 같은 감염성 질환과 정신병 치료 등에 주로 사용한다.

24) 봉침(독)요법(蜂針療法, Apitherapy, Bee venom therapy)

몇 군데 피부부위를 선택하여 인위적으로 벌침을 꽂아 줌으로서 통증의 감소, 관절염의 호전, 전신 건강의 증진 효과를 얻고자 하는 방법이다. 자가면역, 염증질환 치료에 사용한다.

25) 중금속제거 요법(重金屬除去療法, Chelation therapy)

인체에 필요 이상의 중금속이 축적되면 만성 피로 증후군이나 우울증을 비롯한 많은 질병이 유발될 수 있는데, 바로 이러한 중금속을 제거해 줌으로써 질병을 치료, 예방한다는 이론이다.

구체적인 방법은 비타민이 함유된 EDTA(Ethylene Diamine Tetraacetic Acid)를 정맥주사나 경구 투여함으로써 혈류로부터 독소나 노폐물을 제거한다.

26) 해독요법(解毒療法, Detoxification therapy)

인체 내에서부터 몸에 해로운 독소를 제거하는 치료법이다. 오늘날 사람들은 많은 양의 화학물질에 노출되고 있으며, 그로 인해 면역기능 저하, 신경 질환, 호르몬기능 저하, 정신질환, 암 등이 발생하는데, 이런 경우 절식요법(단식), 식이요법, 장세척요법, 비타민C 요법, 발열요법(發熱療法) 등을 사용하여 체내의 독소를 제거한다는 것이다.

27) 영양보충 요법(營養補充療法, Nutritional supplement)

비타민이나 광물질(Mineral) 등을 함유한 영양물질을 외부로부터 공급받음으로써 육체적 정신적 건강을 유지하여 질병을 예방하고 치료할 수 있다는 이론이다.

28) 식이요법(食餌療法, Diet therapy)

"무엇을, 어떻게, 언제 먹을 것인가"를 제대로 시행함으로써 건강유지와 치료효과를 높이는 방법이다.

29) 절식요법, 금식(絶食療法, Fasting)

일정기간 먹지 않는 절식(絶食)으로 치료 효과를 얻는 방법이다. 절식으로 없어져야 할 독소가 더 이상 들어오지 않고, 기존의 몸 안에 있는 독소도 단식으로 인해 빠져나감으로써, 고혈압, 두통, 알러지 등에 치료효과가 있고, 전반적인 건강상태의 향상에도 도움이 되고, 면역체계에도 좋은 영향을 미친다.

30) 장세척요법(腸洗滌療法, Colon therapy)

대장은 노폐물이 집약되어 빠져나가는 통로이기 때문에 대장 내에서 빠져나가지 못하여 노폐물이 그대로 정체될 경우 온갖 병균의 온상이 될 수 있으므로, 이러한 장을 세척하여 건강한 장으로서의 기능을 증진시킨다는 치료법이다.

31) 쥬스치료(Juice therapy)

과일 및 채소로 만든 신선하고 생생한 주스를 이용하여 신체를 자양시키고 충전시키는 방법이다. 면역체계를 자극시키고, 혈압을 낮추고, 독소를 제거하며, 환경 요인에 의한 질병이나 음식 알러지나 소화기 장애를 치료하는 데 도움이 된다.

32) 효소요법(酵素療法, Enzyme therapy)

신체 내에서 일어나는 탄수화물, 단백질, 지질을 분해하고 소화시키는 많은 화학반응에 관여하는 효소가 부족할 경우 여러 질환들이 유발된다는 것으로, 부족한 효소를 보충시켜 줌으로써 치료효과를 높이는 방법이다. 신선한 과일, 채소, 견과류, 종자를 이용한 식물 효소법과 췌장 효소를 사용하여 소화와 관련된 질환들의 치료를 돕는 췌장 효소법이 주로 사용한다.

33) 환경의학(環境醫學, Environmental medicine)

건강과 질병이 식생활과 어떤 연관성이 있는지, 그리고 먼지, 곰팡이, 화학물질, 여러 식품 등이 어떤 알레르기의 원인이 되는지 연구한다. 신체와 환경의 상호작용을 이해함으로써 육체적 정신적 건강에 도움을 주고자 한다.

34) 산소요법(酸素療法, Oxygen therapy)

산소를 이용하여 신체를 화학적으로 향상시킴으로써 질병을 회복하고, 재활을 증진시키며, 전반적인 기능을 촉진시키고자 한다. 감염질환, 순환기질환, 만성피로증후군, 관절염, 알러지 등의 치료에 사용한다. 고압산소요법(Hyperbaric oxygen therapy), 산화요법(Oxydation therapy), 오존요법(Ozone therapy) 등이 있다. \

35) 광선요법(光線療法, Light therapy)

생체리듬에 장애가 생기면 감정저하나 수면장애 등이 생기는데, 이 때 자연광선이나 다양한 형태의 빛을 조사해 주면 인체 자연리듬을 되찾고 건강을 유지할 수 있다는 이론이다.

36) 고열요법(高熱療法, Hyperthermia)

열탕(섭씨 40-41도)이나 뜨거운 담요팩, 스팀방이나 사우나 등을 이용하여 인위적으로 발열시켜 국소질환이나 전신질환을 치료하려는 방법이다.

37) 수치료(水治療, Hydrotherapy)

체내에 투여하거나 체표면에 적용하는 등 외부에서 질환의 치료에 물을 사용하는 방법을 말한다.

38) 생물학적 치과치료법(生物學的齒科治療法, Biological dentistry)

치아건강이 몸 전체의 건강에 영향을 미치고, 만성 퇴행성 질환들은 직접, 간접으로 치아의 문제와 관련이 있다는 관찰을 토대로, 치아 주위를 마취시키거나, 근육의 저항검사를 시행하거나, 경락을 이용하거나 하는 방법을 써서 충치, 감염, 중독물질, 알러지 유발물질 등을 제거하고, 치근관이나 치아나 턱의 정열 이상(Malalignment)을 교정해 줌으로서 전신의 질병을 치료하고 예방해 준다는 치료법다.

39) 카이로프랙틱(脊柱矯正醫學, Chiropractic medicine)

카이로프랙틱(Chiropratic)이라는 용어는 '손의 조작에 의한 치료'라는 뜻을 가진 그리이스어에서 비롯된다. 어떤 척추가 제자리로부터 약간 이탈한 상태를 카이로프랙틱에서는 '아탈구(亞脫臼, Subluxation)'라고 하는데, 아탈구로 인해 신경이 압박되어 결국 신경기능의 장애를 일으킨다는 이론이다. 아탈구가 된 척추를 주로 수기법(Manipulation)으로 교정하여 줌으로써, 신경을 통한 자연 치유력의 잠재력이 최대한 정상적인 방향으로 작용할 수 있도록 만드는 것이 치료의 이론이다.

40) 정골의학(整骨醫學, Osteopathic medicine)

모든 질병의 원인은 비뚤어진 뼈에 있으며, 이를 손이나 단순한 물리 운동기기를 이용하여 굳어진 근육과 뼈의 구조를 정상화시켜 줌으로써, 인체 내부의 자연 치유력을 극대화시켜 스스로 병이 치유되도록 한다는 이론이다.

41) 족부의학(足部醫學, Podiatric medicine)

'불편한 발을 편안하게 만들어주는 의학'이다. 족부의학 전문의는 정형외과 의사가 하는 절단 수술과 같은 큰 수술은 시술하지 않으나, 살 속을 파고드는 발톱을 제거한다던가, 발바닥의 굳은살과 티눈을 제거한다던가 하는 비교적 간단한 수술을 비롯해서, 발의 통증이나 근육의 강직을 제거하기 위한 보조기를 사용하는 등 발의 질병이나 불편한 증상을 진단하고 치료하는 모든 방법을 말한다.

42) 마사지요법(Massage therapy)

신체 해당 부위를 정상화시키기 위해 신체 조직을 마사지하는 것이다.

43) 바디웍요법(Bodywork therapy)

국소 또는 전신 마사지, 심부조직 수기(Deep tissue manipulation), 의식적인 운동(Conscious exercise), 에너지 균형조절(Energy balancing) 등을 통하여, 긴장을 완화하고 이완을 증진시켜 통증을 감소시키며, 손상된 근육을 회복 시켜주고 혈액순환을 자극시켜 줌으로써, 궁극적으로 인체 구조나 기능을 향상시켜 주고 전신건강을 증진시킨다는 이론의 치료법이다.

44) 반사요법(反射療法, Reflexology)

인체의 특정부위에는 외부자극에 특별히 예민해서 그 부위를 자극하면 체내의 다른 부위에 반사반응을 일으킨다는 전제하에, 마사지나 지압술 또는 열자극을 가함으로써 그 국소뿐만 아니라 전신 건강까지도 증진시킨다는 이론에 근거한다. 발 반사요법(Foot reflexology)이 가장 많이 사용된다.

45) 응용운동학(應用運動學, Applied kinesiology)

신체의 비정상적 자세가 만병의 근원이라고 주장하면서, 골격의 기형, 만곡이 근력 약화와 관계가 있고, 또 근력의 약화는 내장 기능 장애와도 관련이 있다는 점에 착안하여 포괄적인 근육검사를 통하여 다양한 건강문제를 진단하고 잘못된 근육 골격계를 관리해 줌으로써, 환자의 관절운동 범위, 면역이나 소화기능, 신경기능, 호르몬의 분비, 기타 내장의 기능을 호전시켜 준다는 치료방법이다.

46) 근자극요법(筋刺戟療法, IMS, Intramuscular stimulation therapy)

통증 중에서 비정상적인 말초신경계의 기능 이상과 초감수성(supersensitivity)에 의해 발생하는 신경병성 통증을 침으로 자극해 정상화시킨다는 이론이다. 침을 이용하는 것은 동양의학에서 차용한 것이지만, 현대의학의 해부학, 신경생리학에 기초 이론을 두고 있다.

47) 롤핑요법(Rolfing therapy)

인간은 직립동물이므로 "수직적 중력(Vertical gravity)"을 잘 다스려야 건강을 유지할 수 있다는 이론이다. 중력을 이용해서 인체를 수직 축으로 늘려주고 심부 마사지를 통해 근육과 골격을 좌우대칭이 되게 균형을 잡아줌으로써, 근육 골격계와 전신의 건강을 증진시킨다는 치료법이다.

48) 신경치료(神經治療, Neural therapy)

마취제의 주입을 통하여 인체의 에너지의 흐름을 자유롭게 하고 세포의 기능을 정상화시킨다는 이론이다. 일반적으로 만성 통증을 치료하기 위해 사용한다.

신체구조상 완전한 상태이면서도 외상 등을 통하여 에너지의 흐름이 차단될 수 있는데, 이 때 자율신경계의 신경부분, 혈위(穴位, acupuncture locus), 상처부위, 다른 조직 등에 마취제를 주입하여 이 에너지 흐름을 통하게 해준다는 것이다.

49) 재건요법(再建療法, Reconstructive therapy)

자연물질을 주입하여 약한 부위를 강하게 하거나 손상된 인대(ligament)나 건(tendon)을 강하게 하기 위해 결합조직의 성장을 자극하는 치료방법이다.

국소마취제, 자연물질, 덱스트로즈, 페놀, 광물질 등을 사용한다. 경화제(硬化濟, sclerosing agent)를 주입하여 약한 조직을 경화시킴으로써 강화시킨다는 조직경화 치료법도 이에 속한다.

50) 세포치료법(細胞治療法, Cell therapy)

동물의 기관(organ), 태아(fetus), 배(embryo) 등에서 떼어낸 세포질을 주입하여 여러 퇴행성 질환을 치료하는 데 사용하는 요법이다. 관절염이나 파킨슨병(Parkinson's disease)과 같은 퇴행성 질환에 흔히 시도한다. 넓은 의미에서는 수혈이나 골수이식 등이 여기에 포함된다.

51) 두개천골자극 요법(頭蓋薦骨刺戟療法, Craniosacral therapy)

두개골이나 천골을 조작하여 두통이나 강직상태를 호전시키고 일반적인 신체기능을 향상시킨다는 치료법다. 자율신경 중 부교감신경은 뇌신경과 천골신경에서 나오므로 이 부위에 자극을 주어 부교감 신경의 기능을 향상시켜 결과적으로 자율신경 전반의 균형을 잡아 준다는 이론이다.

52) 홍채진단학(虹彩診斷學, Iridology)

홍채(iris, 검은 자위)는 그 구조나 짜임새, 색채, 밀도가 내장이나 인체 다른 부위의 변화를 반영하면서 변하기 때문에, 이 변화를 관찰힘으로써 어떤 장기나 조직에 문제가 있는지를 알아낼 수 있다는 것이 이론적 배경이다.

이는 치료법이라기보다는 100여년간 나름의 진단방법으로 정립되어 왔고, 이 방법에 의한 진단을 토대로 자연요법(Naturopathy), 자연치유법(Natural healing), 척주교정치료(Chiropractics) 등과 연관지어 치료한다.

53) 기공치료(氣功治療, Qigong therapy)

기공은 호흡조절과 정신집중, 육체 운동을 어떤 형식에 따라 반복함으로써 신체 내의 기(氣, flow of vital energy)의 균형을 도모하고 이를 활성화시키고 혈의 흐름을 좋게 하여 몸을 튼튼하게 하고 병도 낫게 한다는 방법이다.

54) 접촉요법(接觸療法, Touch)

간단하거나 또는 복잡한 접촉을 이용해서 치료하는 방법이다. 그러나 실제는 시술자와 환자 사이에 신체적 접촉이 거의 없으며, 시술자가 환자의 몸 위에서 5~15cm 정도 간격을 두고 머리에서 발끝까지 몸을 따라 손을 움직이면서, 에너지 흐름이 불균형하다.

다시 말해 뭉친 부위나 막힌 부위를 찾아내고, 그 부분을 몸 밖으로 내보낸다는 생각으로 쓸어내는 동작을 반복하는데, 막힌 느낌이 없을 때까지 시행한다. 마지막 단계는 환자에게 시술이 어떠했는지 물어보고 환자의 에너지 영역을 재평가한다.

55) 자장요법(磁場療法, Magnetic field therapy)

전자기 에너지와 인체가 교차관계를 가지고 있는 것으로 이해하고 전자장을 치료에 응용하는 방법이다. 자장요법은 인체 내의 세포와 신경계의 흐름 사이에서 화학적인 반응을 일으켜서 치료한다.

전자기장(전파장, 자기장, 교류파장, 직류파장 등)을 이용해 신체적 장애(천식, 암)와 정신적인 장애를 예방, 진단, 치료하고, 통증 등의 증상을 감소시키며, 스트레스 해소 등에도 사용한다.

56) 에너지의학(Energy medicine)

인체에는 신경계, 혈관계 외에 정보전달과 조절을 총괄하는 에너지의 흐름이 있다는 이론에 기초하고, 신체 내에서 생명을 유지하고 조절하는 데 관련된 정보전달 체계와 조절체계에 전자기파를 주입하여 에너지 균형을 맞춤으로써 기능부전과 질병을 치료하는 방법이다.

인체 내에 흐르는 여러 전자기들을 측정하는 진단기기를 사용한다. 치료방법으로는 전기치료, 자기장치료, 적외선치료, 레이저치료 등이 있으며, 신체의 일부에 자극을 주거나 자기침, 레이저침 등과 같이 동양의학의 경락 체계를 자극하는 방법도 있다.

실기편

제9장

경락 마사지

제9장.. 경락 마사지

1. 경락의 정의

경맥과 낙맥의 총칭으로 경맥은 기와 혈이 인체의 상하로 흐르고 있는 큰 줄기이고 낙맥은 경맥에서 갈라져 나와서 그물망처럼 펼쳐져 전신을 싸고 있는 것이다.

쉽게 말하자면 큰 강을 이루기 위해서는 작은 하천의 지류가 있어야 하듯이 경맥이 큰 강이라 한다면, 낙맥과 손락은 경맥이라는 큰 강의 지류들이라 할 수 있다. 따라서 낙맥을 마사지하는 것은 세부적인 그물들을 제대로 정리하는 것을 의미하며 이는 역으로 경맥의 원줄기를 정상적으로 보완시켜주는 것이다.

일반적인 마사지는 길이로 흐르는 경맥과 그 속에 속해 있는 혈을 주로 마사지하는 방법이었지만 인체는 입체적으로 되어 있기 때문에 몸을 그물망 방향으로 마사지 함으로써 균형 잡히고 아름다운 외모로 돌이킬 수 있는 방법이다. 이것은 서양의학은 미치지 못한 놀라운 효과를 낼 수 있는 방법이다. 마치 도공이 도자기를 빚듯이 우리의 인체를 손상 없이 아름답게 만드는 것과 같다.

2. 경혈의 정의

경혈은 신체의 표면에 있는 침/뜸/부항 치료의 자극점으로서 경락(經絡)상에 있어서 침을 놓거나 뜸을 뜨기에 알맞은 자리를 말한다. 이는 인체의 중요한 기초적 물질인 기(氣)와 혈(血)이 지나는 통로인 경락을 따라 신체의 바깥 부분에 위치하는데, 기(氣)가 모이고 출입하는 곳이라 하여 혈(穴-구멍)이라 한다.

기가 출입하는 구멍(穴)은 인체 표면의 여러 곳에 있는데, 그 중에서도 주요한 14개의 경맥(경락 중에서도 주된 줄기)을 따라 있는 것을 경혈이라 하며, 모두 365개가 있는 것으로 알려져 있다.

경혈은 기가 출입하는 점일 뿐 아니라 신체 내부에 있는 어떤 장기나 기능 체계의 이상이 체표에 나타나는 반응점이기도 하다. 그 반응은 보통 통증으로 나타나는데 그 부위에서 자발적으로 또는 손으로 눌렀을 때 나타나며, 색깔과 윤택의 정도가 달라지기도 하는데 대개 과민 반응이 나타나게 된다.

경혈은 모든 혈들 가운데서 기본이 되는 것으로 경락상에 있지 않은 다른 혈들에 비해 치료 효과가 우수한 것으로 알려져 있다. 침을 놓았을 때 아무데나 찌르는 것이 아니고 정해진 자리가 있는데 이것을 경혈이라 한다. 혈은 구멍이란 뜻으로 경각의 기가 반응하는 구멍을 뜻한다.

1) 경혈이 지나는 통로

- 경맥 : 폐경 - 배꼽 위～엄지손가락
- 심경 : 심장～식도/눈, 심장～소장, 심장～팔 안쪽에서 새끼손가락 안쪽 끝(정신기능을 담당하는 심장으로 통하는 문과 같은 혈)
- 심포경 : 가슴심～가운데 손가락 안쪽
- 입맥 : 아랫배부터 화음부에서 겉으로 나와 몸 앞면 중앙
- 위경 : 콧망울-눈안쪽-인중-귀 앞-앞머리, 정중-아래턱-가슴-배-사타구니-허벅지-무릎-종-아래바깥쪽-셋째 발가락(또는 둘째 발가락)
- 대장경 : 집게손가락 끝-콧망울 끝
- 담경 : 눈 바깥쪽-갈비뼈-골반 옆면-허벅지 옆면-발등-넷째 발가락 바깥

- 간경 : 엄지발가락 바깥쪽 끝-다리 위-허벅지 목-아래턱-이마-정수리-눈-입술
- 비경 : 엄지발가락 안쪽-발 복사뼈-배-가슴-목-혀뿌리
- 신경 : 새끼발가락-발바닥-다리 안쪽-허벅지 안쪽-가슴-혀뿌리
- 독맥 : 백회-등 뒤
- 삼초경 : 넷째 손가락 바깥쪽-팔-목덜미-귀 뒤-눈 바깥쪽
- 소장경 : 새끼손가락 바깥쪽-팔-어깨 뒷면-목-귀 중앙
- 방광경 : 눈 안쪽 각-이마-머리꼭대기-힙-종아리-복사뼈-새끼발가락 바깥쪽

3. 경락을 한마디로 정의한다면?

경락은 인체 내 기혈(氣血)운행의 통로이며, 인체의 안팎 및 위/아래를 연결하고 장부 기관을 연계하는 독특한 계통이다.경락은 경맥(經脈)과 낙맥(絡脈)으로 나뉘는데, 경맥이란 기혈이 상하로 운행하는 통로이고, 낙맥이란 기혈이 좌우로 운행하는 통로이다. 사람의 몸에는 내장기를 유지하기 위한 에너지 순환계가 상하/좌우/종횡으로 머리끝에서 발끝까지 분포되어 있다.

경맥과 낙맥을 흐르고 있는 에너지를 기혈, 도는 영위(營衛)라고 하는데, 이는 서양의학에서 말하는 순환기 계통이나 신경계통과 비슷한 점이 있으나 다르다. 질병 시에 나타나는 증상들은 기혈이 순조롭게 행하지 못하기 때문인데, 이런 경우의 치료는 경락을 순조롭게 소통시키기 위한 방법들이 강구된다.

경락은 생체 내에 흐르는 생체 에너지의 경로이다. 그것은 생체의 각부 장기(6장 6부)와 연계를 갖고 있는 생체의 에너지가 흐르는 선이다. 동양무술과 기학(기공), 그리고 동양의학은 전부 경락론(경락학)을 뿌리로 하고 있는 것이다. 경락론을 근간으로 하는 침술 요법의 효과에 대해서 세계 보건 기구인 WHO에서는 100여가지 이상의 질병에 효능이 있는 것을 공식적으로 인정하고 있다.

4. 경락 마사지의 기원

마사지는 영어로 Massage이다. 원래의 뜻은 만지다/주무르다/쓰다듬다 등 여러 가지이지만 공통점은 손으로 사람의 몸을 만지는 것이다. 인간은 몸의 아픈 곳이 생기면 본능적으로 그곳을 손으로 만진다. 다른 사람이 아픔을 호소하여도 또한 손으로 만져주고 싶다는 본능을 느낀다. 이것은 우리 인간은 손으로써 아픈 곳을 다스리고 나아질 수 있게 할 수 있다고 믿고 있다는 것을 말하고 있다.

서양에서는 현재 전문적인 치료사(테라피스트)들이 활동하면서 여러 가지 마사지가 보편화되어 있다. 유럽의 마사지가 대표적인데 스웨덴, 덴마크, 독일 등이 대표격이다. 스킨쉽이라고 하는 그들의 문화와 함께 마사지도 자연스럽게 생활화되어 발달해왔다. 기후와 풍토에 맞게 오일을 사용하여 부드럽고 자연스러운 마사지법이 많다. 여기에 의학이 접목되어서 치료차원의 마사지요법이 전문적으로 발달했다.

동양은 전통적인 수기요법(지압, 경락, 안마 등)과 함께 근래 유럽으로부터 들어온 스포츠 마사지나 여러 가지 요법들이 융합되어서 고유의 마사지로 재 탄생되어가고 있다. 우리의 어머니들이 배아픈 자식을 쓰다듬는 행위는 다름 아닌 동양전통의 마사지법 이다. 여기에 더 나아가서 한의학과 동양의학의 뿌리깊은 사상이 융합되어서 더욱 효과적인 지압법, 안마, 경락법이 발달해 왔다.

한국, 일본, 중국, 대만 등이 대표격이라고 할 수 있다. 다소 강하면서도 자연스러운 마사지법으로서 일상생활에서 자연스럽게 발달해 왔다. 한국, 중국, 일본 등 동아시아에서는 근대 서양의학과는 달리 오랜 역사와 전통을 가져 전해 내려오는 의학이다.

이것은 약 2000년 전 중국의 황제내경이라는 책의 내용에 기록되어 있다. 이것이 동남아일대에 전파되어 각기 풍토와 민족에 적응되어 오늘날까지 전해온 것이다. 이 의학을 흔히 동양의학, 또는 민족의학이라 하는데 수천 년 전부터 주로 경험에 의하여 연구된 것이기 때문에 오늘날의 과학적인 이론이나 증명할 수 있는 자료나 수단은 가지지 못했다.

그러나 고대 의학자들은 우리 몸 속의 기관이나 내장이 잘못 되었을 때, 몸밖의 피부나 근육에 이상이 나타나기 때문에 인체의 내부와 피부와의 어떠한 변화의 관계를 맺는 것이라 생각했다. 그리하여 연구한 결과 내장과 피부 표면에 상호작용이 있다는 것을 알아냈다. 바로 이 상호작용을 담당하는 것이 경락이다.

5. 경락 마사지의 기법

1) 맨손 경락 마사지

가장 일반적 개념의 경락 마사지의 체계, 개별 경락들에 맨손자를 통해 특정의 효과를 만들어낸다. 유주 경로를 따라 자극하는 체계와 국소의 면에 인하여 자극하는 체계 등이 있으며, 포인트(Point), 라인(Line), 존(Zone)자극 등 여러 가지 것이 있다. 경락 수기요법(맨손경락)의 경우에는 수기요법 전반의 기법 훈련이 필요하고 그 배경으로 경락과 '음양사상, 오행사상' 의 이해를 근저에 두어야 한다.

2) 압박법

롤링압박법, 유념법, 유날법, 경찰법, 강찰법, 윤찰법, 진동압법, 유동압법, 신전압법, 직압법, 사압법, 간헐압법, 림프경락법, 예열법, 유열법, 혈도압법 등의 기법이 있다.

수기용제, 유기용제의 사용유무에 다라 건식경락과 습식경락으로 대별된다. 습식경락의 경우에는 별외로 피부의 쓸림을 방지해주는 효과가 크다.

3) 브러싱 경락(솔 경락) 마사지

솔을 통해 경락을 자극하는 마사지의 형태이다. 경로를 자극하기 편한 장점이 있다. 굵은 솔과 부드러운 솔 등을 이용하여 다양한 효과를 낼 수 있다. 단점으로는 포인트나 구역에 대한 섬세한 기법을 적용하기 힘들다는 점이다.

4) 부항 경락 마사지

경락을 자극하는 기법으로 부항이라는 도구를 쓰는 경락 마사지이다. 국소라는 면에 더 치중하였으며, 부항마사지의 경우에도 여러 가지 체계가 있다. 이미 몇 천년 전부터 있어왔던 부항은, 동서양에 있어왔다.

치료적 효과로 미용기구이기 보다 민간요법적 기구에 가까운 부항은 정압(음압)부항법과 오일이나 로션을 이용한 흡착유주법, 부항발포법등이 있으며 강한 치료적 기법으로는 형렬부항법등이 있다. 음압을 이용한 경락자극법(음압유치법), 근저항이완조절법, 음압진동법등이 있다.

자극강도를 조절할 수 있으나, 일반적으로 중/강 자극이며 처방자가 초보자인 경우에는 제한된 국소에 국한하여 사용하기를 권한다. 미용적 부항마사지에서는 유두 함몰이나 가슴의 확대에도 적용하기도 한다.

시간과 자극량에 주의하여야 한다. 부항은 국소비만에 있어 타 기법과 병행할 시 시너지 효과를 준다. 부항경락에서는 경락에 적용할 수 있는 특수부항을 배운다. 부항경락이라 할지라도 경락 마사지의 수기가 전혀 없이는 경락 마사지의 범주에 넣기 힘들다.

5) 경근(경락근육) 마사지

대개의 경락 마사지가 표피자극에 그치는 것에 반해 근마사지(idianMuscular Massage)에서는 각각의 경락자극이 심층부에 영향이 미치도록 하고 있다. 그것은 경락의 기본 구성 요소가 되는 경혈(Point)이 각각의 체표가 아닌 특정 심도(깊이)를 갖고 있기 때문인데 경근마사지는 단순히 경락 마사지를 공부하는 것만이 아닌 근육에 대한 기본적인 이해(근육마사지공부)도 뒤따라야 한다.

6) 림프 경락 마사지

경락 마사지와 림프 마사지의 혼합장르로 경동양의학의 경악 외에도 림프의 해부학적 학설을 토대로 림프와 경락을 동시에 다룬다는 점에서 동서 융합마사지인 셈이다.

7) 경락 교정 마사지

경락 마사지 개념에 신체교정 수기요법 개념이 조합된 스타일의 마사지. 경락 마사지와 교정(스포츠 교정, 정체, 조체법, 정골요법 등)이 조합되어 있는 모습을 보인다.

8) 경락 스포츠 마사지

각각의 경락은 유주성, 유주방향과 더불어 음양사상(론), 오행사상(론), 체질론을 적용하기도 한다. 오행의 상생법칙, 오행의 상극법칙, 오행의 상모법칙 등 경락건강상담 경락별(개인지도, 그룹지도, 단체지도 안내-각종 경락 마사지 및 특수수기요법 강좌 기획상담, 창업상담, 각국식 스포츠마사지, 전통 체육지압술 다수, 수기용법 다수, 교육지도 및 기획, 급소지압 및 경혈지압법 교육 및 상담, 처방) 마사지는 자연스럽고 청결한 몸의 상태에서 식전이나 식후 1시간 이상 경과 한 후에 받는 것이 좋습니다.

[방법]

- 시술 받기 전에는 샤워를 하여 몸의 상태를 릴렉스하게 만들고 피부도 청결히 한다.
- 몸의 이상유무, 피부/근육/혈관/내장기관/컨디션 등을 점검한다.
- 오일을 사용할 경우 피부트러블이 생기지 않는가 테스트 해본다.
- 가운을 사용할 때는 움직임이 자연스럽고 통이 좁지 않은 얇은 반팔, 반바지 등이 좋다.
- 눕거나 엎드렸을 때 불편한 곳이나 딱딱하게 베기는 곳이 없도록 한다.
- 시술도중 불쾌하거나 불편한 때 또는 좋은 느낌일 때 항상 마사지사에게 알린다.
- 마사지사의 압력이 약하다거나 강할 때도 적당한 압을 알려준다.
- 몸과 마음을 최대한 자유롭게 한다. 좋은 상상과 생각을 하고 어떠한 생각도 하지 않는 상태도 좋다.
- 마사지사의 손의 리듬을 느끼고 호흡을 조절한다. 쉬운 예로 강하게 누를 때는 숨을 깊게 내쉬는 것이 좋다.

9) 기타 경락 마사지 체계의 여러 가지

(1) 남상천옹식 국소경락

한국 약침의 창시자이자 대체요법가인 남상천옹이 연구 개발한 경락개념을 경락 마사지에 도입한 체계(배경학술에만 차이가 있음/표준 전통 경락 개념의 이설, 경락을 병소 대항의 국소 면역 저항조직으로 봄)

(2) 장부 기 마사지식

만탁치아의 장부 기 마사지 계열의 이론과 같이 경락을 국소경락 개념으로 보는 사람들의 마사지(인체 장기의 생체에너지점을 라인 개념이 아닌 국소(Zone)로 보는 계파) 대개 경락의 주행선 개념보다 음양오행론을 더 인정하고 있음.

(3) 타일랜드식 경락

타이 전통의 10라인(Sib Sen)으로 전통 타이 마사지로도 불리우는 체계

(4) 도구 사용 경락

도구를 이용한 마사지 체계(주걱, 각편/뿔, 수저 등)도 있다.

이 외에도 많은 체계가 있을 수 있으나 대별하면 대개 위의 분류 안에 들어간다. 경락학과 인체해부학적 기본 지식 없는 어떤 체계도 경락 마사지라 불리우기엔 명칭이 적당치 않다. 그런류는 단지 민간 요법으로서만 불려져야 적당하다. 가장 일반적이고 고유한 개념의 경락 마사지는 맨손 마사지이며, 이러한 수기요법에서 발전해 나가 특수한 목적을 띨 때에 부항 및 기타 도구 경락 마사지도 의미가 있다.

6. 경락지압(마사지)의 효과

1) 기혈(혈액) 순환 촉진
2) 전신 생체 조절 기능 향상
3) 급만성 피로회복과 심리적 안정
4) 무력한 내장 기능 회복 촉진
5) 근육조직의 이완
6) 피부미용효과와 세포기능 활성화로 노화지연
7) 스트레스 예방 및 치료
8) 두통 완화 및 불면증 개선
9) 비만의 완화 및 관절염의 개선
10) 동통(통증)과 내분비(호르몬)계 이상조절(요통, 두통, 생리통 등)
11) 골격구조의 정상화 - 목, 어깨, 척추, 골반, 다리 교정효과
12) 오십견(견비통) 및 신체부정위 개선 효과
13) 척추기능 향상
14) 신체 이상 징후 발견을 빠르게 해줌
15) 각 경락(meridian : 생체의 에너지 통로. 정경-표준경락 12경에 기경팔맥이 있음)의 자극으로 생체세포를 활성화시킴
16) 급만성 변비의 개선
17) 활력 증진
18) 성장 촉진 및 구조적 왜곡 개선으로 신장 증가
19) 심인성 질환에 정서적 안정효과
20) 자율 신경 실조증 개선 효과로 건강감 확대

7. 경락 마사지

우리 몸을 흐르고 있는 기의 순행로라 할 수 있는 경락을 자극하여 개개의 경락과 관계를 맺고 있는 장기에 보다 나은 영향을 주기 위한 동작이다. 외부의 손상이 없이도 가끔씩 특정부위에 통증을 느끼거나 뭉침을 볼 수 있는데 이는 경맥의 흐름이 원할하지 못함에서 나타나는 증상이다.

사지말단으로 흐르는 각각의 경락은 방광경락과 연결된다. 그러므로 경락 마사지는 등부위 → 다리뒷면 → 다리앞면 → 복부 → 가슴 → 팔 → 얼굴 순으로 실시한다.

1) 경락 마사지 절차

① 사진법에 의한 진단

망진 - 눈으로 보는 것, 피부의 상태, 윤기, 피지상태, 예민정도를 분석한다.

문진 - 말의 습관, 목소리, 힘의 강약정도를 파악한다.

문진 - 직업환경, 발생원인을 파악한다.

절진 - 손으로 만져보면서 촉지되는 것을 느끼고 경맥의 이상을 발견한다(수혈과 모혈 촉진).

② 체질분석을 한다.
(근본적인 관리를 위해 각 체질의 분석이 꼭 필요하다.)

③ 체질결과에 대한 경락관리방법을 설명하고 고객에 체질에 맞는 보사원리를 적용한다.

④ 각 체질의 변이를 체크하고 관리 포인트를 정하며 배수혈, 복모혈, 오수혈을 풀어준다.

2) 경락 마사지시 유의사항

① 가볍게 열매트를 이용하는 것이 효과적이다.

② 고객의 심리를 파악하며 안정된 상태에서 실시한다.

③ 마사지속도 조절, 강・약 조절을 해야한다.

④ 식후 1~2시 이후에가 적당하다.

⑤ 아토피, 알러지 피부의 여부, 오일 알러지 여부를 확인한다.

⑥ 손이 따뜻해야하며 오일 도포하기 전 관리사의 손을 열이나도록 비벼서 체온과 같게 한다.

⑦ 관리사와 고객이 호흡을 같이하므로 기가 소통될 수 있도록 한다.

3) 금기사항

① 질병에 의한 미용적 변이가 발생한 경우
② 전염성 질환과 피부질환
③ 임산부 및 신체가 너무 쇠약해졌을 때
④ 각종 종양에의한 질병

4) 경락 마사지시 나타날 수 있는 증상

① 어지럼증, 구토의 경우
② 가스냄새, 체취
③ 복부관리시 압통이 심한 경우
④ 일시적 얼굴 부종 - 장시간 마사지를 했을 때, 강한압을 주었을 때, 등관리 및 경추 부위, 위경, 대장경, 소장경 부위를 풀어주지 않았을 때

5) 경락 마사지시 관리사의 자세

① 손톱은 짧고 청결하게 유지한다.
② 관리시에 머리를 묶고 단정하게 한다.
③ 복장은 간단하고 신축성이 있고 단정해야 한다.
④ 가벼운 메이크업을 한다.
⑤ 소리나지 않는 신발로 편하고 흰색계통으로 하는 것이 좋다.

6) 경락 마사지시 준비물

① 큰타올, 작은타올(같은 계열 색상 파스텔톤으로)
② 경락베드, 고객에 맞는 아로마 오일, 헤어밴드

* 경락 마사지를 할 때 오일의 중요성

경락 마사지는 자연치유력을 증강시키는 기법이다. 그러므로 오일은 매우 중요한 역할을 한다. 일반적 오일은 기공을 막을 뿐 아니라 경맥의 흐름에 도움을 주지 않는다(열발생이 안됨). 아로마 오일은 자연성분의 오일이므로 경락 마사지를 극대화시키는데 많은 도움을 준다.

8. 마사지 방법

① 경찰법 : 가볍게 문지르는 방법, 복부 등 넓고 예민한 부위에 사용

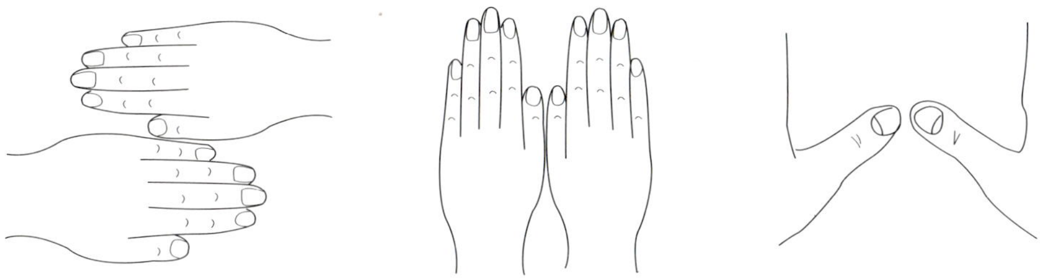

② 강찰법 : 경찰법보다 강하게 문지른다.

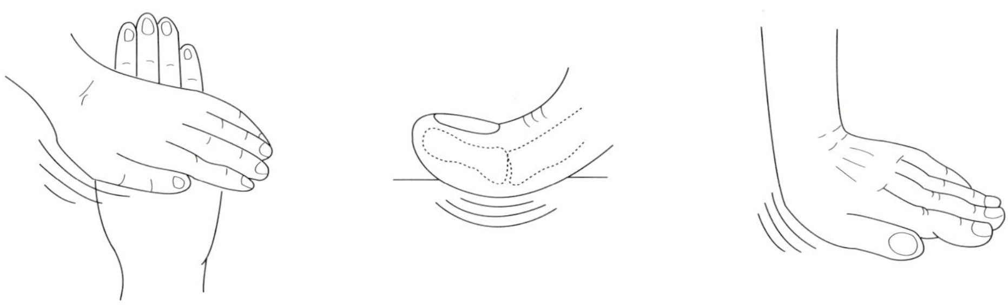

③ 유날법 : 꼬집듯이 문지른다.

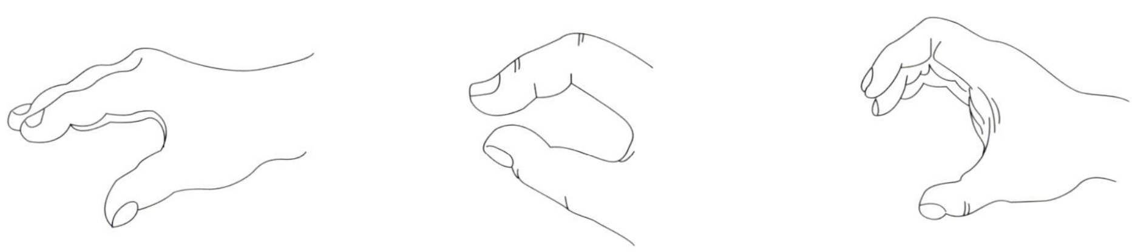

④ 압박법(안압법)

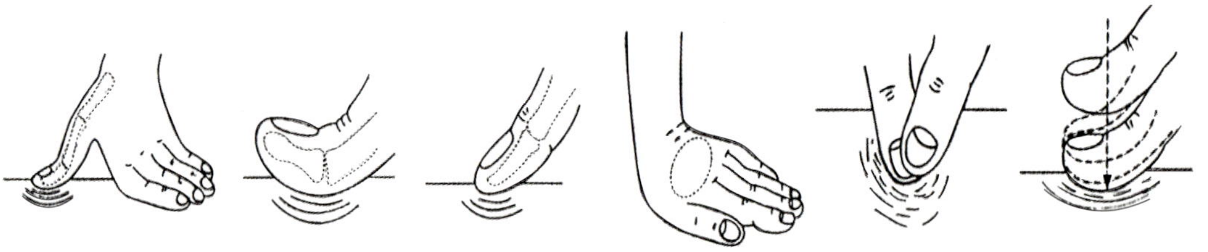

※ 주압법 : 팔꿈치를 이용하여 압을 준다. 척주 부위나 환조 부위 등 다소의 압이 필요할 때 사용

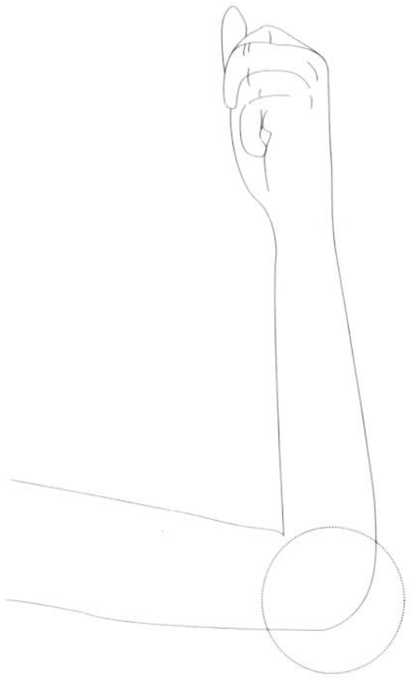

※ 장안법 : 손바닥을 이용하여 눌러준다. 등쪽의 방광선이나 견갑골 부위를 풀어줄 때 사용

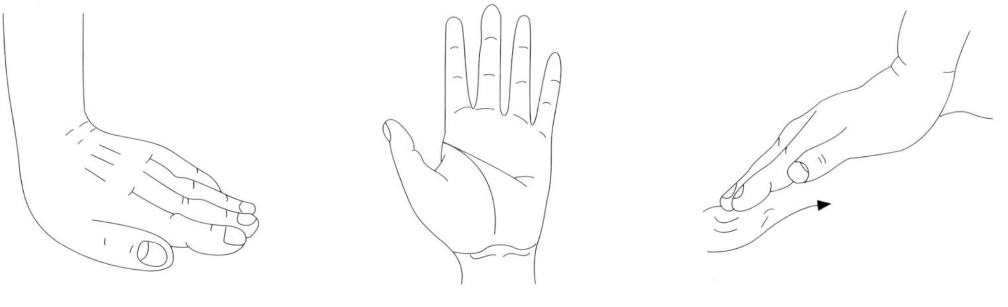

⑤ 신전법 : 근육과 건을 늘려준다. 마무리 시의 스트레칭 등부위의 근육을 늘려줄 때

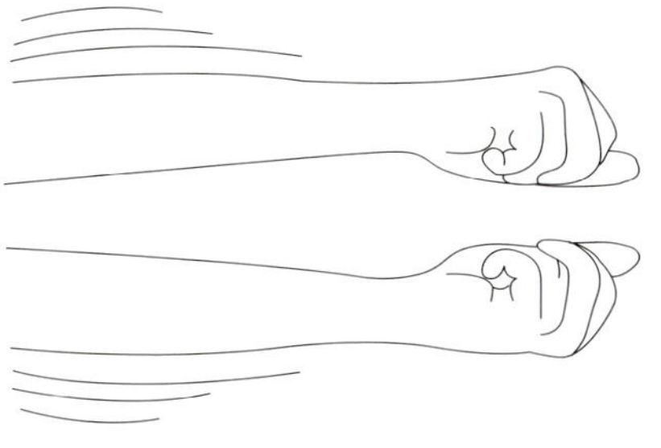

⑥ 진동법 : 근육을 잘게 흔들어 신경조직을 흥분시킨다.

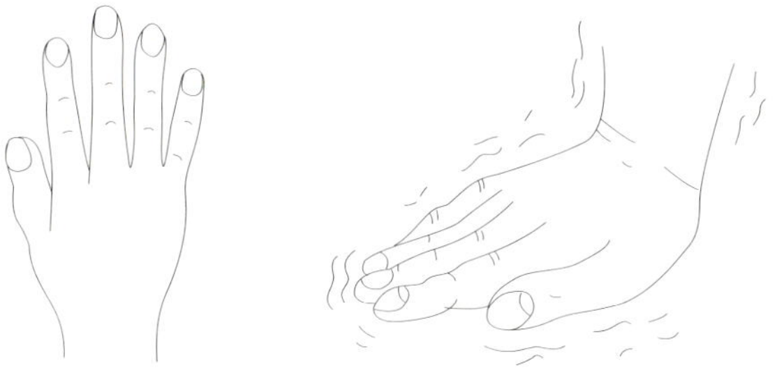

※ 무지추법 : 무지의 지문부위를 이용하여 밀어주는 방법, 특정부위를 상하좌우로 밀어준다. 머리, 경추 또는 등부위에 주로 활용

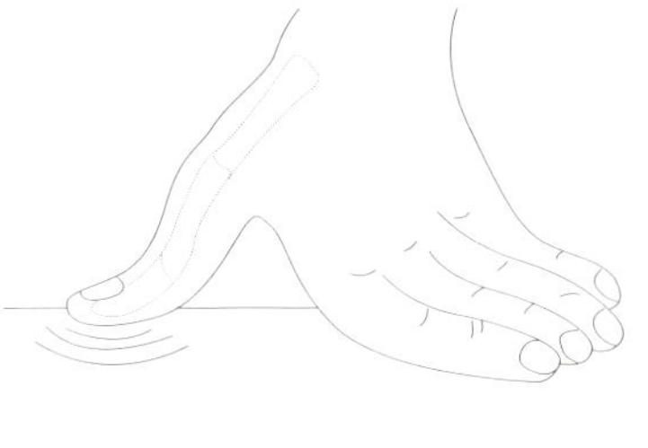

※ 장악추법 : 주먹을 쥐고 네 손가락의 마디가 평행이 되도록 하여 밀어 올려주는 방법, 무릎이 움푹한 부위, 등의 척주 부위 등에 사용(압이 너무 강해지지 않도록 유의)

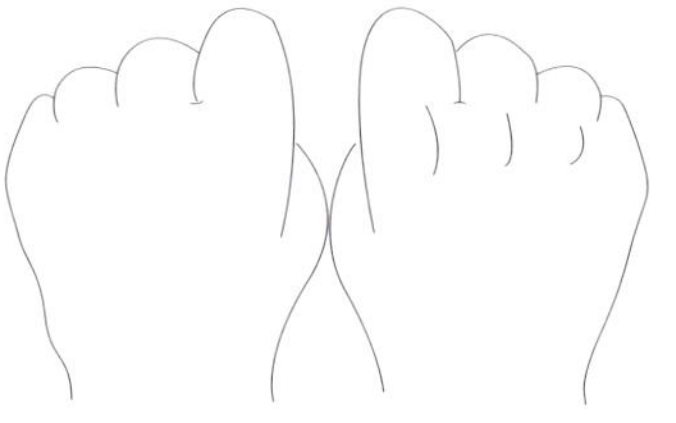

※ 수장사지추법 : 손바닥의 앞쪽 즉 손가락 네 개를 모두 이용하여 밀어준다. 피부가 부드러운 부위에 이용되고 허리, 다리, 등, 복부 등에 이용된다.

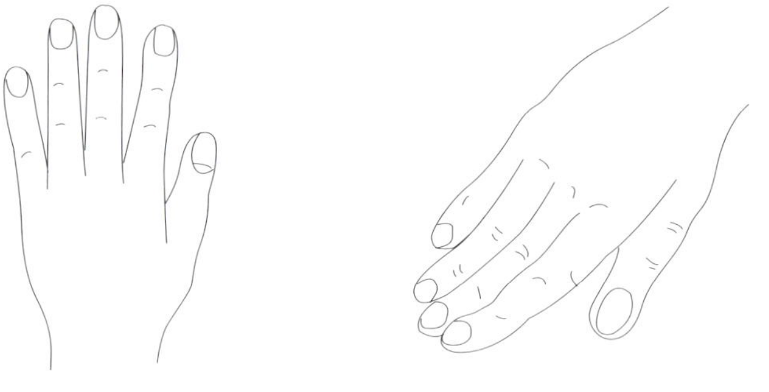

⑦ 횡찰법 : 손을 옆으로 세워서 소지의 옆을 이용하여 마찰한다. 허리 부위나 늑골 하단부위에 사용된다.

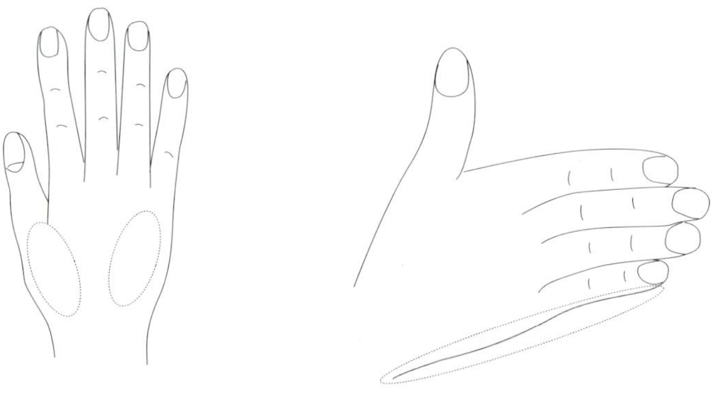

⑧ 안유법 : 눌러서 문지른다.

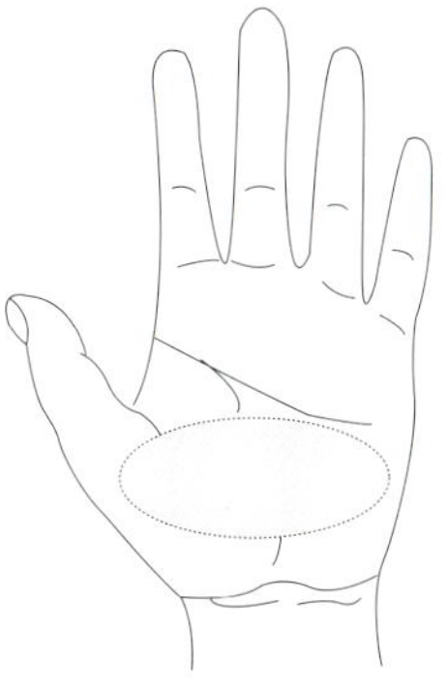

⑨ 손가락 각 부의 호칭

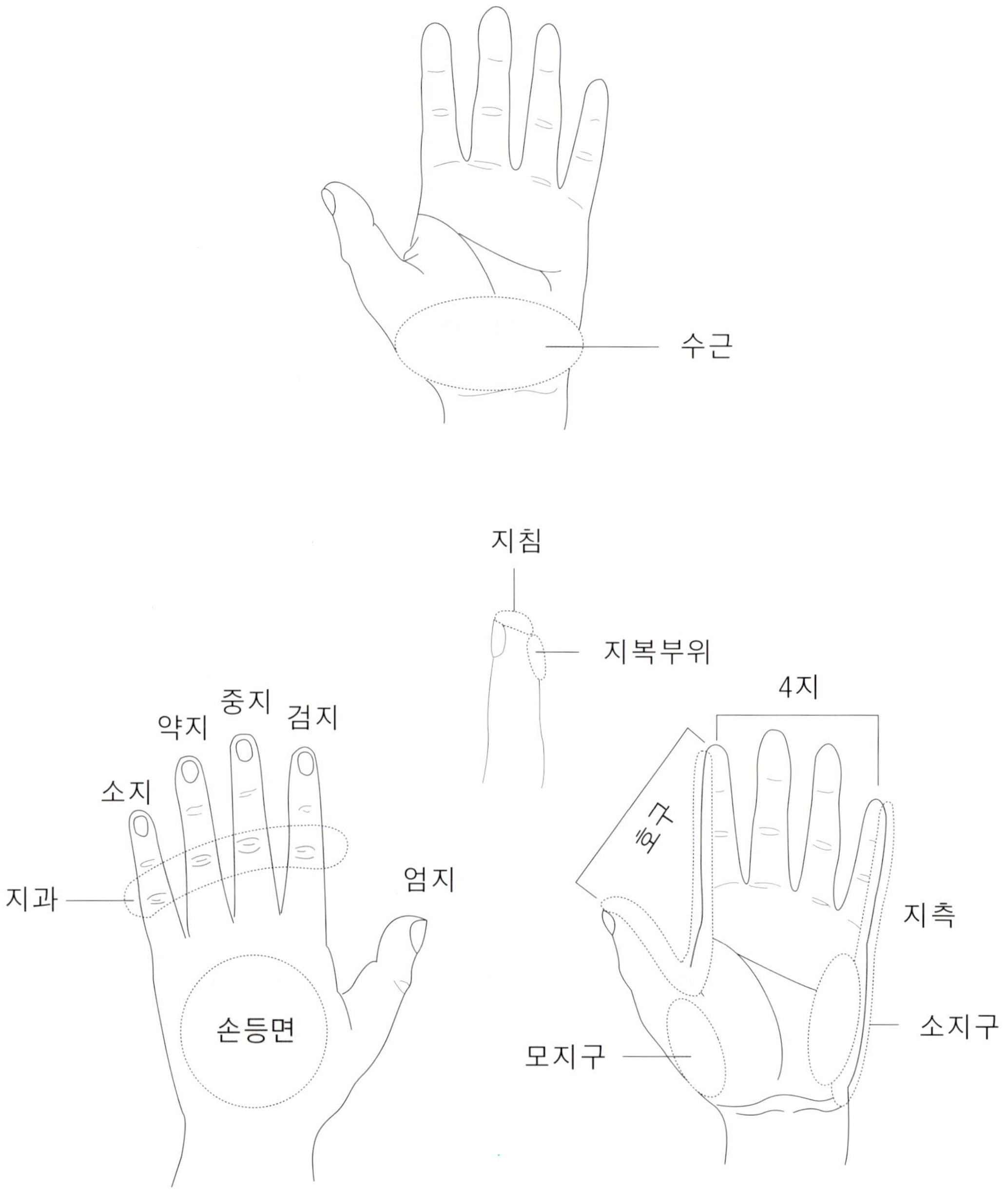

9. 마사지

1) 등관리

경락 마사지시 등은 매우 중요한 부윙이다. 방광 1, 2선이 있으며 각 경락의 진단점과 치료점과 12경락의 수혈이 분포되어 있고, 모든 미용적변이를 맨 먼저 유추할 수 있는 곳이다(등망진법). 모든 경락 관리시 기본적으로 해야만 된다.

주요관리경락과 경혈 - 12경맥의 모든 수혈(팔료혈, 요안부위), 방광경, 독맥

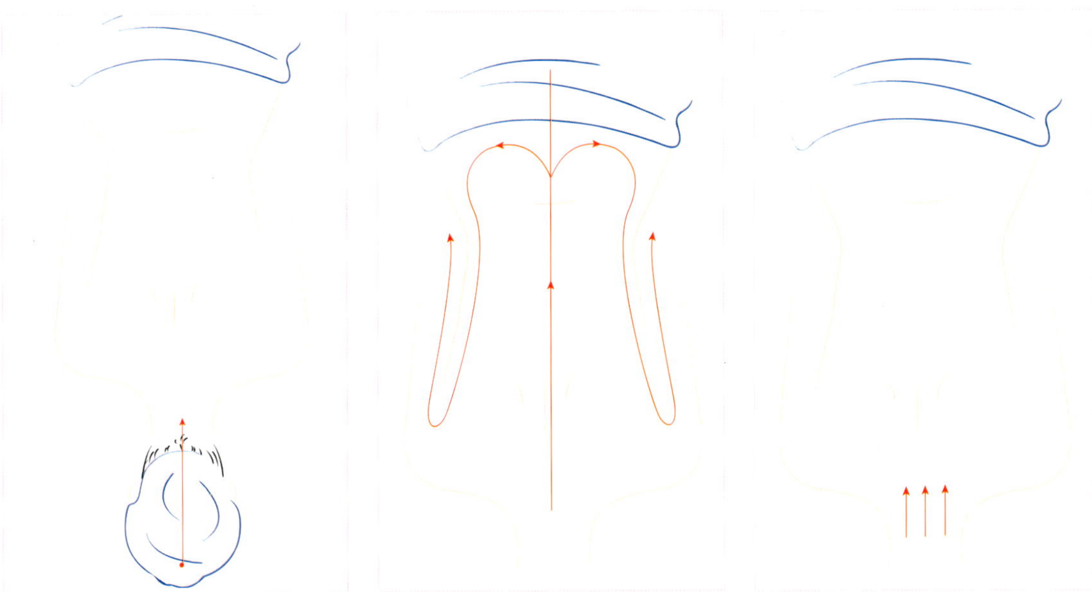

❶ 모지로 백회 지압 후 독맥을 따라 엄지로 자극, 뇌호, 풍부, 완골 지압한다.

❷ 오일 도포

❸ 지과부위로 대추혈 쓸기

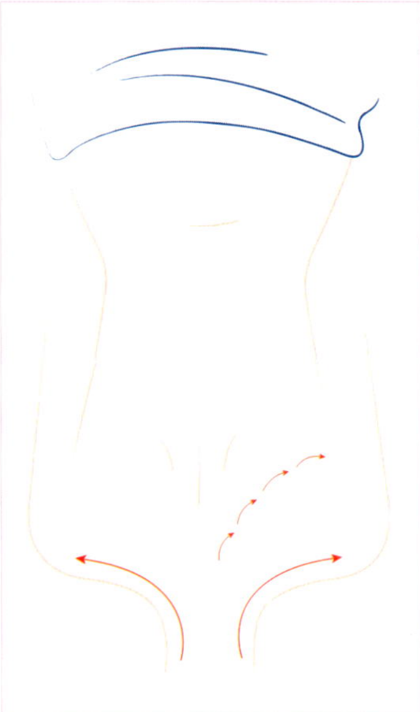

❹ 지과부위로 소장경

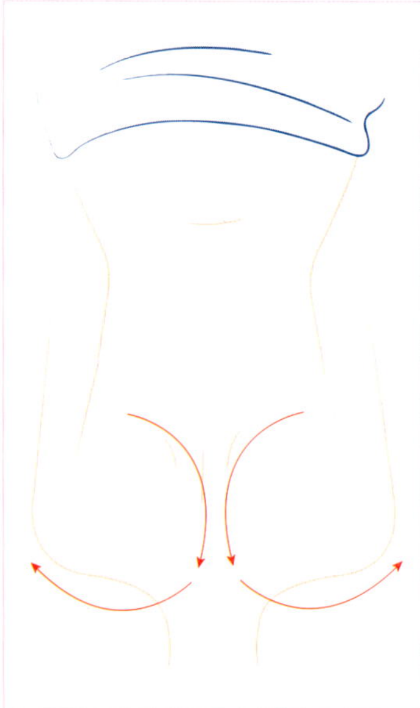

❺ 수근으로 쓸어주기

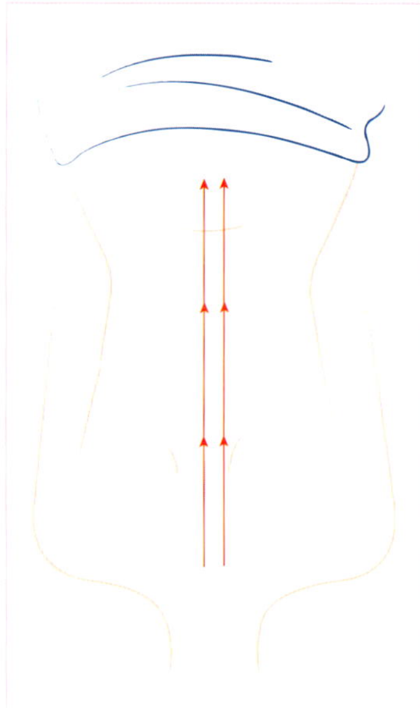

❻ 방광 1, 2선 지과부위 이용, 요안부위까지 쓸기

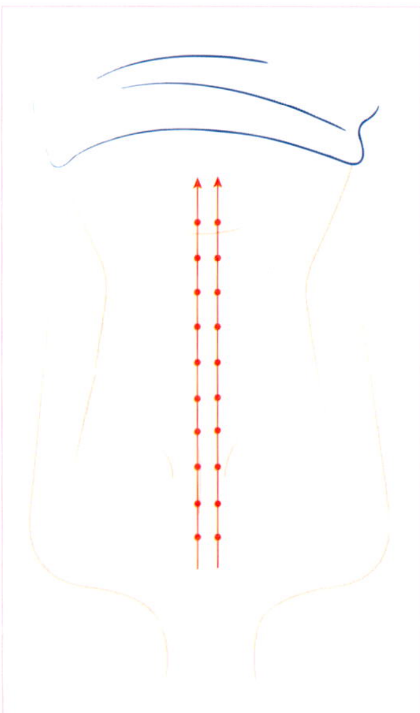

❼ 지과부위로 굴리면서 압하기

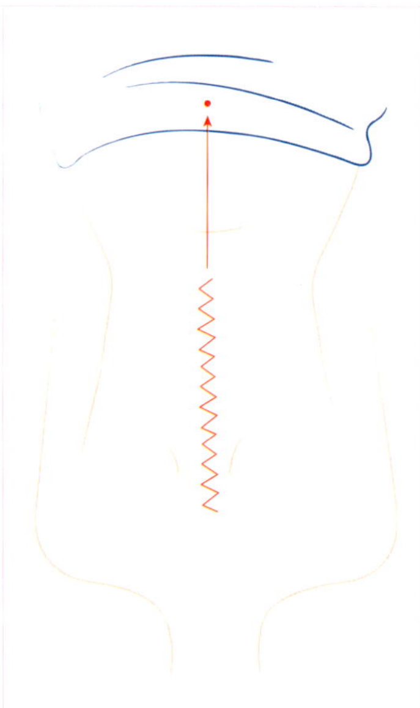

❽ 독맥을 따라 명문까지 모지로 지그재그 압준 후 수근으로 쓸어내려 장강에 압하기

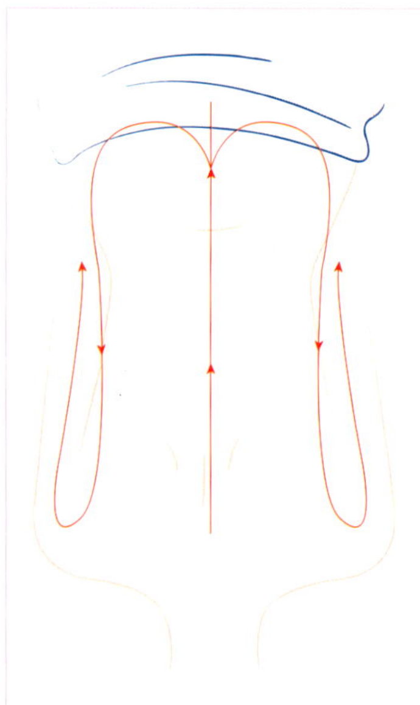

❾ 독맥을 수장 사지로 내려가 후상장골능을 돌아 쓸어준다.

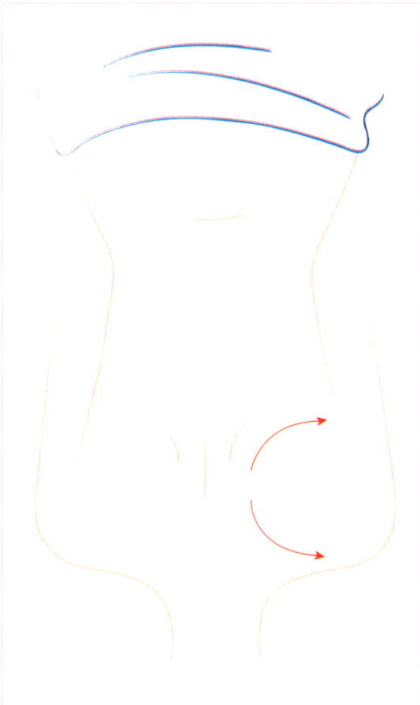

❿ 사지로 소장경을 쓸어준다.

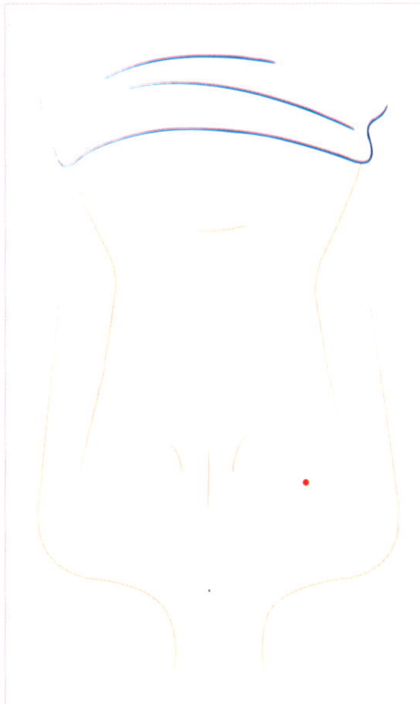

⓫ 수장으로(두손 포개서) 천종을 자극한다.

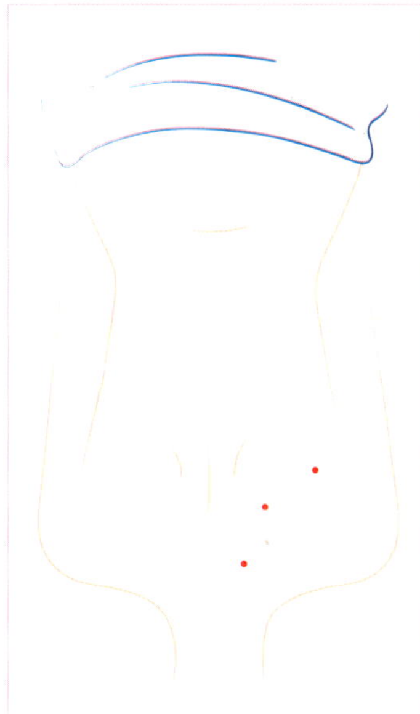

⓬ 격관, 신당, 백호, 지렛대 자극한다.

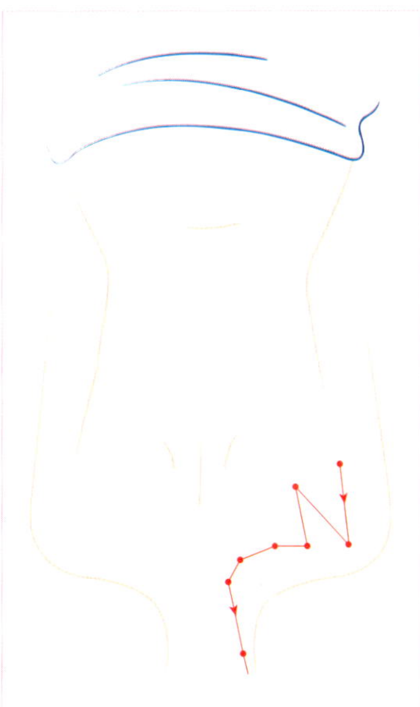

⓭ 소장경 지압(견정, 노유, 천종, 곡원 압하고 견외수, 견중수유로 빼준다.)

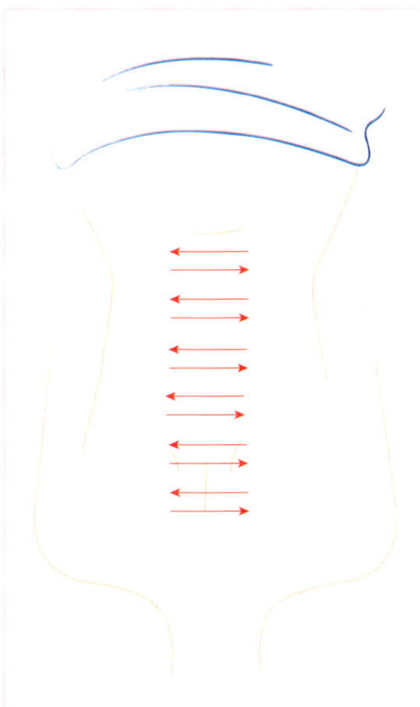

⓮ 척부이용 독맥과 방광경을 지그재그로 풀어준다.

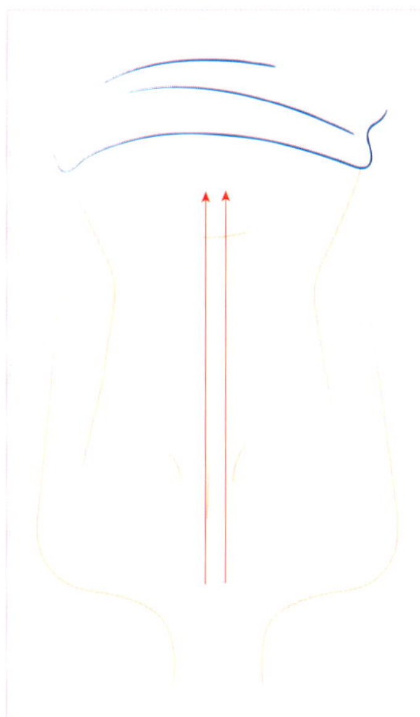

⓯ 척부를 이용, 요안 부위까지 쓸기

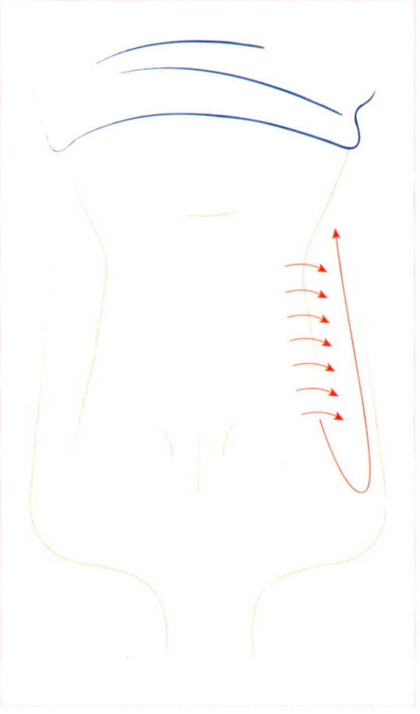

⑯ 모지구를 이용, 한쪽씩 옆구리 쓸기

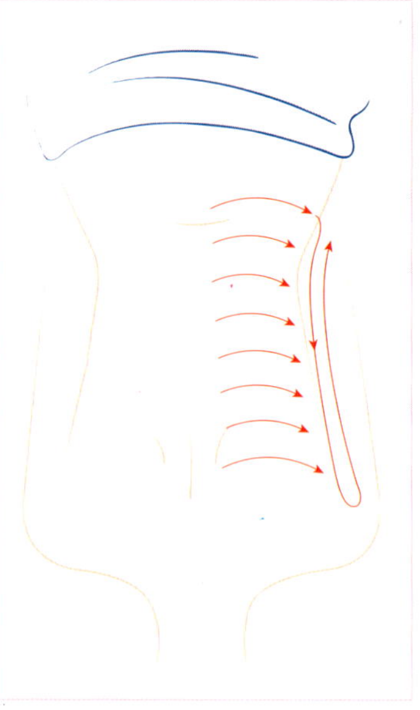

⑰ 사지로 한쪽씩 옆구리 쓸기

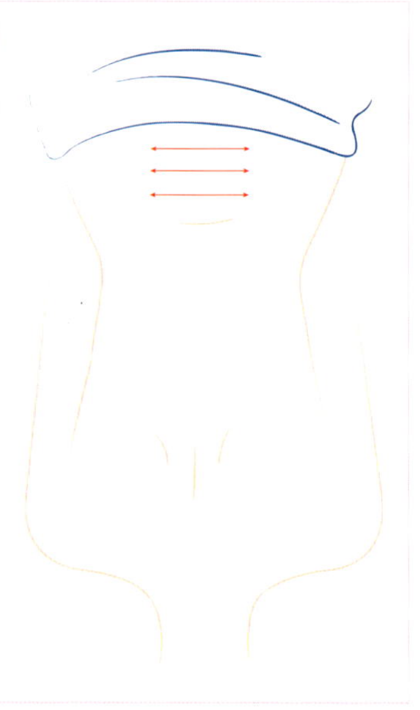

⑱ 소지구로 요안부위 쓸기

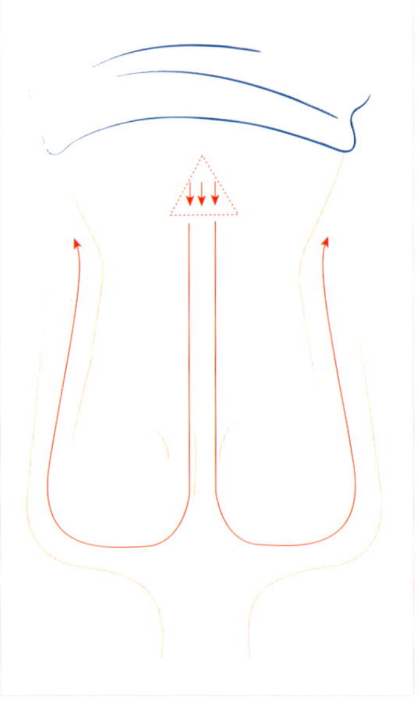

⑲ 장악추법으로 요안부위 굴려주고 어깨 돌아 내려오기

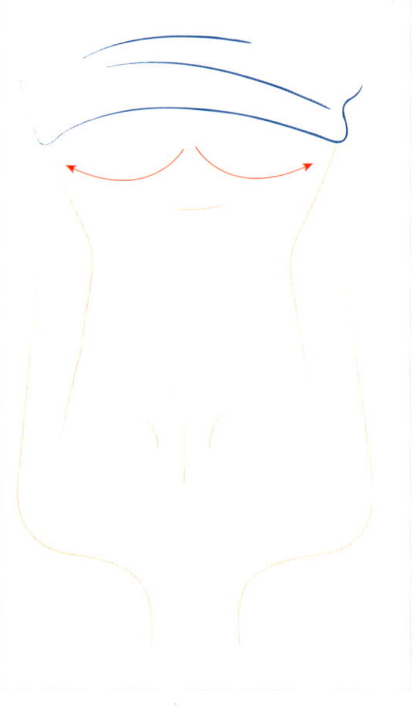

⑳ 후상장골능 횡찰법으로 쓸어준다.

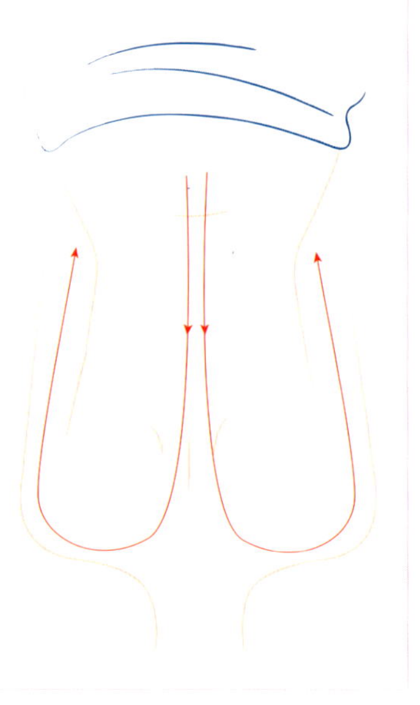

㉑ 마무리, 사지로 방광경을 상행, 어깨 돌아 내려온다.

2) 다리(뒷면)

다리에 흐르는 경락은 족삼음경과 족삼양경이 흐른다. 다리관리시에는 대퇴부 외측은 담경과 다리후면은 방광경, 위경, 승산부위(오금)는 하체 비만관리시 매우 중요한 경혈이다. 허벅지 내측 혈해부위는 허벅지 비만을 개선시키는데 중요한 혈위이다. 경결부위에 강한압을 주지말고 부드럽게 사지복을 이용하여 풀어준다.

주요관리경락과 경혈 - 방광경, 담경, 비경, 승부, 승산, 환도, 풍시, 혈해, 삼음교, 용천

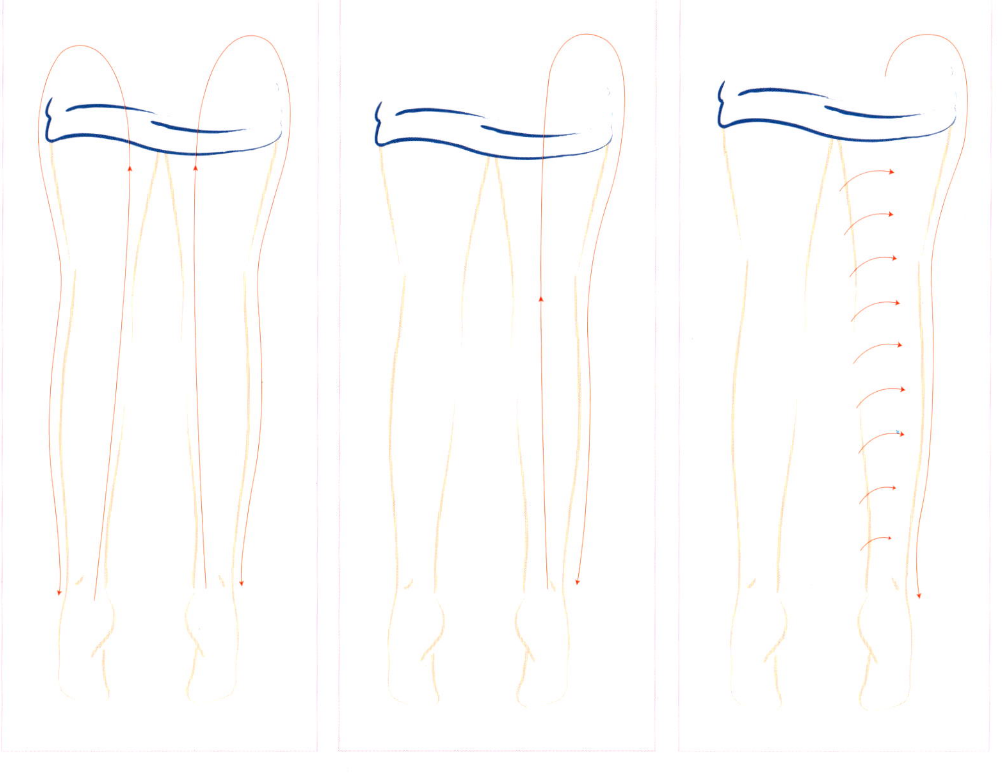

❶ 오일 도포, 양쪽 다리를 나누어서 사지로 음경 쓸어 올려서 양경으로 내려준다.

❷ 수근 부위를 이용, 방광경 쓸어올려 담경으로 내려준다.

❸ 호구부위를 이용하여 방광경을 쓸어올려 담경으로 내려준다.

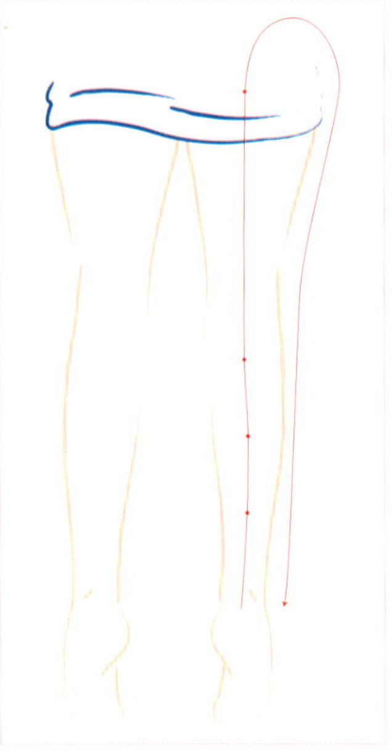

❹ 지과부위 이용 승산, 승근, 위중을 자극하여 올라가 승부를 자극하여 담경으로 내려온다.

❺ 용천, 연곡, 태계, 태종, 조혜, 복유, 교신까지 모지로 쓸어올린다.

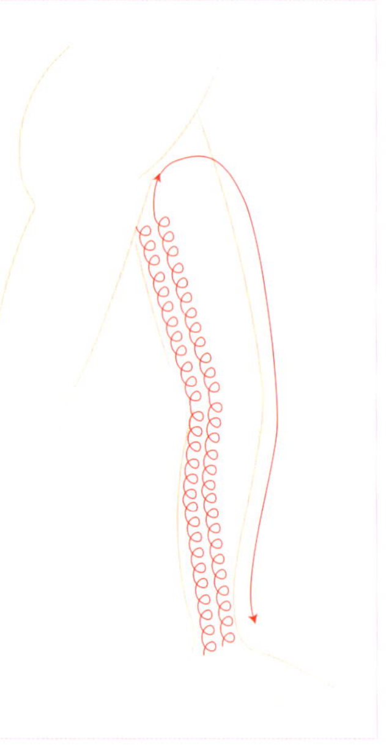

❻ 모지구로 삼음경(신 · 간 · 비경)쓸기

❼ 혈해 부위 풀기(지과, 호구, 모지, 장악추법 이용)

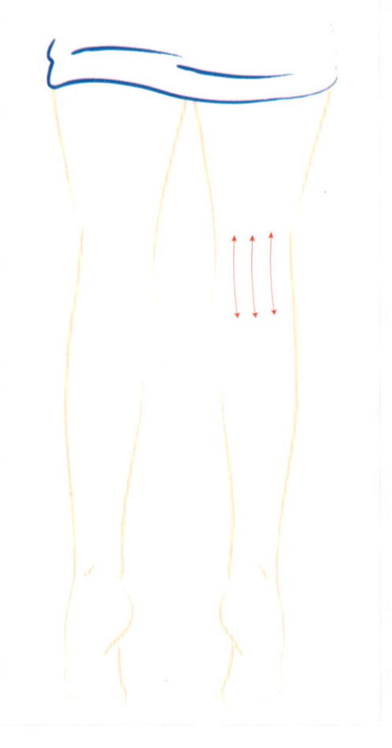

❽ 위중, 위양, 부극, 음곡을 지과부위로 굴려주기

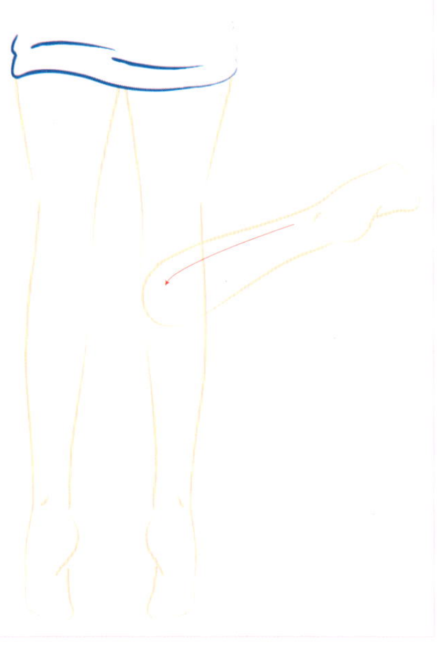

❾ 다리꺾어 오금 부위 향하여 사지로 쓸어주기

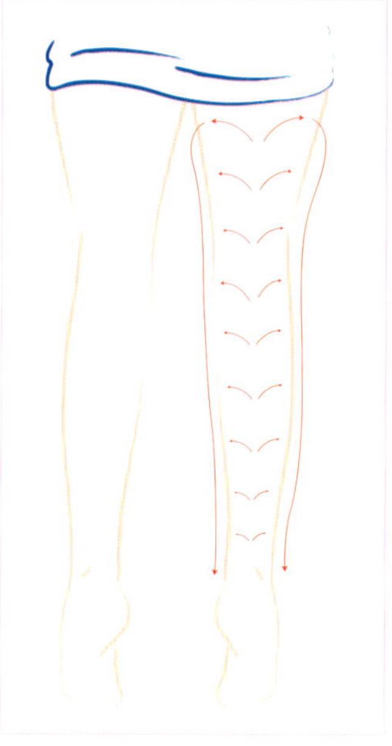

❿ 모지로 부채살 모양으로 쓸어내리기

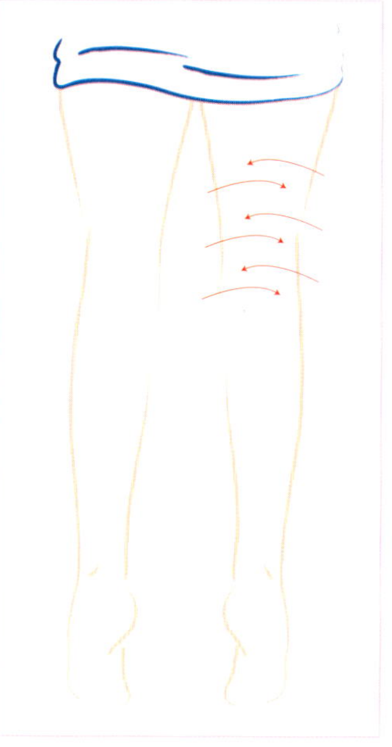

⓫ 수근부위로 음경, 양경 교차하기

⓬ 지과 부위로 양경 쓸기

⓭ 신 · 간 · 비경을 장악추법으로 쓸기

⓮ 용천에서 부터 발뒤꿈치 두드리기

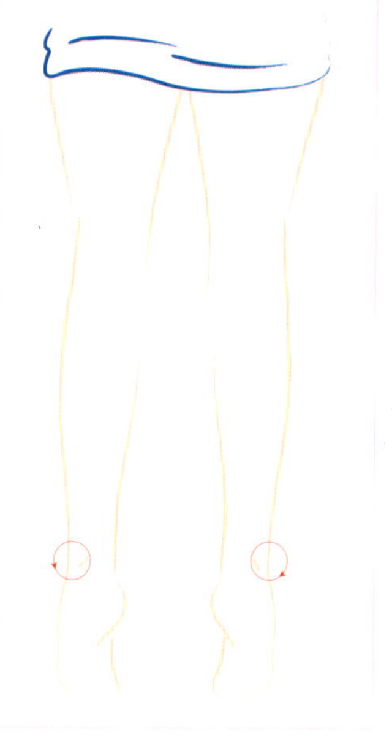

⓯ 복사뼈 모지로 돌려주기

3) 다리(앞면)

다리 관리 앞면을 위경, 비경, 신경을 관리함으로써 다리 비만을 효과적으로 할 수 있다. 허벅지 비만은 여성호르몬과 관계과 깊으며 오행체질분석에 의하면 土의 문제로 인하여 발생 빈도가 많다.

주요관리경락과 경혈-위경, 비경, 신경, 간경, 혈해, 비관, 복토, 독비, 족삼리, 풍륭, 해계, 여태, 충양, 음포

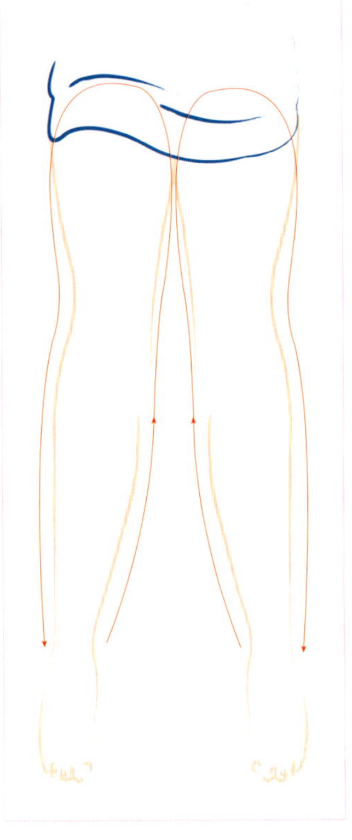

❶ 전체 쓸기(뒷면과 동일)

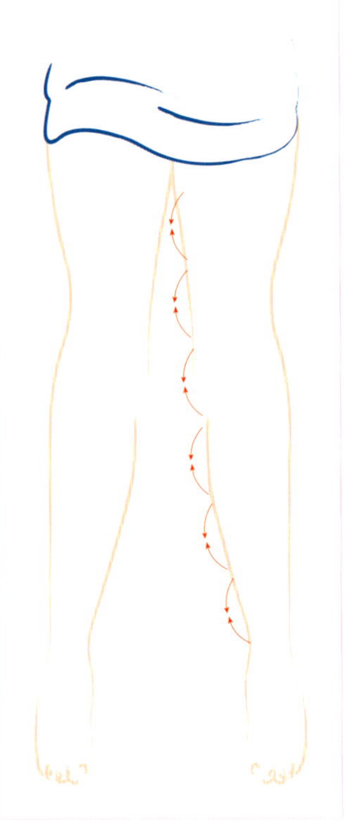

❷ 음경을 사지로 지그재그 올라간다.

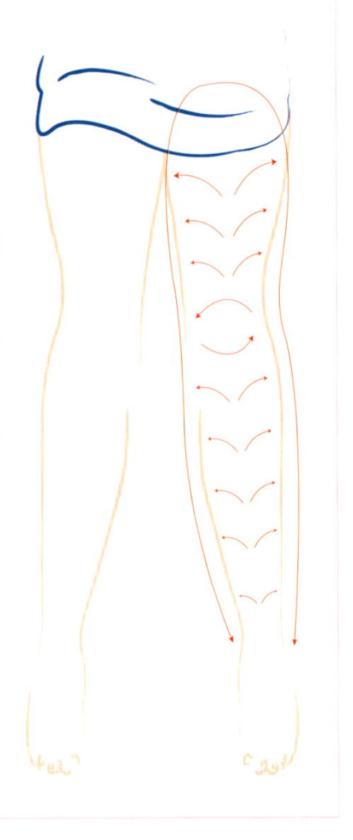

❸ 모지로 부채살 모양으로 쓸어내리기

❹ 수근, 지과 부위 이용 쓸어주기

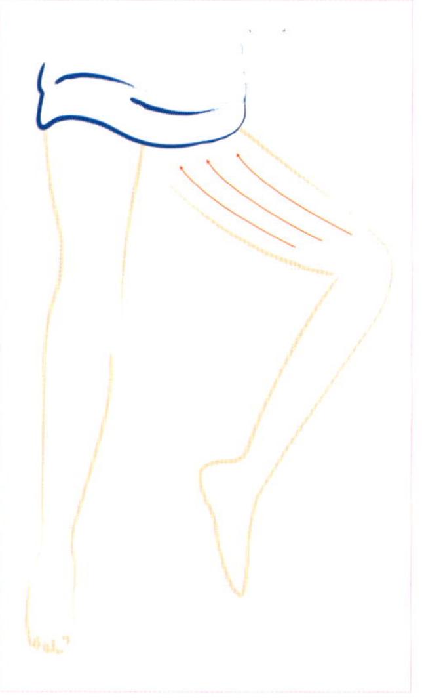

❺ 장악추법으로 신 · 간 · 비경 쓸어주기

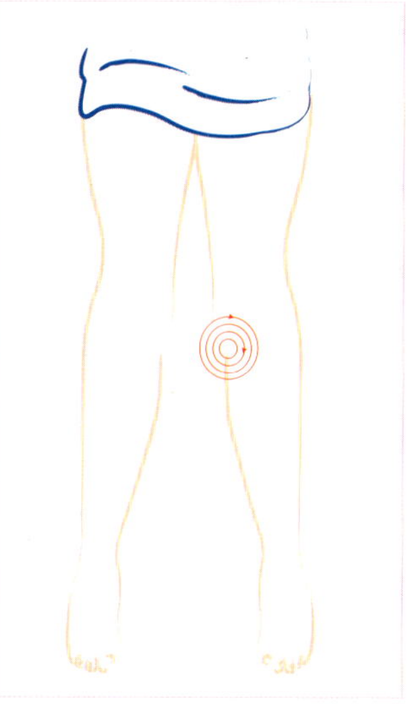

❻ 혈해부위 쓸기(모지구, 호구, 지과 부위 이용)

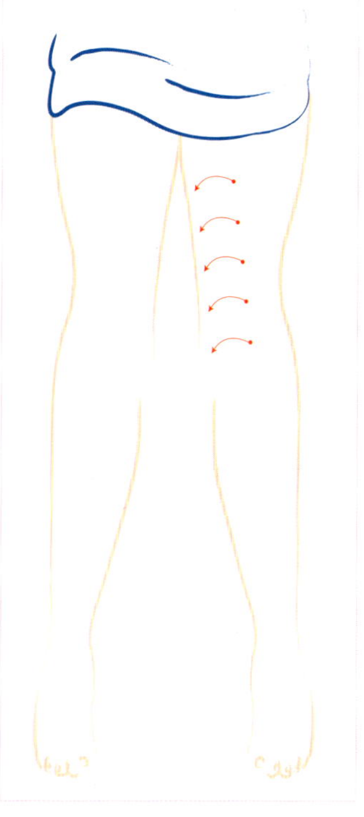

❼ 모지구 이용 음경내리기

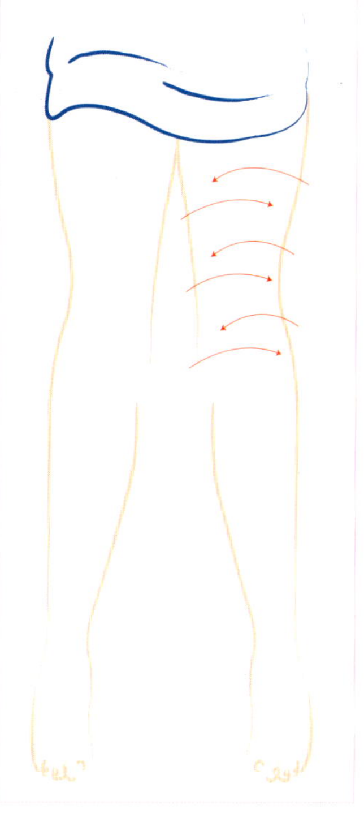

❽ 음경, 양경 교차하기(수근 이용)

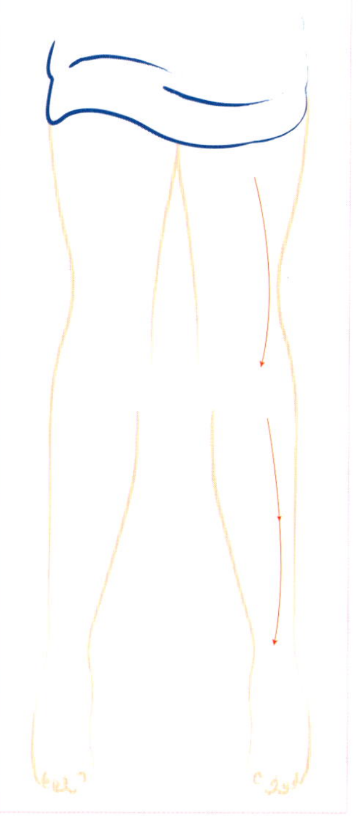

❾ 비관에서 복토까지 장악추법 이용, 족삼리에서 해계까지 호구부위로 쓸기

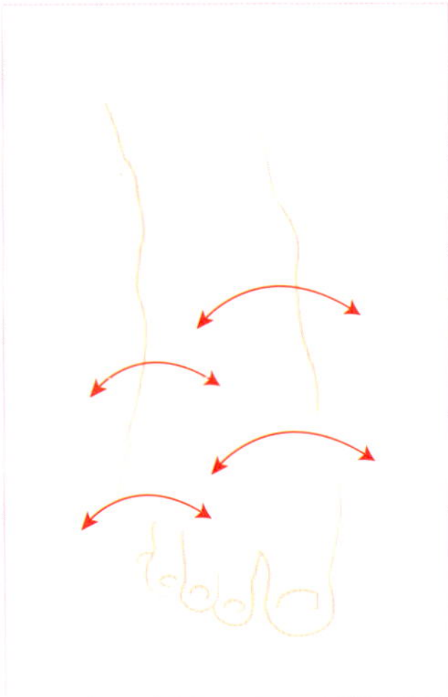

❿ 발등 짜주기

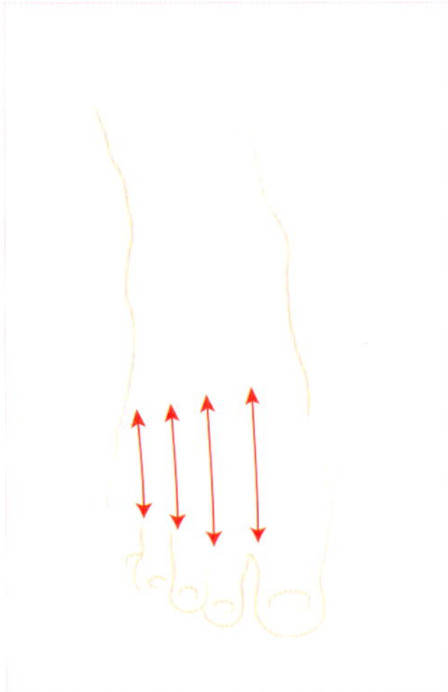

⓫ 발가락 사이사이 훑어주기

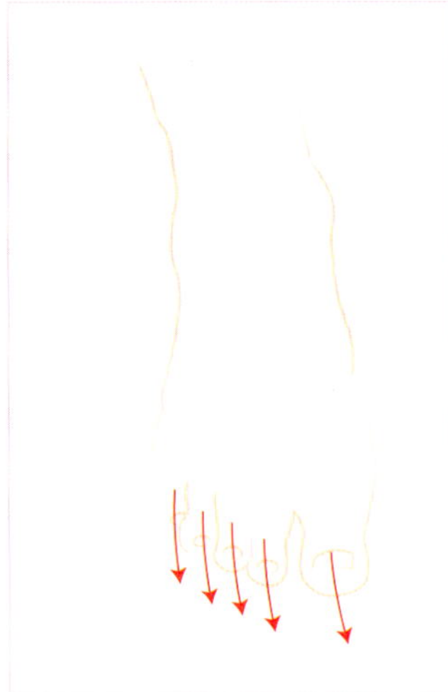

⓬ 발뿌리 잡아주기(상생상극)

⓭ 복사뼈 지과부위로 굴려주기

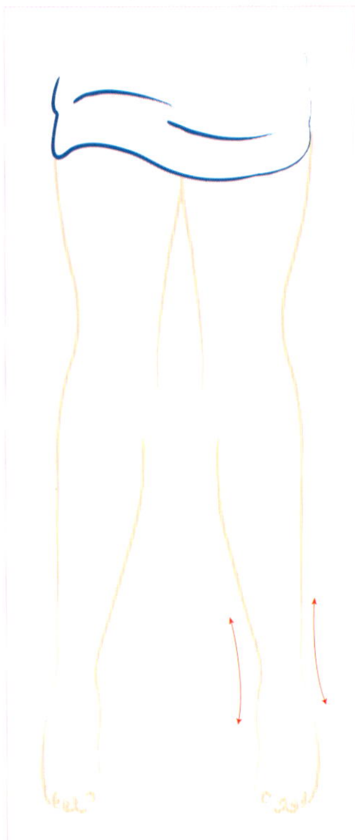

⓮ 삼음교 비벼주기

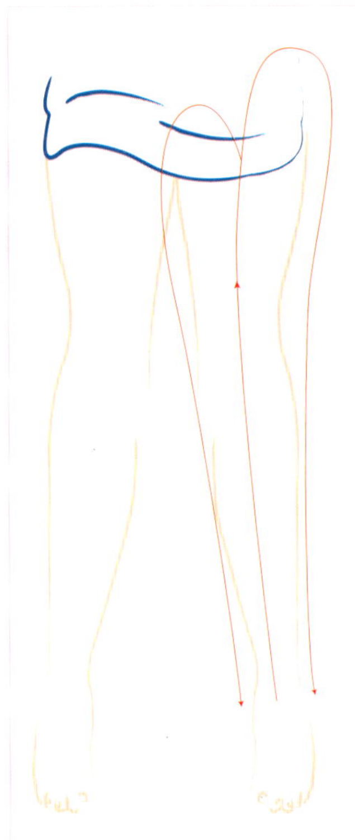

⓯ 전체 음경, 양경 쓸기(마무리)

4) 복부관리

복부는 미용적 변이의 모든 원인이 장부의 부조화에서 비롯된다고 볼 때 매우 중요하다. 모혈이 장부의 위치에 따라 분포되어 있으므로 진단에 있어서도 매우 중요하다.

복부의 문제는 불규칙한 식사와 서구화되어가는 식생활, 과도한 스트레스로 인한 발생 빈도가 많다. 복부 관리는 오장육부의 부조화를 개선시키는데 중요한 관리이다.

주요관리경락과 경혈 - 임맥, 신경, 위경, 비경, 간경, 거궐, 중완, 관원, 기문, 중극, 석문

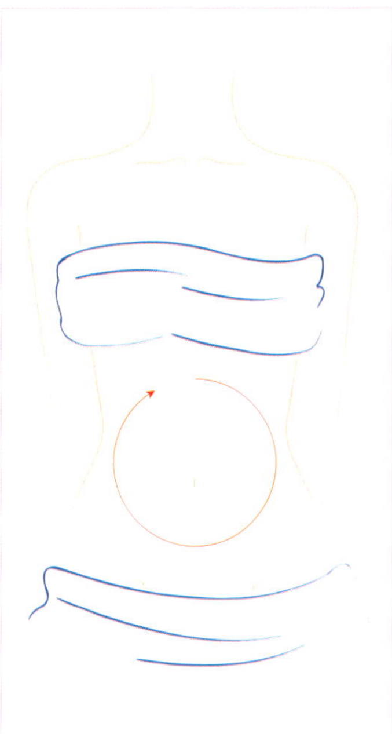

❶ 오일 도포하기

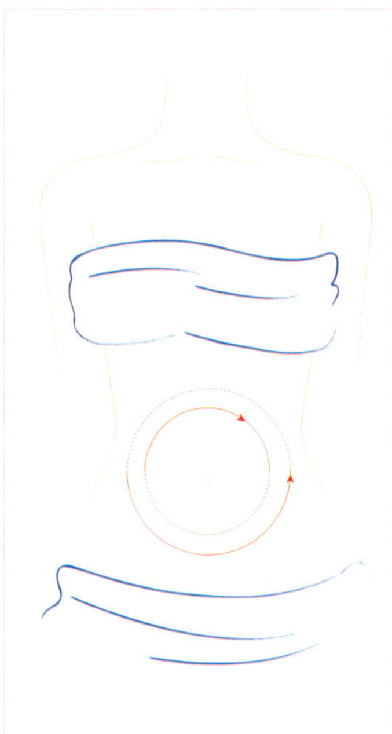

❷ 수근으로 하복부 원그리기, 수근으로 상복부 원그리기

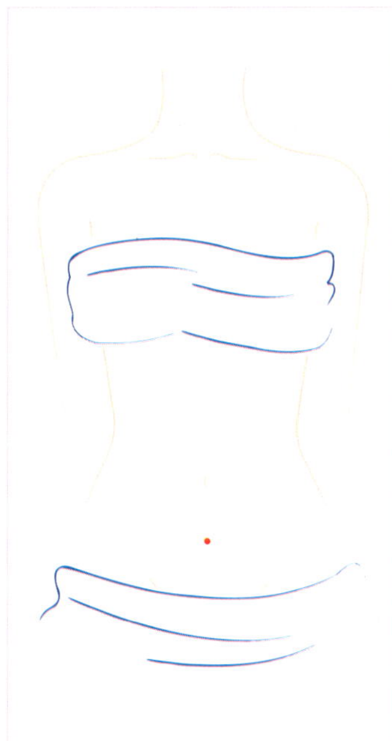

❸ 하단 전에 손을 대고 복식 호흡하기

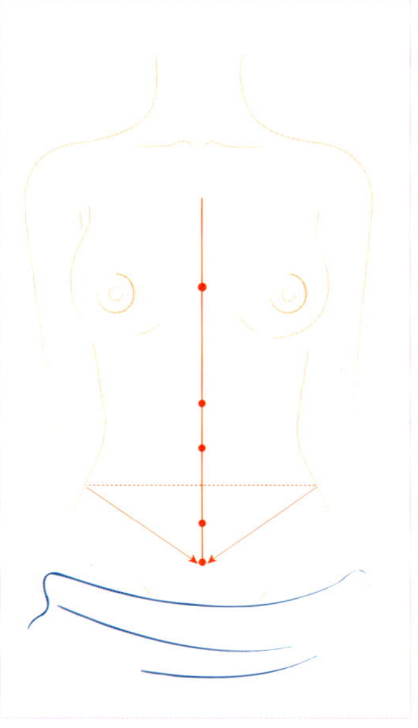

❹ 명문에 손을 대고 하단 전으로 손을 모으고 임맥을 상행, 승장, 단중, 거궐, 중완, 관원에 압한다.

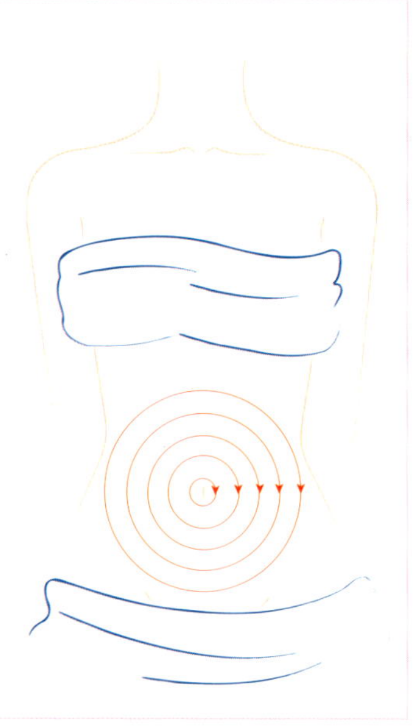

❺ 사지복을 이용하여 시계방향으로 복진을 한다. 뭉쳐진 곳을 흔들기

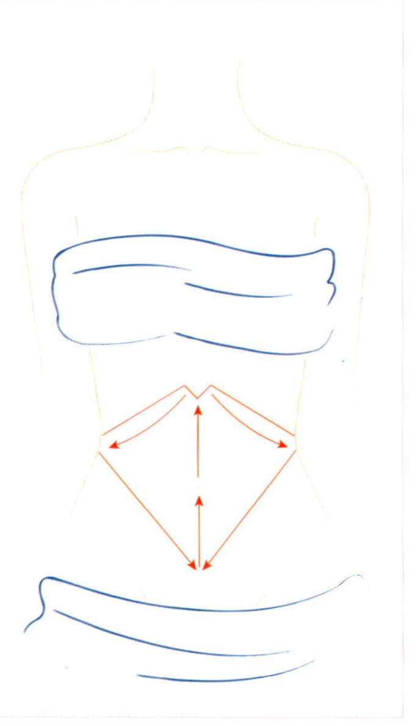

❻ 모지로 대맥쓸기를 하고 경문에서 곡골에 압하고 상해에서 신궐까지 장악추법으로 흔들기

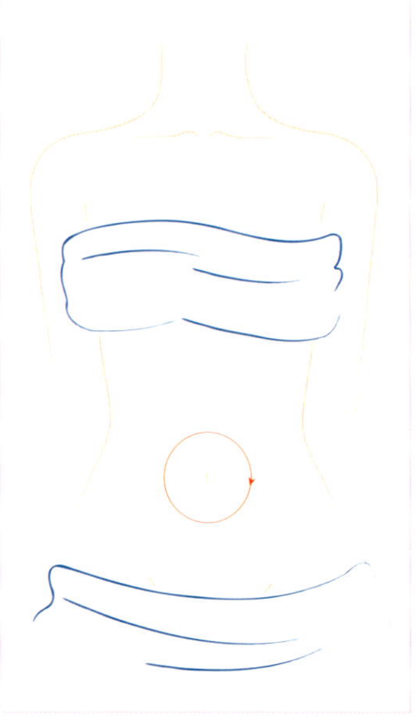

❼ 작은원 그리기

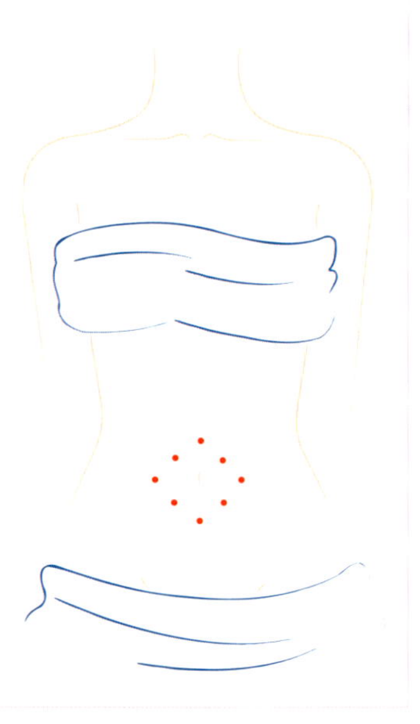

❽ 사지복 이용, 징검다리 복진을 한다.

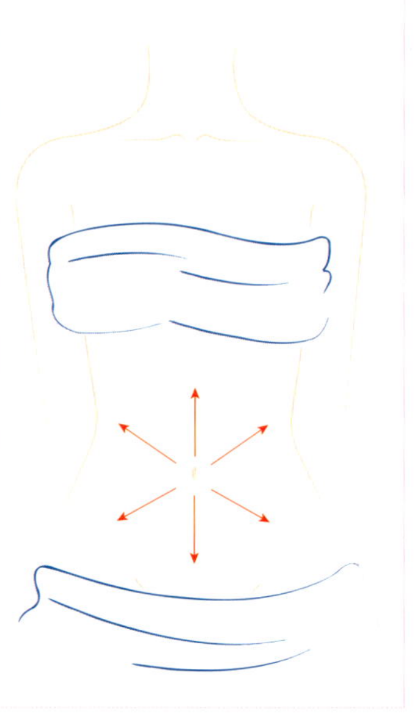

❾ 모지로 신궐에서 바깥쪽을 향해 밀어주기

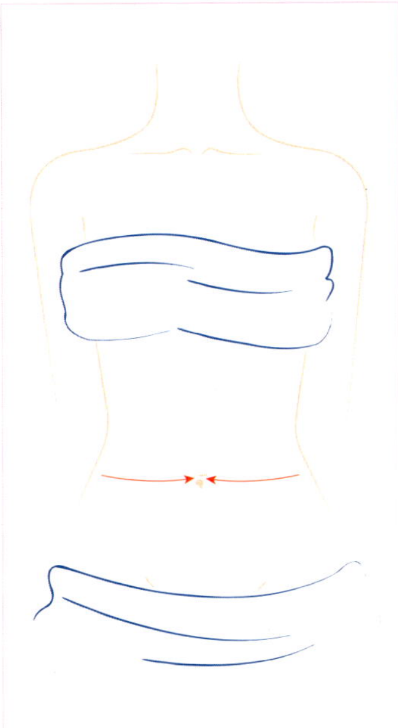

⑩ 수근, 사지복 이용 밀어주기

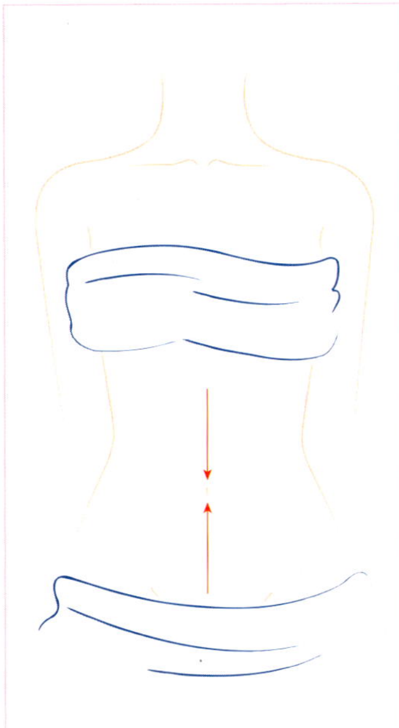

⑪ 모지구, 소지구 이용 밀어주기

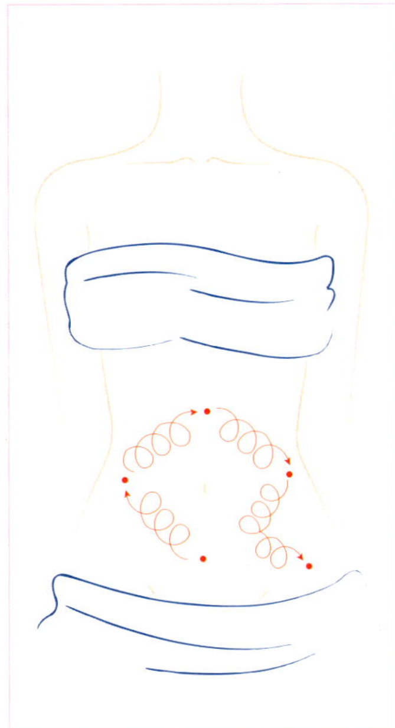

⑫ 천추, 중완, S결장, 관원을 원을 그리며 압한다.

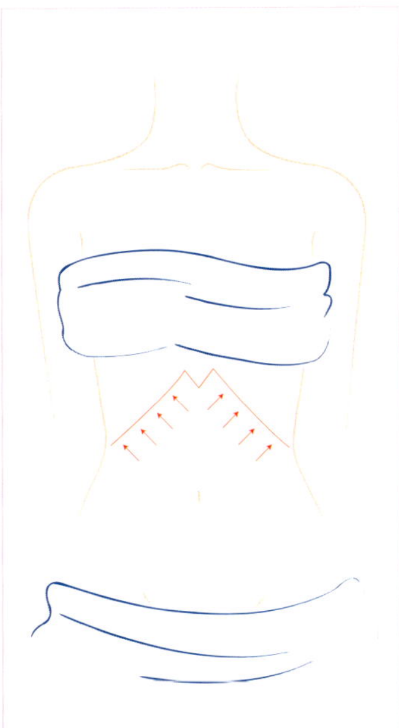

⑬ 거궐에서 경문까지 엄지로 자극한다.

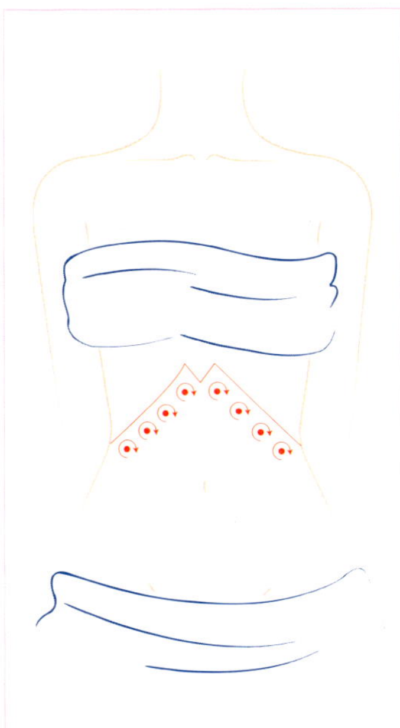

⑭ 원을 그리면서 압한다.

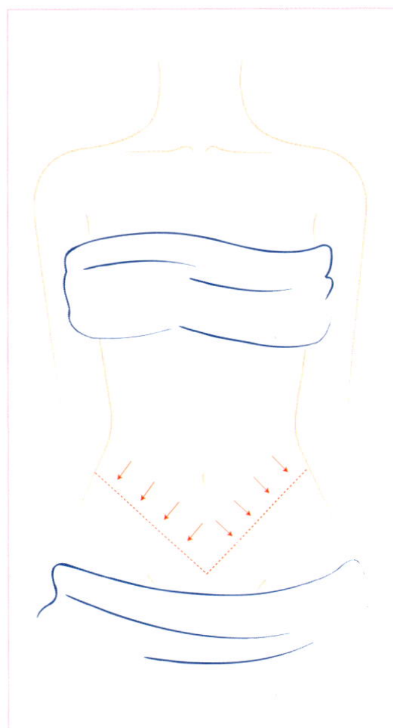

⑮ 경문에서 횡골까지 사지복을 이용 압한다.

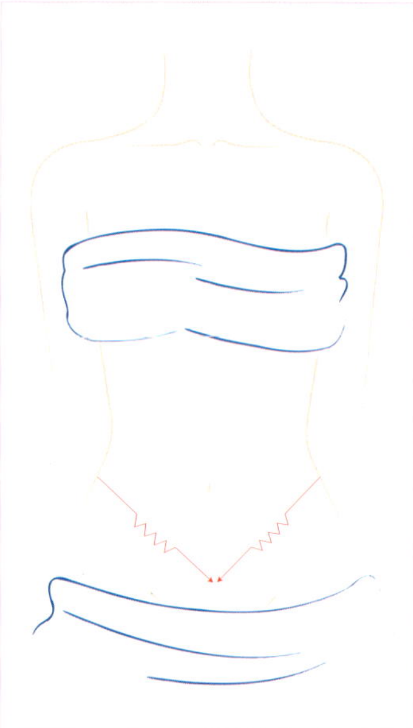

⓰ 경문에서 기충까지 사지복으로 흔들어주기

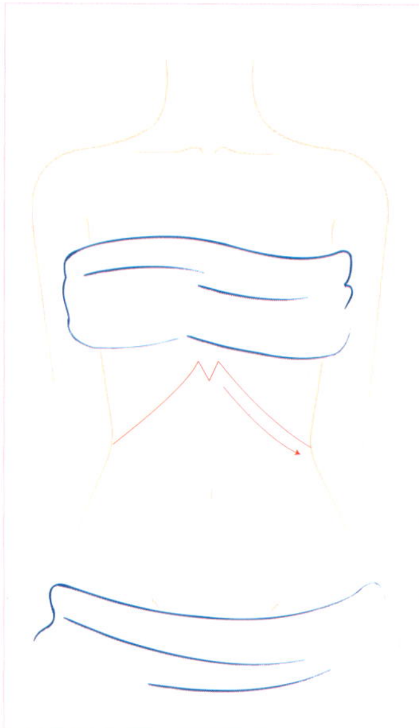

⓱ 거궐에서 경문까지 쓸기, 사지복, 소지구 이용

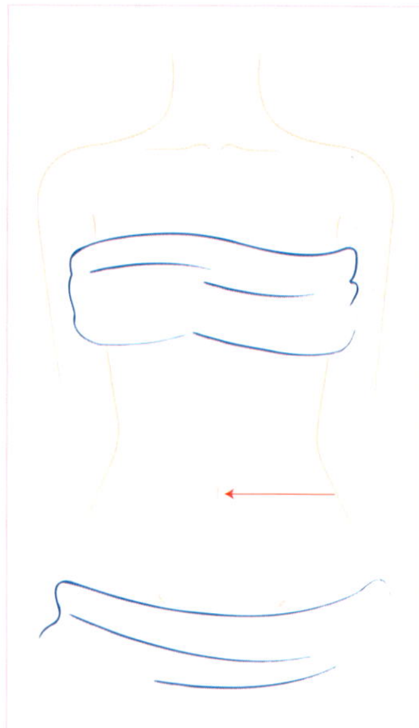

⓲ 경문에서 배꼽을 향해 쓸기

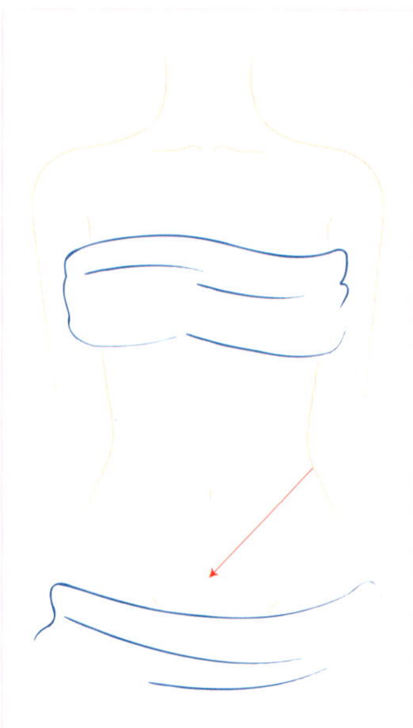

⓳ 경문에서 기충까지 쓸기

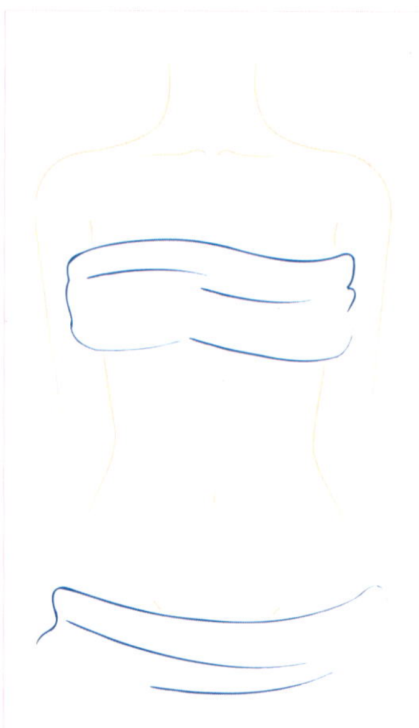

⓴ 반대쪽 ⓱~⓳번 실기

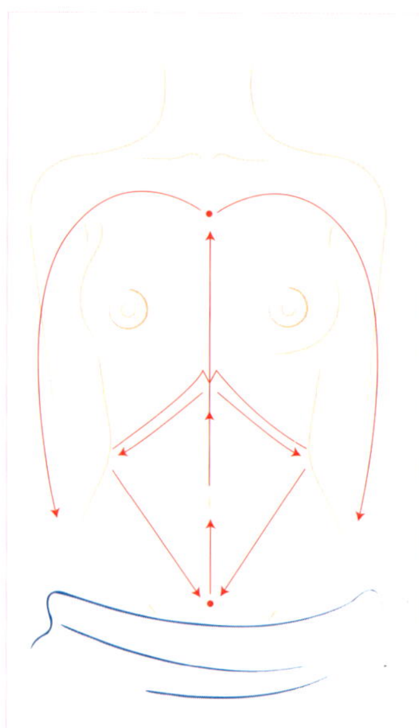

㉑ 거궐에서 경문 엄지로 쓸고, 명문에서 곡골까지 쓸어준 후 압한다. 임맥을 상행하여 천돌에 압하고 심포경을 따라 중충으로 빼준다.

5) 가슴관리

가슴은 여성의 실루엣을 나타내는데 가장 상징적인 곳이기도 하다. 정중앙에는 단중혈이 있으며 가슴관리는 폐기능을 강화하며 심포를 다스리는 동작에 주력해야 한다. 단중혈은 심포락으로 심장 군주(君主)가 거처하는 궁성(宮城)이다라고 하였다.

오행체질분류에 의하면 금형인은 폐경락과 관계가 있으며 가슴이 빈약하고 화형인은 심경락과 관계가 있으며 가슴이 비대한 겨우가 많이 나타난다. 가슴관리시에 단중 펴올리기가 임맥쓸기를 할 때는 최대한 압을 약하게 해야 하며 폐부위 쓸기, 가슴 열어주기가 중요한 마사지 동작이다.

주요관리경락과 경혈 - 임맥, 폐경, 신경, 위경, 비경(중정, 단중, 옥당, 중부, 운문, 유부, 욱중, 신봉, 보랑, 인영, 수돌, 기사, 결분, 기호, 고방)

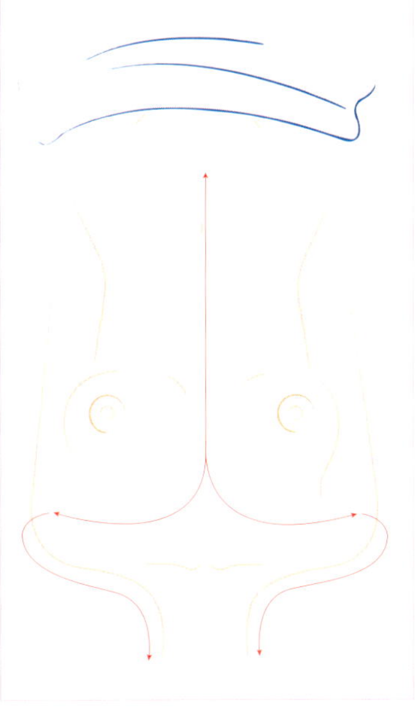

❶ 오일 도포하기, 임맥 터주기

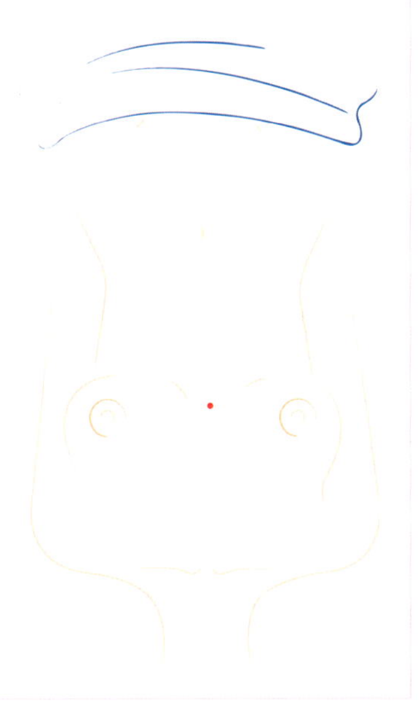

❷ 사지로 단중을 교차하면서 쓸어주기

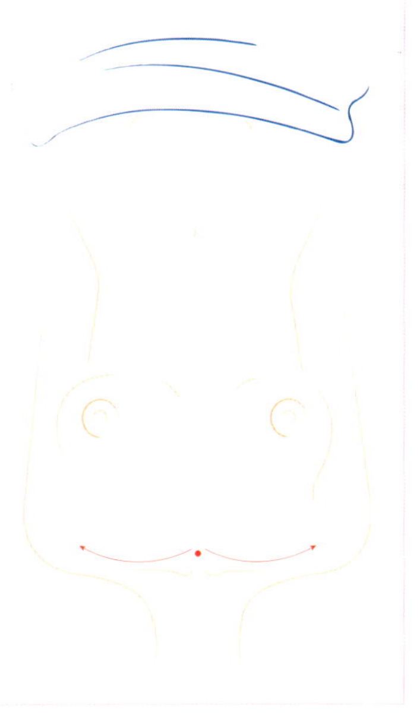

❸ 천돌에서 운문까지 모지로 쓸어주기

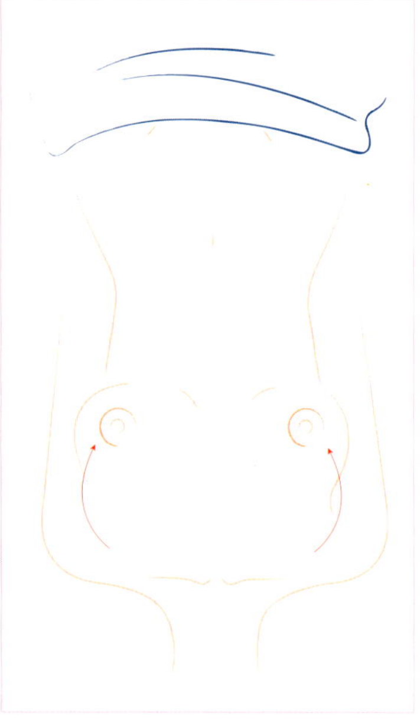

❹ 모지로 중부, 운문 교차 쓸기

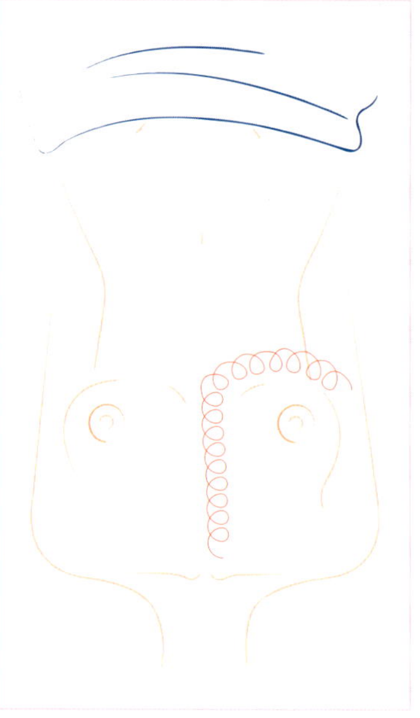

❺ 천돌에서 모지로 원그리며 가슴 밑 돌아 어깨를 감싸돈다.

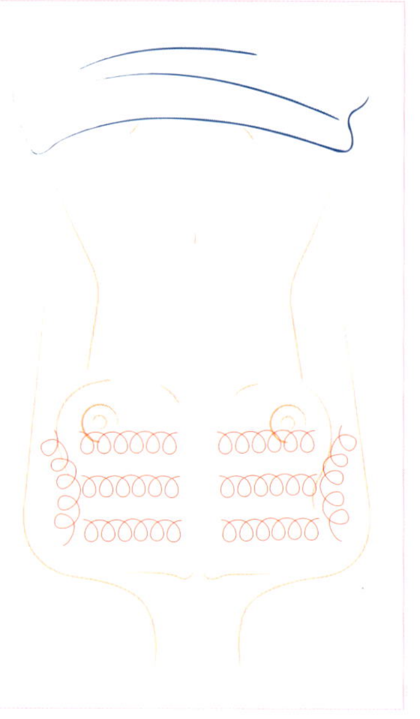

❻ 지과부위로 원그리기(중부, 운문) 폐경 쓸기

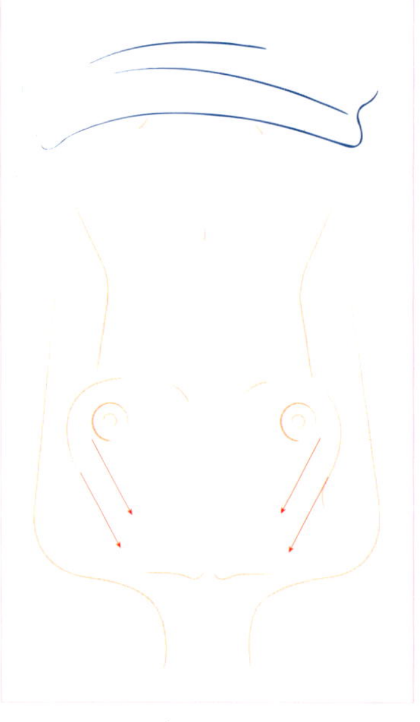

❼ 사지로 끌어올리기

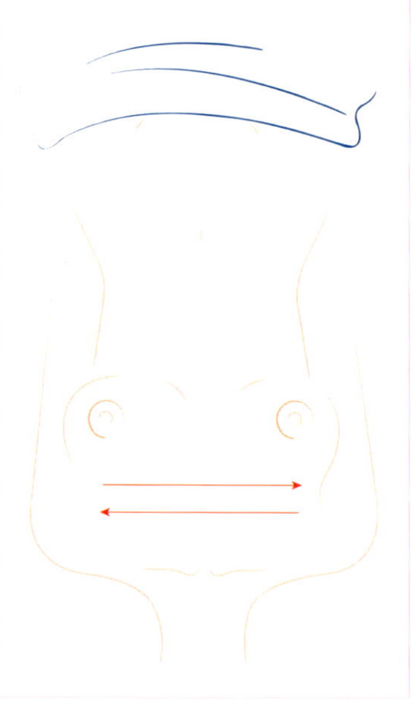

❽ 수근으로 교차 지압하기

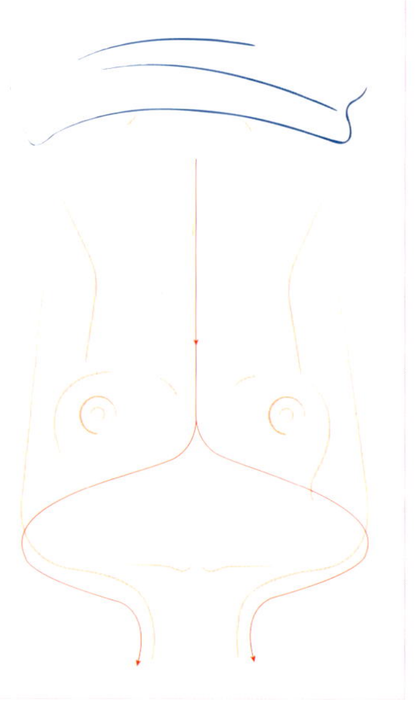

❾ 마무리

6) 팔관리(손바닥이 보이게)

경락관리시에 팔관리는 삼음경과 삼양경이 흐르므로 소홀하지 말아야 하며 팔에는 신체의 상부에 위치한 심, 폐경락이 흐르며 가장 중요한 삼초경은 인체에 기(氣)를 주관하므로 소홀히 해서는 안된다. 팔의 미용적 변이를 개선하는데 비노, 견우, 소해, 소부, 소충의 경결상태를 보아야 하며, 노궁혈은 중요한 역할을 한다.

주요관리경락과 경혈 - 삼음경(심경, 심포경, 폐경), 삼양경(대장경, 삼초경, 소장경)

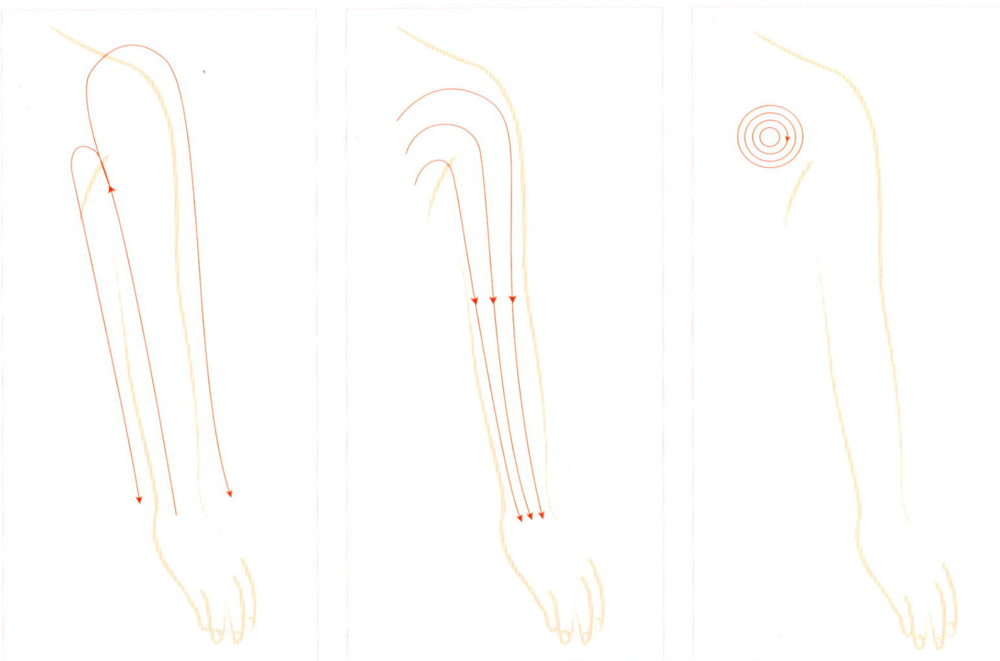

❶ 오일도포, 삼음경을 따라 올라가서 내려온다.
❷ 삼음경(심 · 심포 · 폐)을 쓸어주기
❸ 중부 · 운문 지압하기

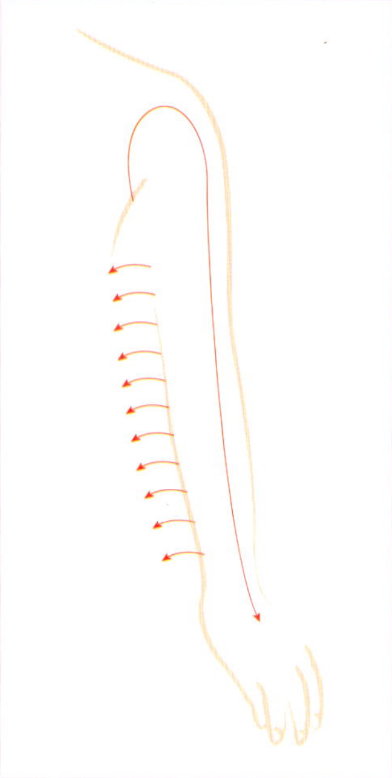

❹ 모지구로 심경을 따라 올라가서 양경으로 내려온다.

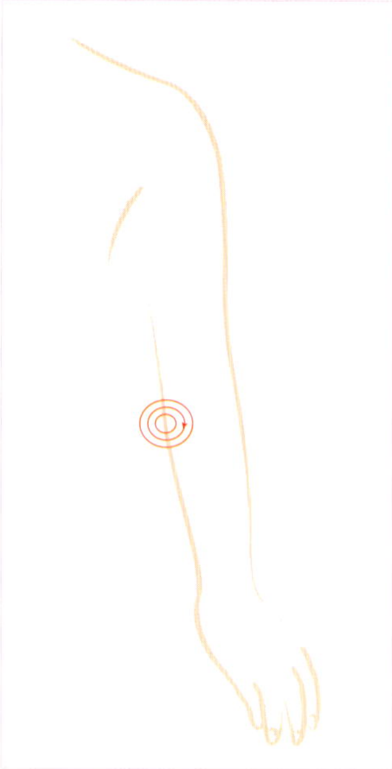

❺ 소해부위 풀기(모지구, 지과)

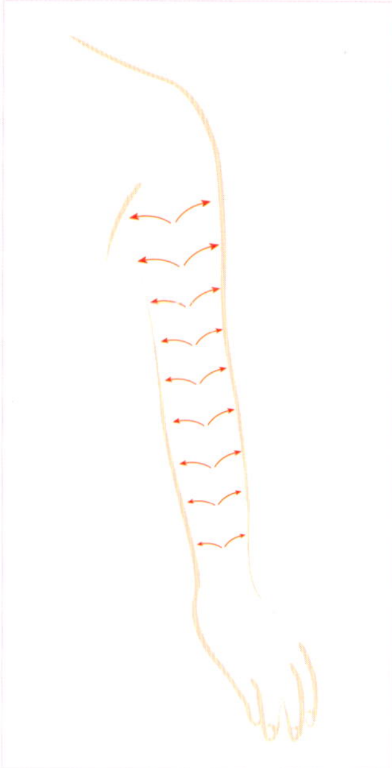

❻ 모지구로 음경, 양경 쓸기

❼ 음경, 양경 짜주기

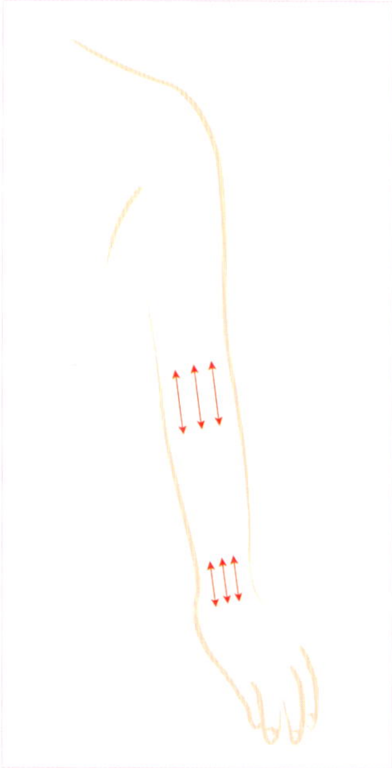

❽ 지과부위로 굴려주기(신문, 태연, 태릉 / 소해, 척택, 곡택)

❾ 중부, 운문 쓸어주기

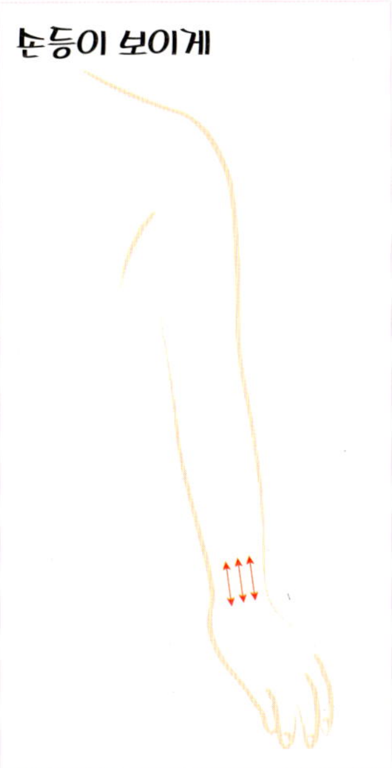

⑩ 지과 부위로 굴려주기, 완골, 양곡, 양노(소장경), 양지, 외관, 회종(삼초), 양계, 편력(대장경)

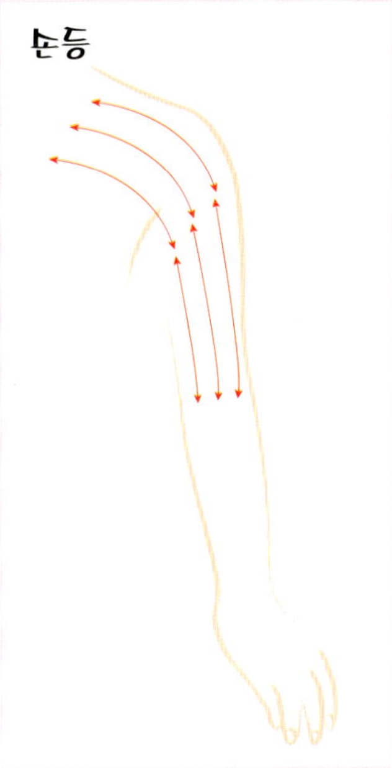

⑪ 삼양경(소장, 대장, 삼초), 장악추법 이용하여 쓸어주기

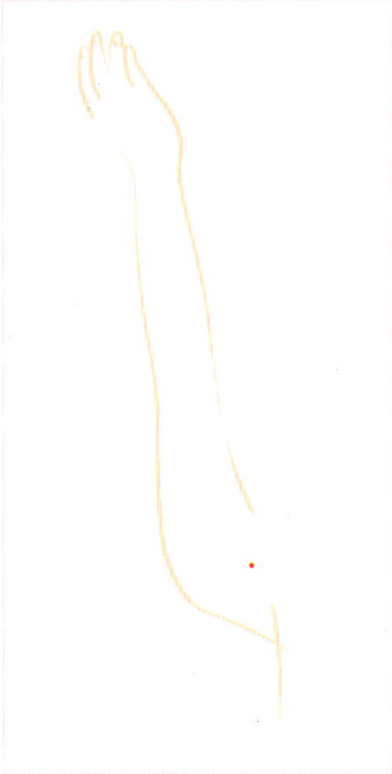

⑫ (팔위로 올리고) 수장으로 극천 압하기

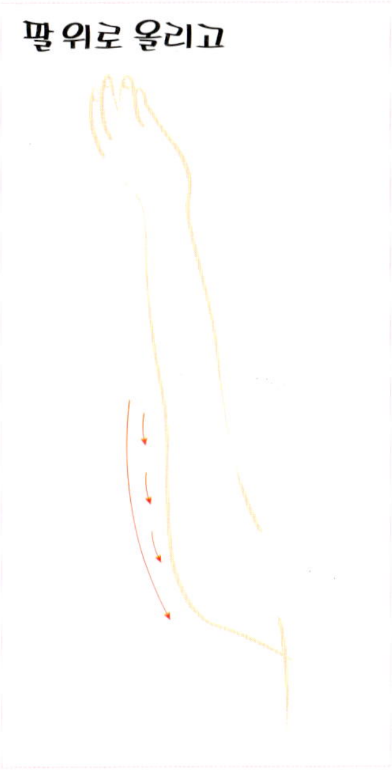

⑬ (팔위로 올리고) 지과부위로 굴려주기

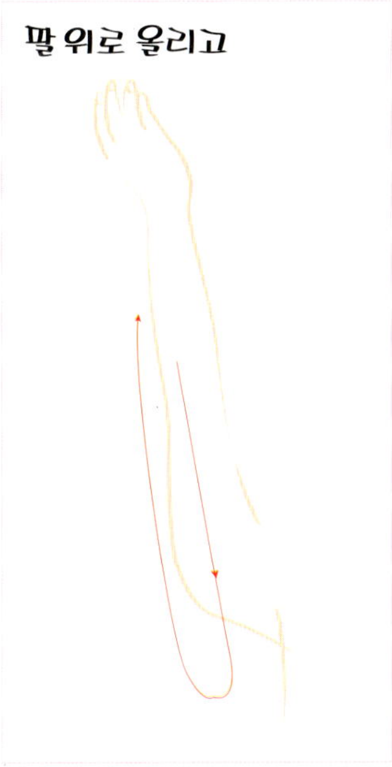

⑭ (팔위로 올리고) 옆구리 담경쓸기

⑮ (손바닥) 손바닥 장압하기

손바닥

⓰ (손바닥) 어제, 소부, 노궁 압하기

⓱ 손가락 사이사이 쓸어주기

⓲ 상생, 상극 이용하여 압한다.

⓳ 손바닥 두드리기

⓴ 팔 흔들어 주기

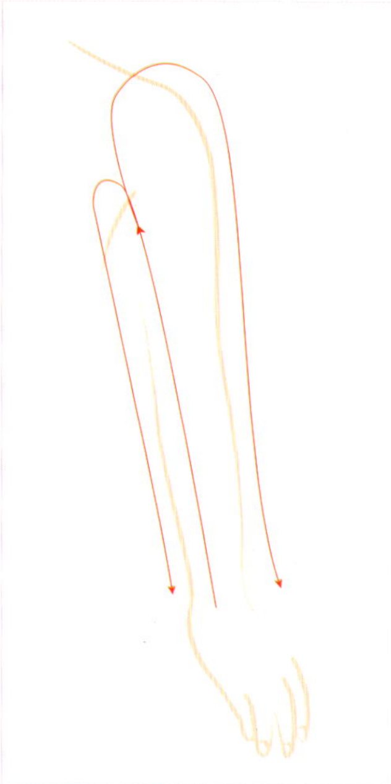

㉑ ❶번과 동일하게 마무리한다.

7) 얼굴관리

얼굴은 혈락이나 세락 등의 낙맥이 모든 양경의 집합장소이기도 하다. 표피상으로 표출된 부위이며(담경, 소장경, 위경, 대장경, 방광경, 삼초경) 특히 볼부위는 폐경락과 관계하므로 볼부위는 예민 부위이기 때문에 최대한 압을 낮추며 거료, 권료혈을 자극하도록 한다.

모든 경락관리에서 강약조절이 중요하지만 특히 얼굴은 강약조절이 되지 않으면 처음 실시할 경우 혈의 뭉침이 많은 사람일 경우 한 번 관리시에도 멍이 들어서 고객이 당황스러울 수 있다. 여드름 관리시에는 혈을 자극한 정도로 해주어야 하며 문지르기, 강한 자극은 피해야 한다.

주요관리경락과 경혈 - 위경, 대장경, 소장경, 담경, 삼초경, 방광경, 승읍, 사백, 거료, 지창, 대영, 협차, 하관, 두유, 권료, 청궁, 화료, 영향, 동자료, 청회, 정명, 찬죽, 인영, 수돌, 기사, 부돌, 천장, 천창, 천용

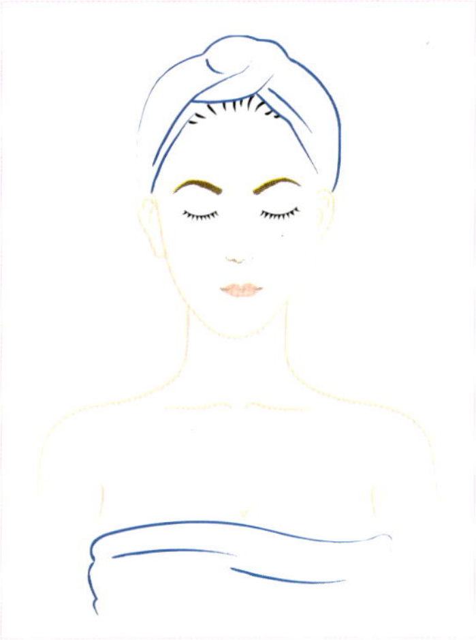

❶ 중지는 뇌호, 풍부를 지압하고 엄지는 삼초경(귀뒤)-각손, 노식, 계맥, 예풍을 지압한다.

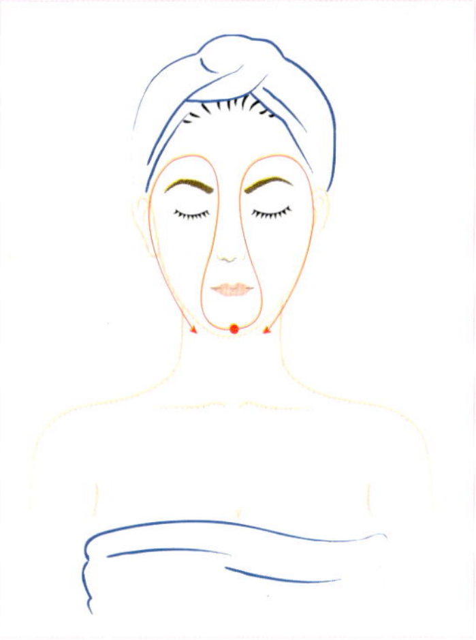

❷ 얼굴전체에 오일을 도포한다.

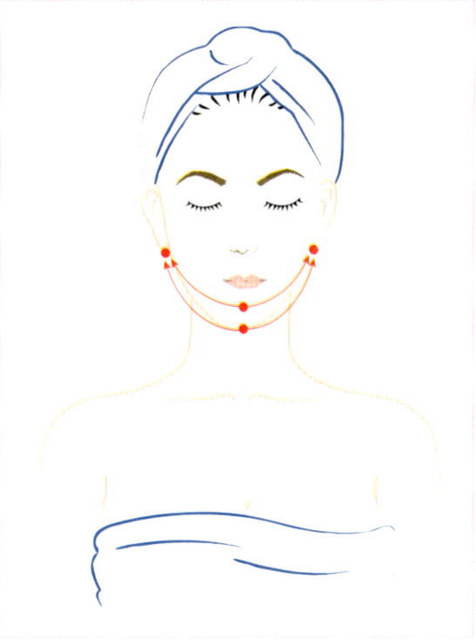

❸ 엄지로 승장을 검지로 염천을 지압한 후 예풍에 압한다.

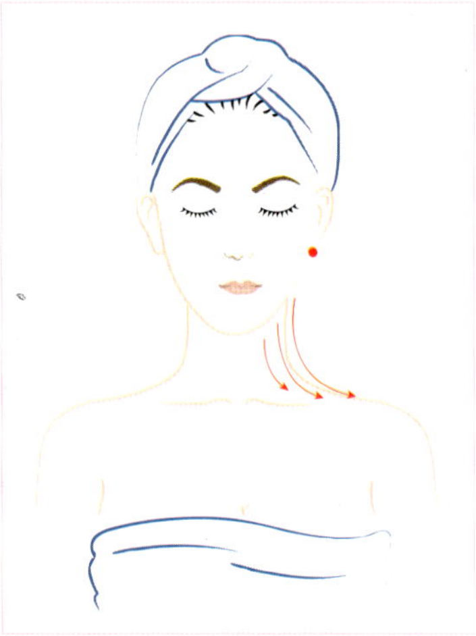

❹ 엄지로 사지로 위경, 대장경, 소장경을 쓸어 내린 후 예풍에 압한다.

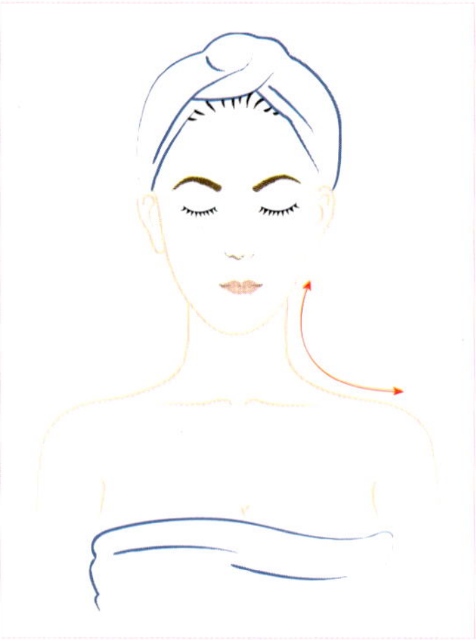

❺ 지과부위로 소장경, 삼초경 쓸기

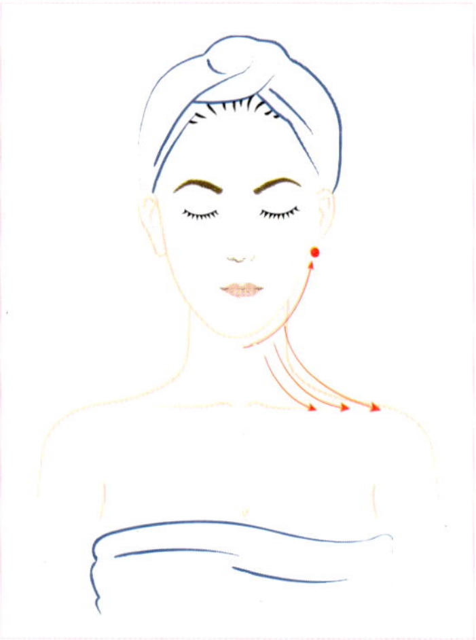

❻ 염천에서 청회까지 사지로 쓸어준 후 위경, 대장경, 소장경을 쓸어 내린 후 예풍에 압한다.

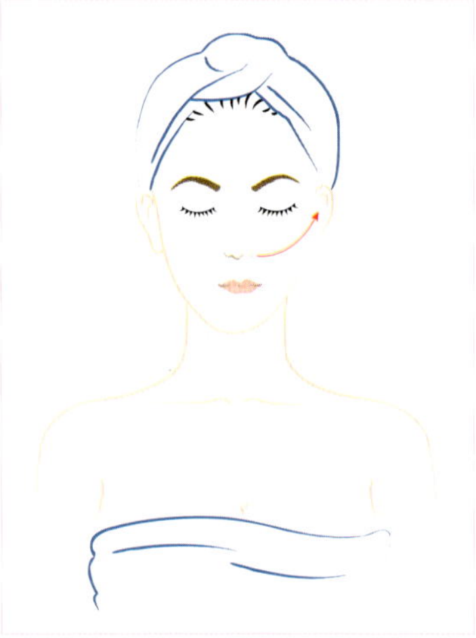

❼ 지창(위경)~청궁(소장경)까지 사지로 쓸어준다.

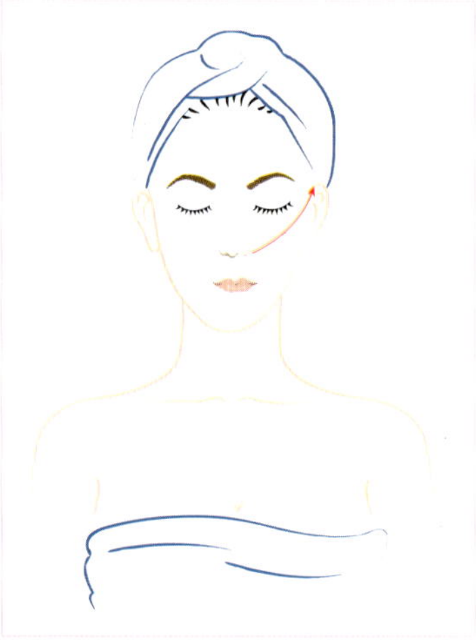

❽ 영향(대장경)~화료(삼초경)까지 사지로 쓸어준다.

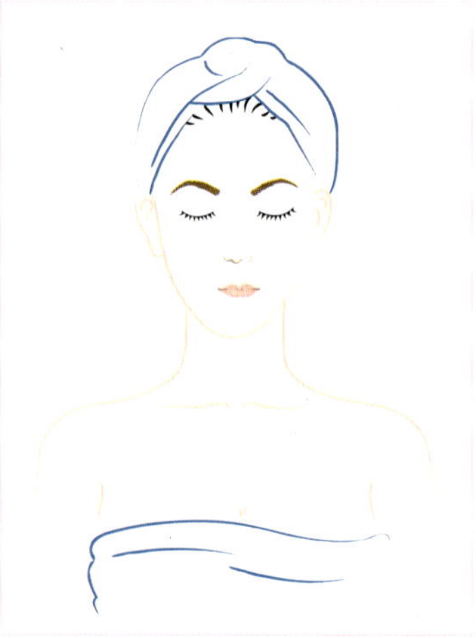

❾ 찬죽에서 사죽공을 향해 사지로 쓸어준다.

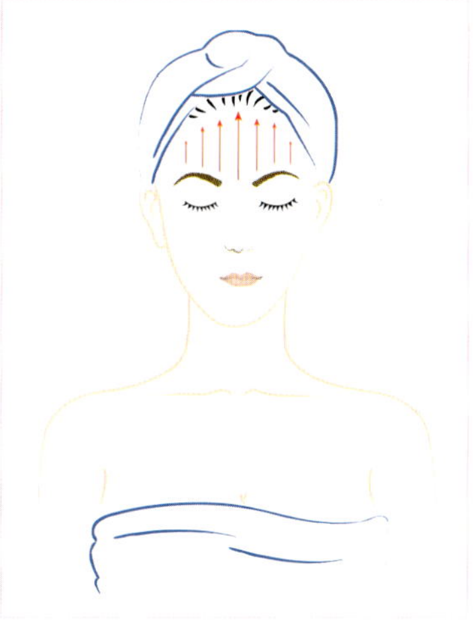

⑩ 수근으로 이마 전체 쓸어준다.

⑪ 반대편 ❹~⑩까지 실시한다.

⑫ 정명, 찬죽, 양백, 사죽공을 검지로 교차하며 지압하기(양쪽).

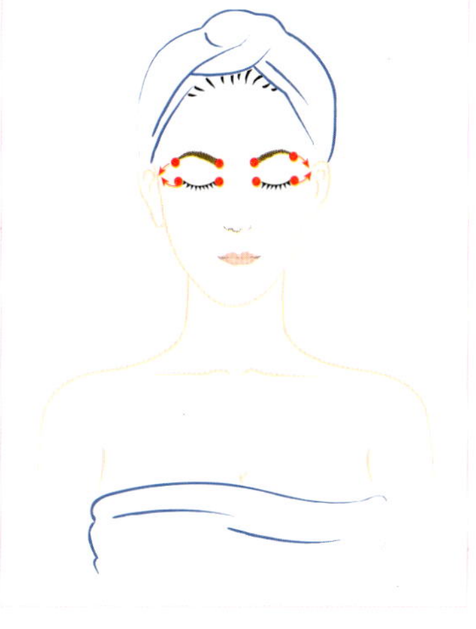

⑬ 정명, 찬죽, 사죽공, 동자료 지압 후 중지로 태양혈 향해 밀어주기(양쪽).

⑭ 승읍~동자료 향해 쓸어주기

⑮ 동자료에서 화료를 향해 8자 그리기

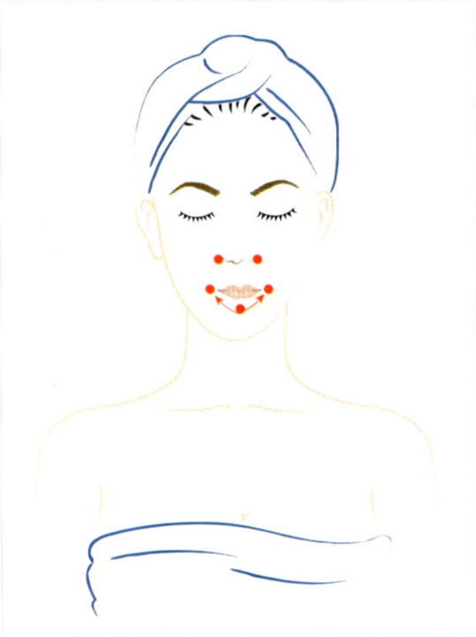

⑯ 중지로 영향, 지창, 승장을 압한 후 중지로 지창향해 쓸어올린 후 지창압한다.

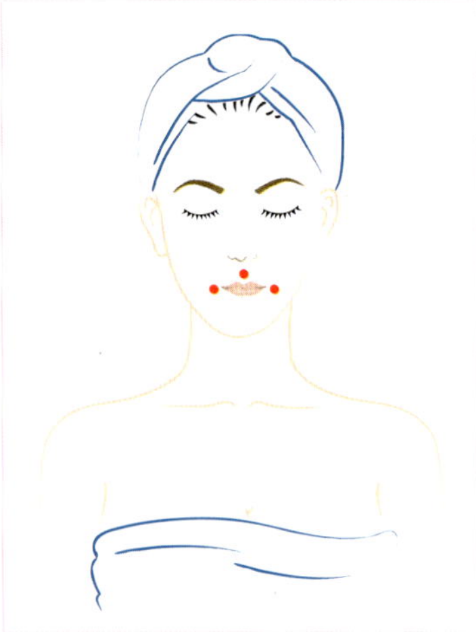

⑰ 엄지로 수구를 지압하고 지창을 압한다.

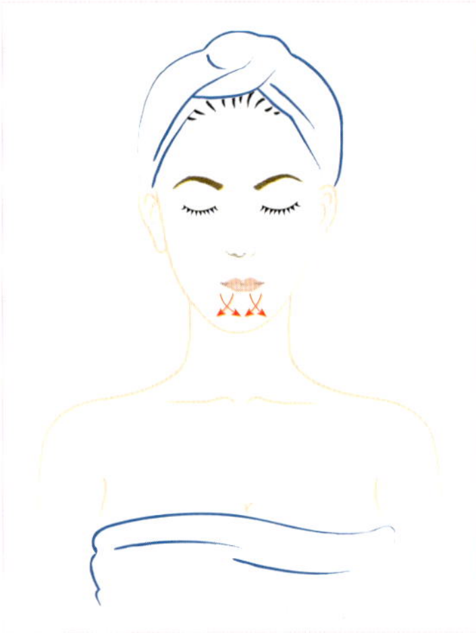

⑱ 승장을 엄지로 교차 지압한다.

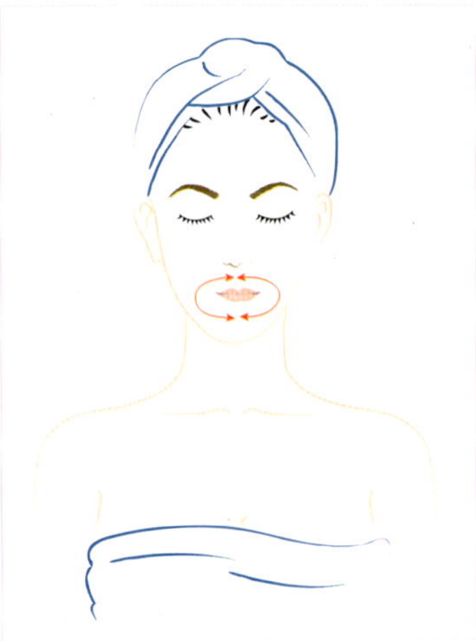

⑲ 승장에서 수구까지 원그리기

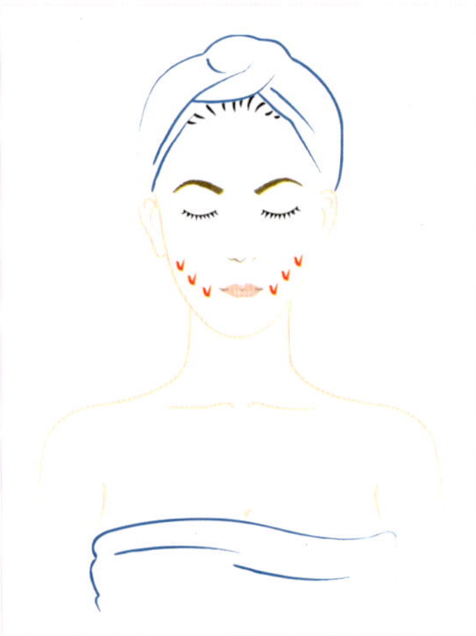

⑳ 대영, 협차, 하관, 중지, 약지 이용하여 튕기기

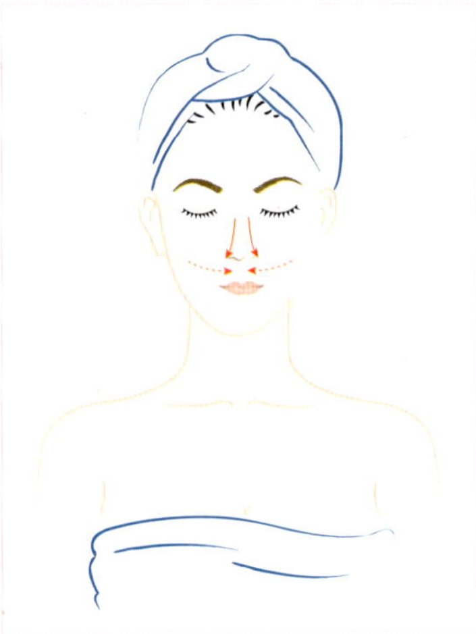

㉑ 상영향에서 영향으로 밀어주기

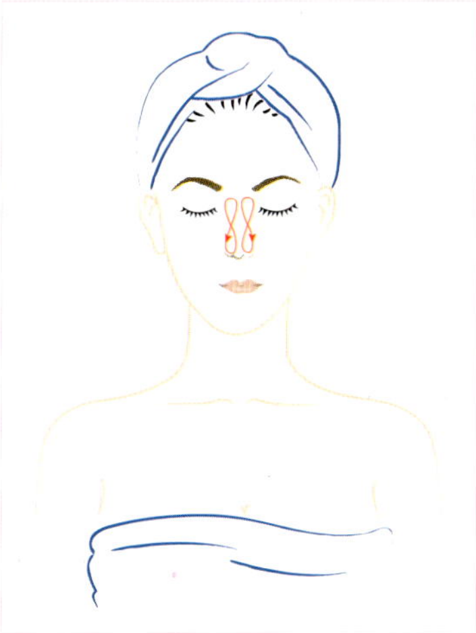

㉒ 코벽 8자 돌리기

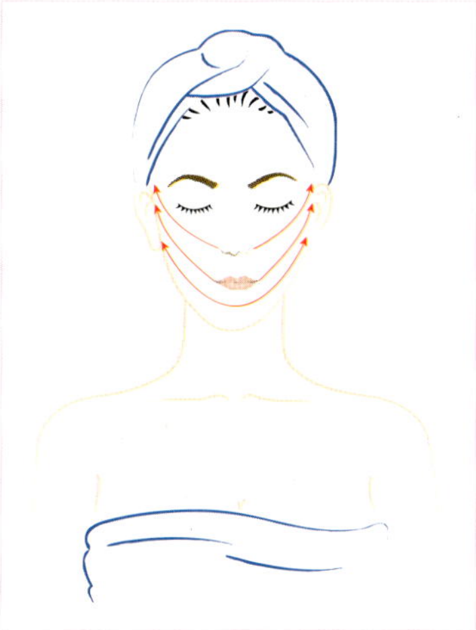

㉓ 지과부위로 승장에서 청회, 지창에서 청궁, 영향에서 화료를 쓸어주기

㉔ 동자료에서 화료를 향하여 8자 그리기

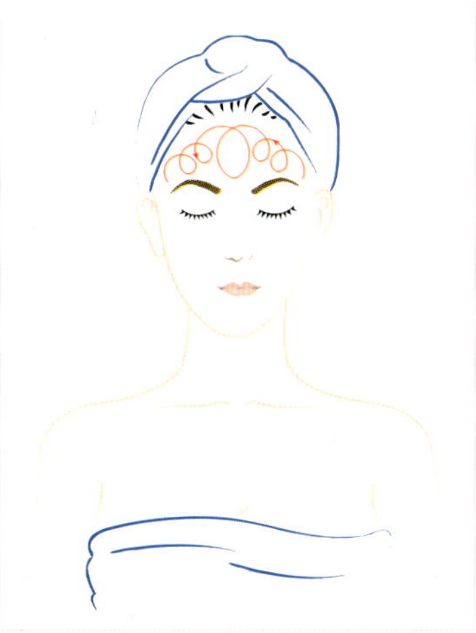

㉕ 지과면으로 이마전체 원그리기(인당→상성) 후 왼손, 오른손 교차로 원그리기

㉖ 귀(중지)에서 아문, 청궁, 청회 밀어주기

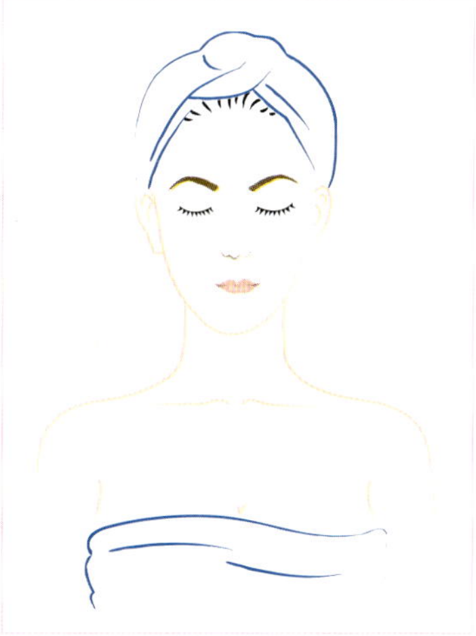

㉗ 귀 뒤 각 손 노식, 계맥, 예풍을 엄지로 쓸어주기

❷❽ 귀 지압하기(삼초, 중초, 하초)

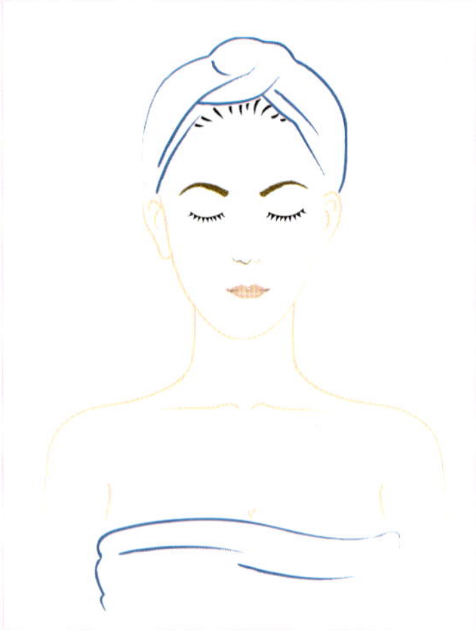

❷❾ 손바닥 귀뒤에 대고 막아 줬다가 서서히 풀어준다.

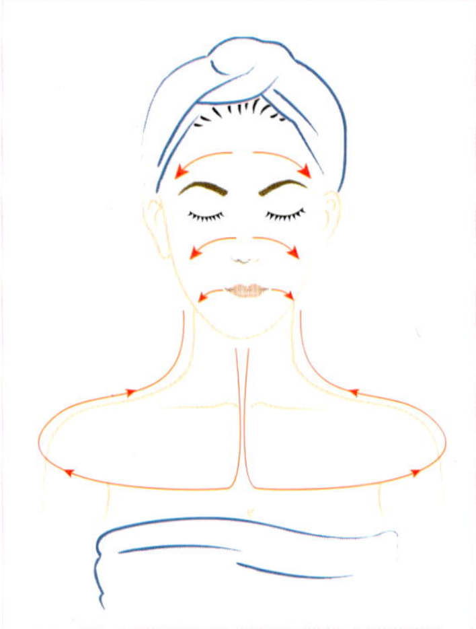

❸⓪ 얼굴 전체 감싼 후 목, 가슴, 어깨를 돌아 뇌호), 풍부, 아문을 중지로 지압한다.

❸❶엄지로 청궁을 지압한다.

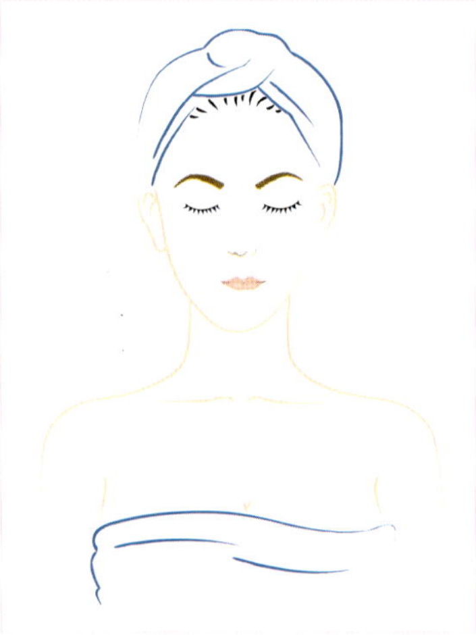

❸❷ 호구부위로 뇌호, 풍부, 아문을 쓸어준다.

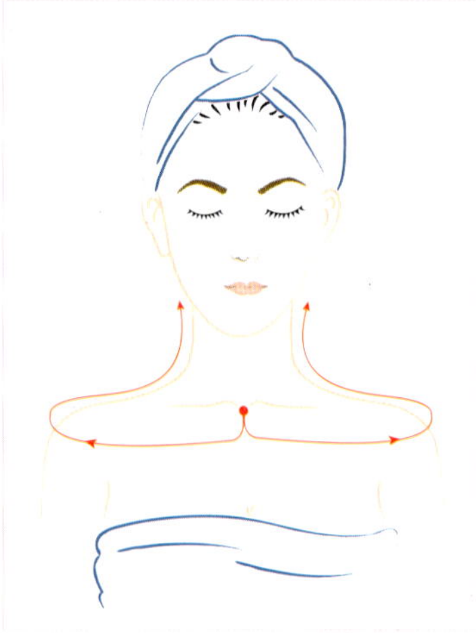

❸❸ 엄지로 천돌 지압 후 어깨를 감싸 돈다.

찾아보기

INDEX

판 권
소 유

최신 한방미용학개론

2007년 3월 20일 초판발행
2014년 8월 30일 초판2쇄발행
2017년 8월 30일 초판3쇄발행

지은이 / 김남연, 김선희, 김홍구, 노희경, 원윤경, 이성내,
이은숙, 이 혁, 조성태, 최영희, 표영희, 홍양희

펴낸이 / 이상태
펴낸곳 / 청구문화사
주 소 / (03706) 서울특별시 서대문구 성산로11길 15
전 화 / 02) 332-0541(代) 팩 스 / 02) 337-9577
등 록 / 1990년 11월 2일 제9-247호

가격 25,000원

ISBN 978-89-5616-623-0 93590

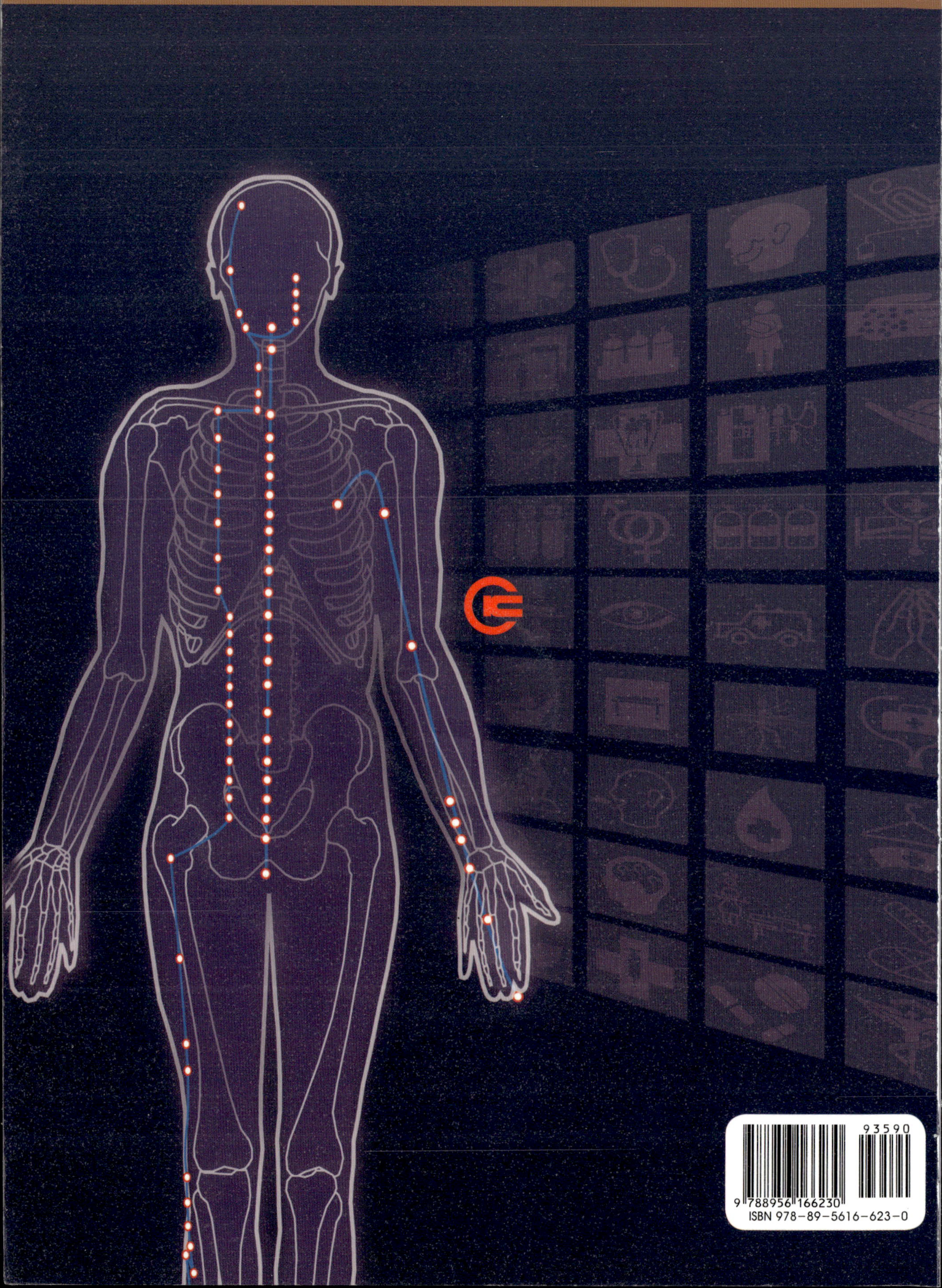

93590
9 788956 166230
ISBN 978-89-5616-623-0